디딤돌수학 개념연산 중학 3-1A

펴낸날 [초판 1쇄] 2024년 9월 2일
펴낸이 이기열
펴낸곳 (주)디딤돌 교육
주소 (03972) 서울특별시 마포구 월드컵북로 122 청원선와이즈타워
대표전화 02-3142-9000
구입문의 02-322-8451
내용문의 02-336-7918
팩시밀리 02-335-6038
홈페이지 www.didimdol.co.kr
등록번호 제10-718호
구입한 후에는 철회되지 않으며 잘못 인쇄된 책은 바꾸어 드립니다.
이 책에 실린 모든 삽화 및 편집 형태에 대한 저작권은
(주)디딤돌 교육에 있으므로 무단으로 복사 복제할 수 없습니다.
Copyright ⓒ Didimdol Co. [2404050]

III
이차방정식
개념연산
중 3 1 B
디딤돌수학
IV
이차함수

1 눈으로 이해되는 개념

디딤돌수학 개념연산은 보는 즐거움이 있습니다.
핵심 개념과 연산 속 개념, 수학적 개념이
이미지로 빠르고 쉽게 이해되고, 오래 기억됩니다

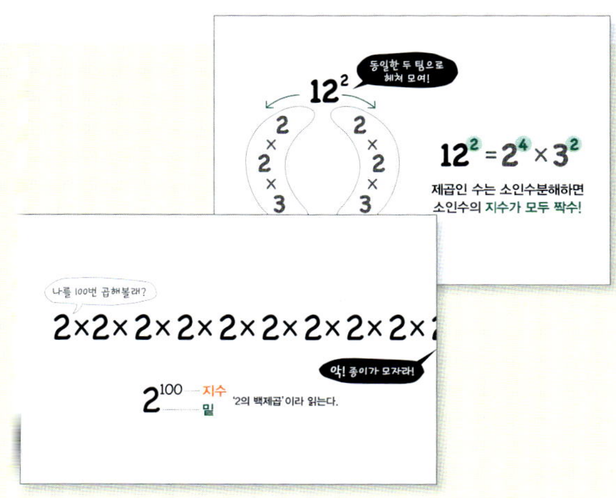

● **핵심 개념의 이미지지화**

핵심 개념이 이미지로 빠르고 쉽게
이해됩니다.

● **연산 개념의 이미지지화**

연산 속에 숨어있던 개념들을 이미지로
드러내 보여줍니다.

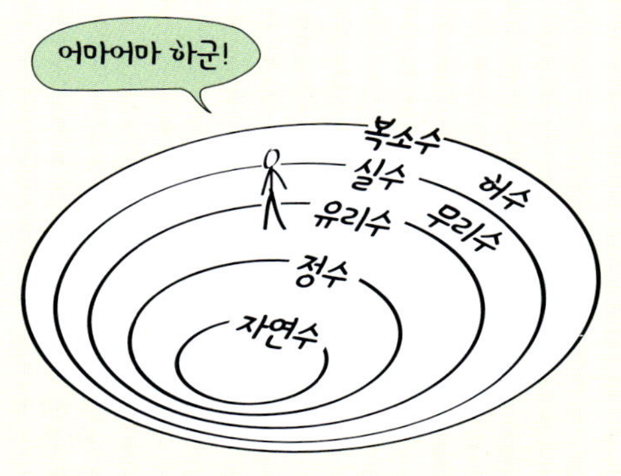

● **수학 개념의 이미지지화**

개념의 수학적 의미가 간단한 이미지로
쉽게 이해됩니다.

2 **손으로** 익히는 개념

디딤돌수학 개념연산은 문제를 푸는 즐거움이 있습니다.
학생들에게 가장 필요한 개념을 충분한 문항과 촘촘한 단계별 구성으로
자연스럽게 이해하고 적용할 수 있게 합니다.

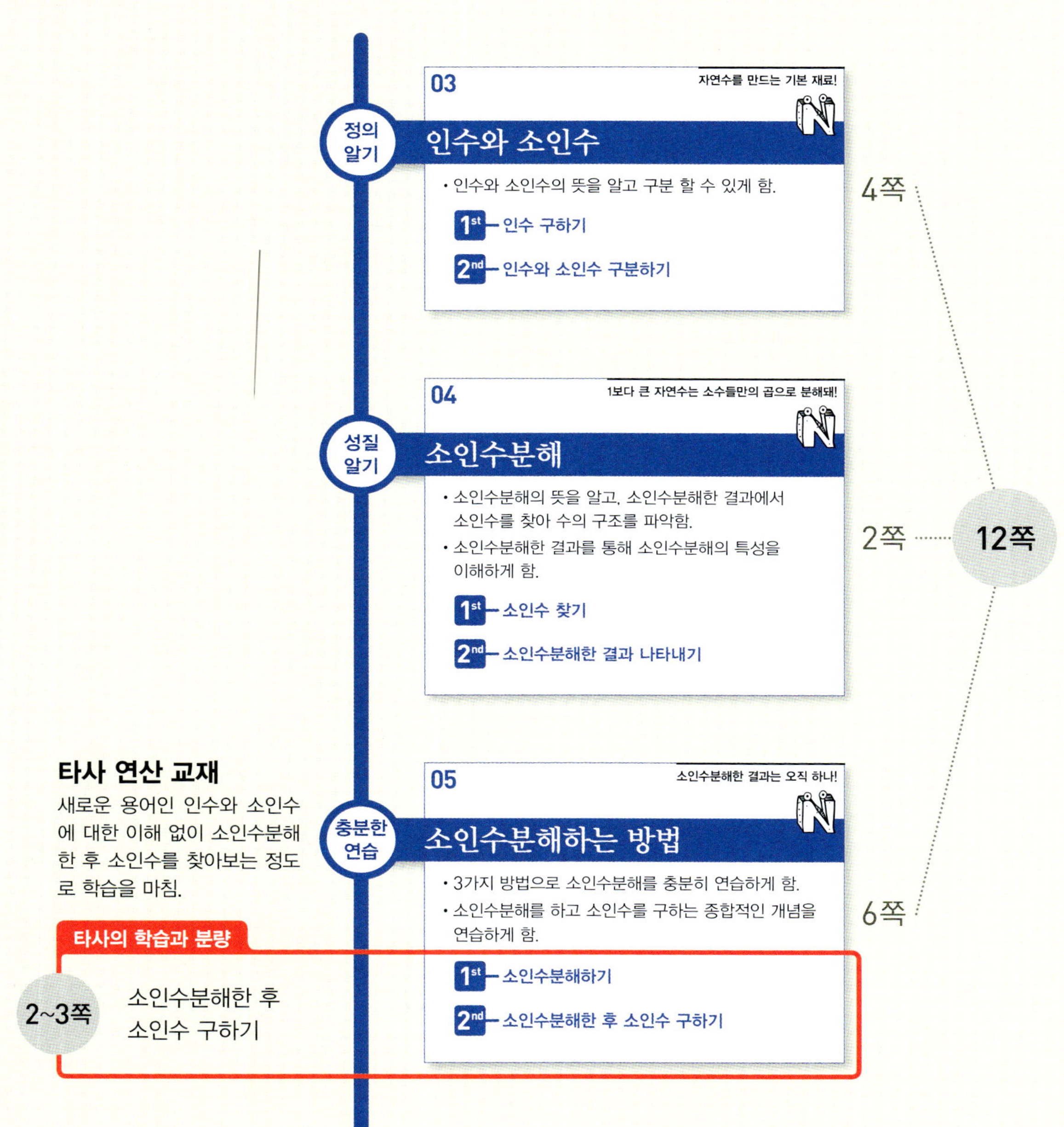

Ⅰ 실수와 그 연산

3 머리로 발견하는 개념

디딤돌수학 개념연산은 개념을 발견하는 즐거움이 있습니다.
생각을 자극하는 질문들과 추론을 통해 개념을 발견하고
개념을 연결하여 통합적 사고를 할 수 있게 합니다.

● 내가 발견한 개념

문제를 풀다보면 실전 개념이
저절로 발견됩니다.

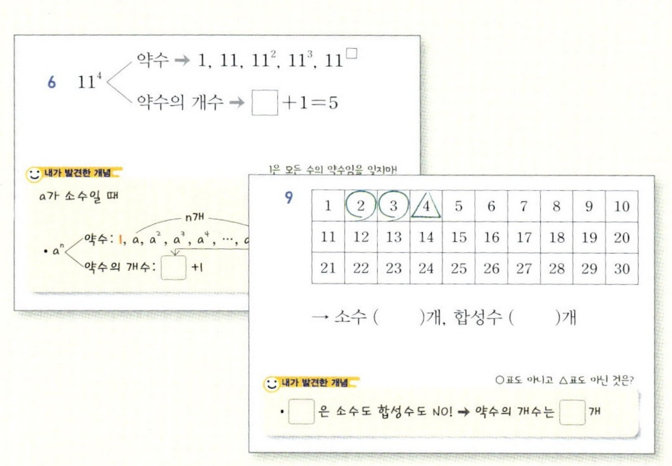

● 개념의 연결

나열된 개념들을 서로 연결하여
통합적 사고를 할 수 있게 합니다.

▼ 초등·중등·고등간의 개념연결

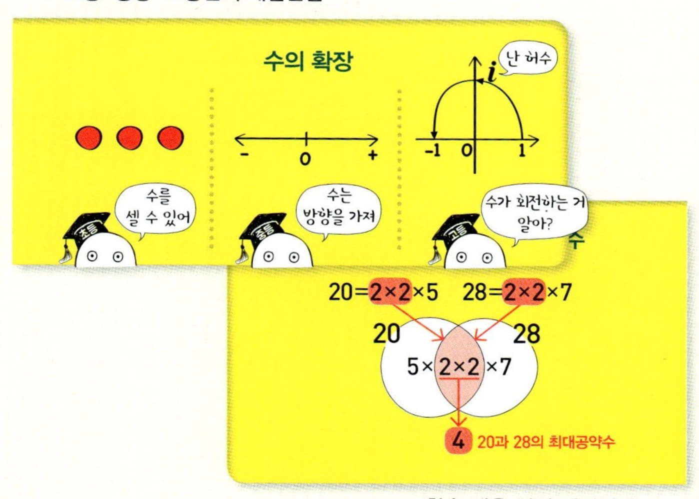

학습 내용 간의 개념연결 ▲

개념연산

중 **3** ¹/_A

눈으로
손으로   개념이 발견되는 디딤돌 개념연산
머리로

디딤돌

이미지로 이해하고 문제를 풀다 보면
개념이 저절로 발견되는 디딤돌수학 개념연산

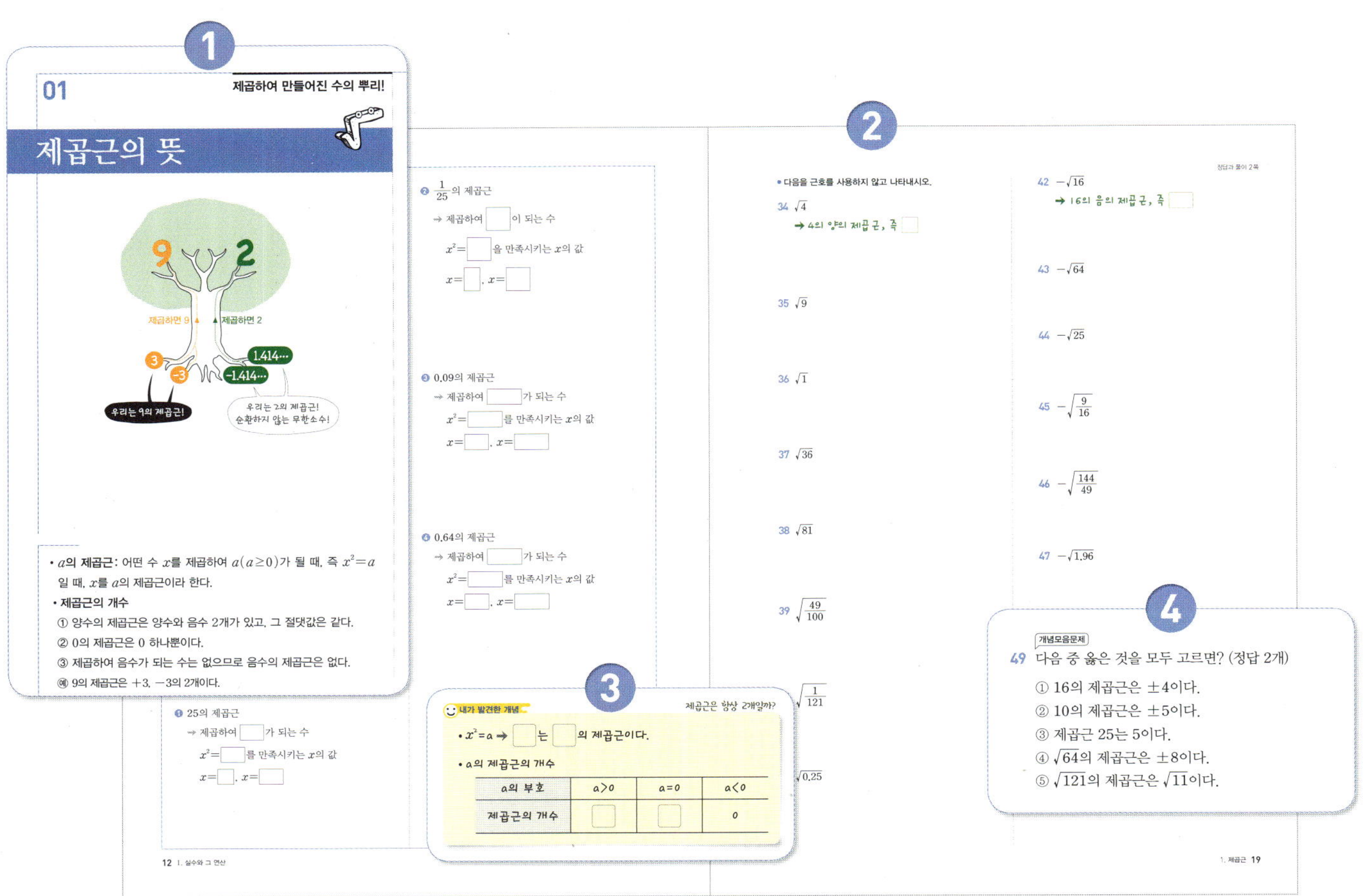

① 이미지로 개념 이해

핵심이 되는 개념을 이미지로
먼저 이해한 후 개념과 정의를
읽어보면 딱딱한 설명도 이해가 쏙!
원리확인 문제로 개념을
바로 적용하면 개념이 쏙!

② 단계별·충분한 문항

문제를 풀기만 하면
저절로 실력이 높아지도록
구성된 단계별 문항!
문제를 풀기만 하면
개념이 자신의 것이 되도록
구성된 충분한 문항!

③ 내가 발견한 개념

문제 속에 숨겨져 있는
실전 개념들을 발견해 보자!
숨겨진 보물을 찾듯이
실전 개념들을 내가 발견하면
흥미와 재미는 덤! 실력은 쏙!

④ 개념모음문제

문제를 통해 이해한 개념들은
개념모음문제로 한 번에 정리!
개념을 활용하는 응용력도 쏙!

발견된 개념들을 연결하여
통합적 사고를 할 수 있는 디딤돌수학 개념연산

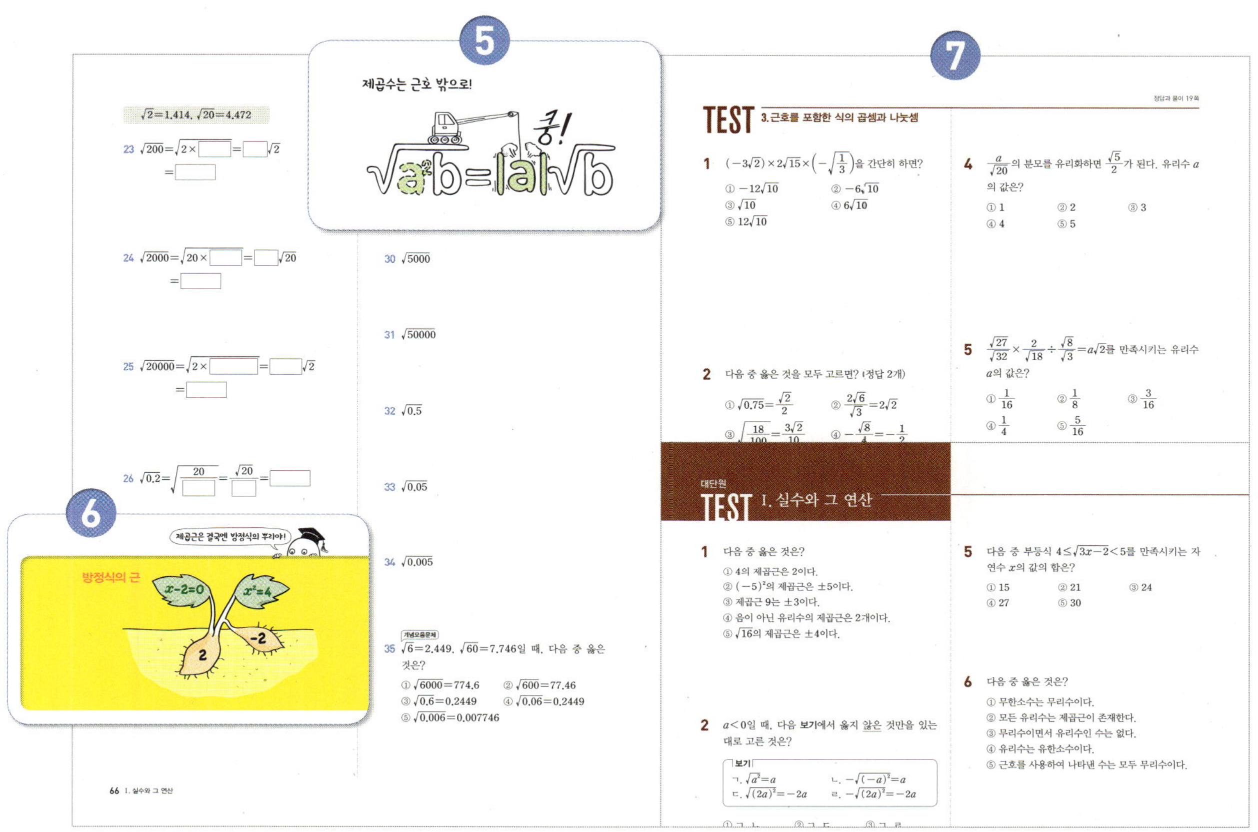

⑤ 그림으로 보는 개념

연산 속에 숨어있던 개념을
이미지로 확인해 보자.
개념은 쉽게 확인되고
개념의 의미는 더 또렷이 저장!

⑥ 개념 간의 연계

개념의 단원 안에서의 연계와
다른 단원과의 연계,
초·중·고 간의 연계를 통해
통합적 사고를 얻게 되면
공부하는 재미가 쫄깃!

⑦ 개념을 확인하는 TEST

중단원별로 개념의 이해를
확인하는 **TEST**
대단원별로 개념과 실력을
확인하는 **대단원 TEST**

두근 두근 두근

이 책을 들어가기 전에!

다음 이차방정식을 푸시오.

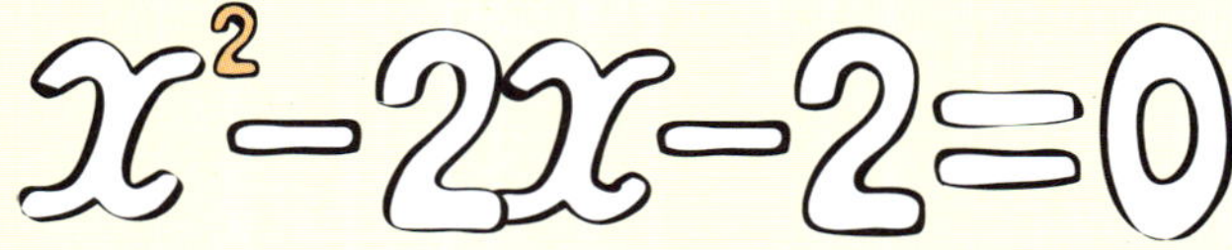

헉! 이...이...이차...뭐?

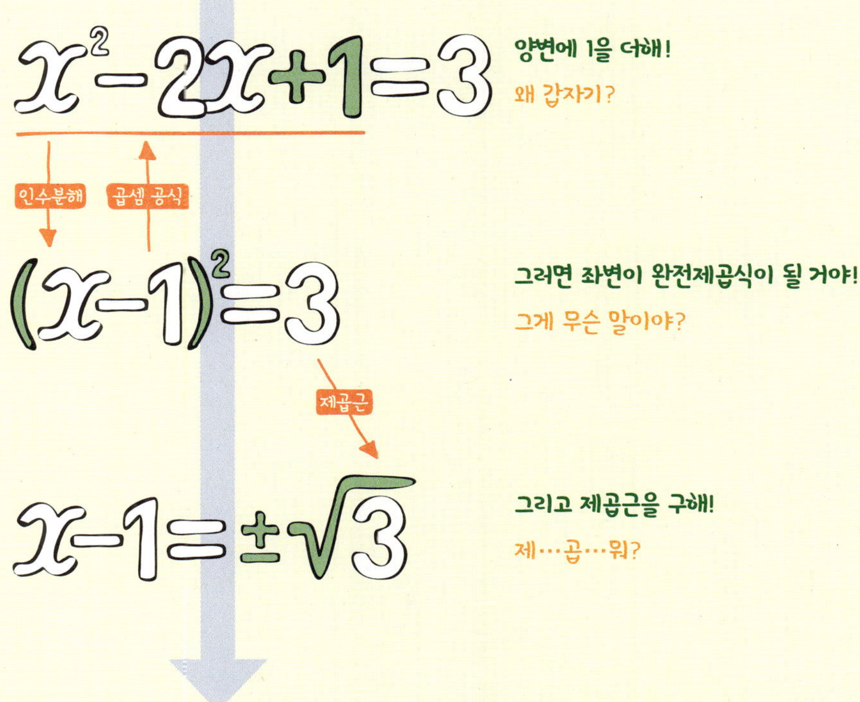

이 책에서는 **제곱근, 곱셈 공식, 인수분해**를 공부할 텐데, 나중에 이차방정식을 풀 때 꼭 필요한 열쇠가 될 거야. 목적지(이차방정식)를 잊지 마. 길을 헤매지 않게. 자! 이제 긴 여행을 떠나볼까?

수의 확장!

I

실수와 그 연산

1

제곱하여 만들어진 수의 뿌리!
제곱근

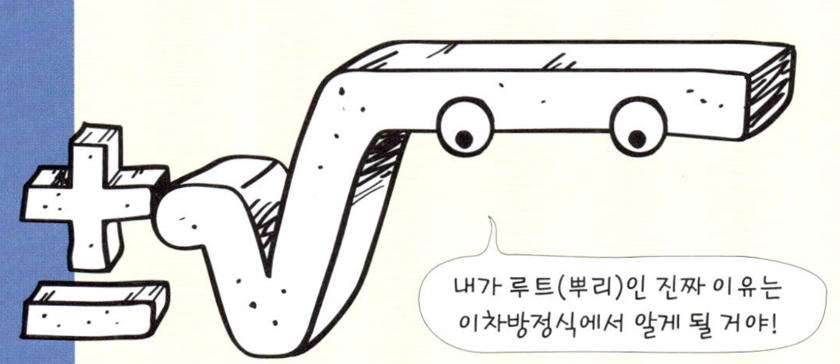

제곱하여 만들어진 수의 뿌리!

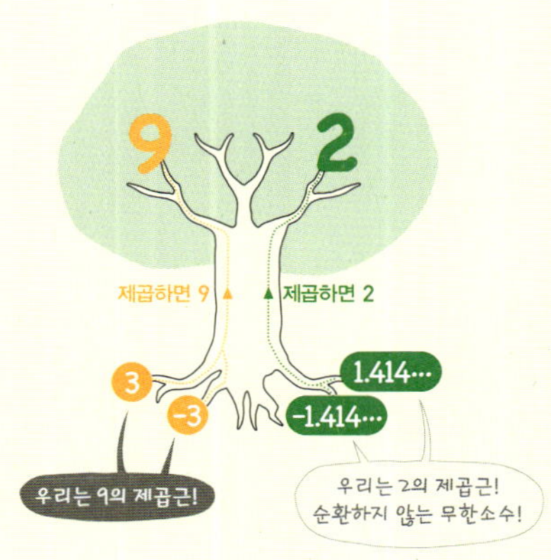

01 제곱근의 뜻

제곱해서 9가 되는 수는 어떤 수가 있을까?
$3^2 = (-3)^2 = 9$이므로 제곱해서 9가 되는 수는 3 또는 -3이야. 이처럼 어떤 수 x를 제곱하여 a가 될 때, 즉 $x^2 = a$일 때, x를 a의 제곱근이라 해!

제곱근을 표현할 땐 $\sqrt{}$

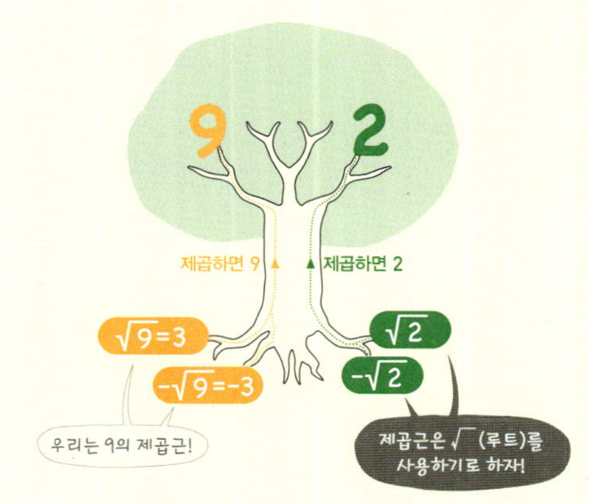

02 제곱근의 표현

$x^2 = 2$를 만족시키는 x의 값은 $x = 1.41421\cdots$ 또는 $x = -1.41421\cdots$ 이야.
즉 2의 제곱근은 순환하지 않는 무한소수이지. 이러한 수는 쉽게 표현할 수 없어. 그래서 만든 기호가 $\sqrt{}$ 인데, 이것을 근호라 하고 '제곱근' 또는 '루트(root)'라 읽어. 루트를 사용하면 쉽게 제곱근을 표현할 수 있어!

03 제곱근의 성질

$\sqrt{2}$와 $-\sqrt{2}$는 2의 제곱근이므로
$(\sqrt{2})^2=2$, $(-\sqrt{2})^2=2$야. 즉 2의 제곱근을 제곱하면 2가 돼!
또 $\sqrt{2^2}=\sqrt{4}=2$, $\sqrt{(-2)^2}=\sqrt{4}=2$야. 따라서 근호 안의 수가 어떤 수의 제곱이면 근호를 없앨 수 있어.

04 $\sqrt{A^2}$의 성질

근호 안의 수가 어떤 수의 제곱이면 근호를 없앨 수 있는 걸 알지? 그런데 무조건 근호를 없애는 것이 아니야. $\sqrt{2^2}=2$처럼 근호 안의 수가 양수의 제곱이면 바로 근호를 없앨 수 있지만 $\sqrt{(-2)^2}=2$와 같이 근호 안의 수가 음수의 제곱이면 부호가 반대로 되어서 근호 밖으로 나와야 해!

05 제곱수를 이용하여 근호 없애기

자연수를 제곱한 수를 제곱수라 해. 이때 근호 안의 수가 제곱수이면 근호를 없애고 자연수로 나타낼 수 있어. 즉 $\sqrt{a}$가 자연수가 되려면 a는 1^2, 2^2, 3^2, …과 같이 제곱수가 되어야 해!

제곱근의 뜻

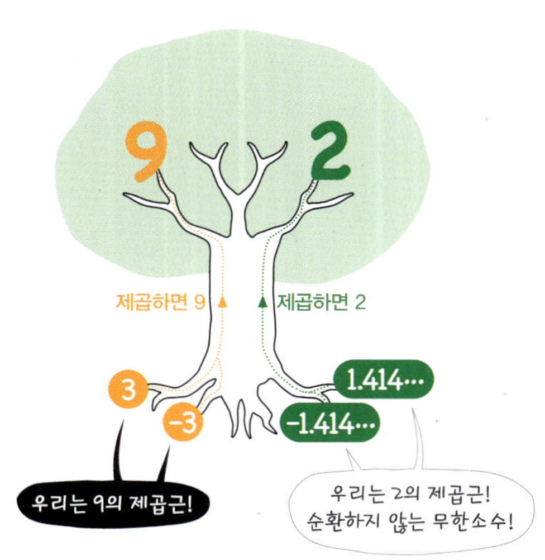

• **a의 제곱근**: 어떤 수 x를 제곱하여 $a(a \geq 0)$가 될 때, 즉 $x^2 = a$ 일 때, x를 a의 제곱근이라 한다.

• **제곱근의 개수**
  ① 양수의 제곱근은 양수와 음수 2개가 있고, 그 절댓값은 같다.
  ② 0의 제곱근은 0 하나뿐이다.
  ③ 제곱하여 음수가 되는 수는 없으므로 음수의 제곱근은 없다.
  ⑩ 9의 제곱근은 $+3$, -3의 2개이다.
　　-9의 제곱근은 없다.

원리확인　다음 □ 안에 알맞은 수를 써넣으시오.

① 25의 제곱근
　→ 제곱하여 □ 가 되는 수
　　$x^2 = $ □ 를 만족시키는 x의 값
　　$x = $ □ , $x = $ □

② $\dfrac{1}{25}$의 제곱근
　→ 제곱하여 □ 이 되는 수
　　$x^2 = $ □ 을 만족시키는 x의 값
　　$x = $ □ , $x = $ □

③ 0.09의 제곱근
　→ 제곱하여 □ 가 되는 수
　　$x^2 = $ □ 를 만족시키는 x의 값
　　$x = $ □ , $x = $ □

④ 0.64의 제곱근
　→ 제곱하여 □ 가 되는 수
　　$x^2 = $ □ 를 만족시키는 x의 값
　　$x = $ □ , $x = $ □

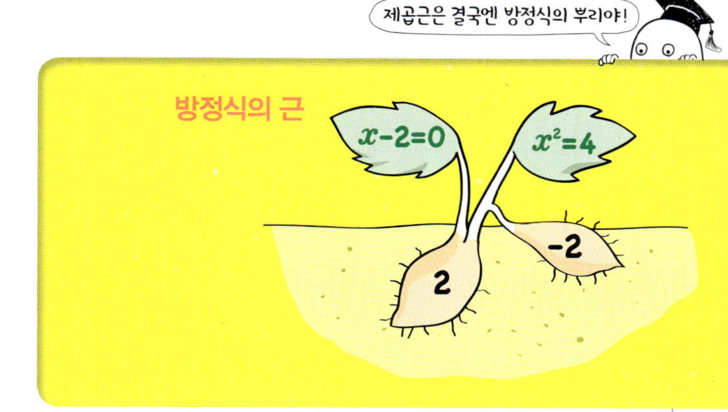

1st 제곱근의 뜻 알기

● 제곱하여 다음 수가 되는 수를 모두 구하시오.

1 1

➡ 제곱하여 ☐ 이 되는 수

$x^2 = $ ☐ 을 만족시키는 x의 값

$x = $ ☐ , $x = $ ☐

2 16

3 36

4 49

5 81

6 100

7 121

8 169

9 $\dfrac{1}{4}$

10 $\dfrac{9}{16}$

11 $\dfrac{4}{25}$

12 $\dfrac{49}{36}$

13 0.04

14 0.16

15 0.81

16 1.21

● 다음 수의 제곱근을 모두 구하시오.

17 4

➜ 4의 제곱근
  $x^2 = \boxed{}$ 를 만족시키는 x의 값
  $x = \boxed{}$, $x = \boxed{}$

18 64

19 144

20 $\dfrac{4}{9}$

21 $\dfrac{25}{16}$

22 $\dfrac{81}{121}$

23 0.36

24 1.69

25 7^2
$7^2 = 49$이므로 49의 제곱근을 구해!

26 12^2

27 $\left(\dfrac{2}{3}\right)^2$

28 0.2^2

29 $(-3)^2$
$(-3)^2 = 9$이므로 9의 제곱근을 구해!

30 $\left(-\dfrac{7}{5}\right)^2$

31 $(-0.4)^2$

3rd— 제곱근의 개수 구하기

● 다음 수의 제곱근의 개수를 구하시오.

32 16

33 25

34 1

35 0

36 -4

37 $-\dfrac{1}{25}$

38 -36

내가 발견한 개념

제곱근은 항상 2개일까?

• $x^2 = a$ ➡ $\boxed{}$ 는 $\boxed{}$ 의 제곱근이다.

• a의 제곱근의 개수

a의 부호	$a > 0$	$a = 0$	$a < 0$
제곱근의 개수	$\boxed{}$	$\boxed{}$	0

4th— 제곱근 이해하기

● 다음 중 옳은 것은 ○를, 옳지 않은 것은 ×를 ( ) 안에 써 넣으시오.

39 0의 제곱근은 0이다. ( )

40 제곱하여 81이 되는 수는 9, -9이다. ( )

41 -25의 제곱근은 5, -5이다. ( )

42 144의 제곱근은 2개이고, 두 제곱근의 합은 0이다. ( )

43 1의 제곱근은 1개이다. ( )

44 모든 수의 제곱근은 2개이다. ( )

개념모음문제

45 제곱근에 대한 다음 설명 중 옳은 것을 모두 고르면? (정답 2개)

① 4의 제곱근은 2이다.
② -4는 -16의 제곱근이다.
③ 0의 제곱근은 1개이다.
④ 49의 제곱근은 2개이고, 두 수의 합은 14이다.
⑤ 10은 $(-10)^2$의 양의 제곱근이다.

02

제곱근의 표현

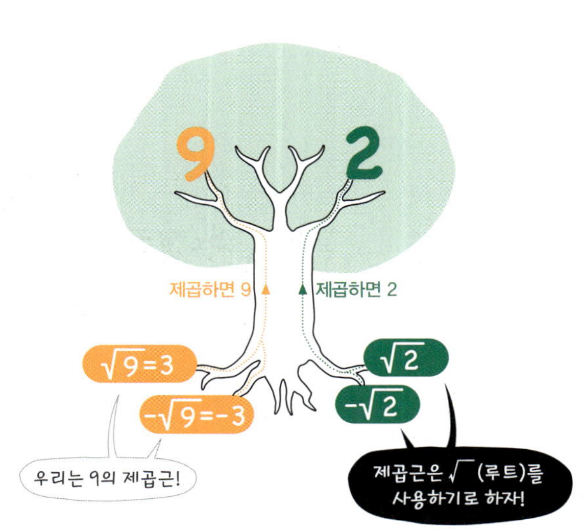

- **제곱근의 표현**: 제곱근은 기호 $\sqrt{}$ 를 사용하여 나타내는데 이것을 근호라 하고, 제곱근 또는 루트라 읽는다.
- **양수 a의 제곱근**: 양수 a의 제곱근 중에서 양의 제곱근을 $\sqrt{a}$, 음의 제곱근을 $-\sqrt{a}$라 한다. 이때 양수 a의 제곱근 $\sqrt{a}$와 $-\sqrt{a}$를 함께 $\pm\sqrt{a}$로 나타낸다.

  예 2의 제곱근은 $\sqrt{2}$와 $-\sqrt{2}$이고 함께 나타내면 $\pm\sqrt{2}$이다.

  참고 · 9의 제곱근은 $\sqrt{9}$와 $-\sqrt{9}$이고 9의 양의 제곱근은 3, 음의 제곱근은 -3이므로 $\sqrt{9}=3$, $-\sqrt{9}=-3$
  즉 근호 안의 수가 어떤 수의 제곱이면 근호를 사용하지 않고 나타낼 수 있다.
  · $\pm\sqrt{a}$는 '플러스마이너스 루트 a'라 읽는다.

$a>0$	a의 제곱근	제곱근 a
뜻	제곱하여 a가 되는 수	a의 양의 제곱근
표현	$\sqrt{a}$, $-\sqrt{a}$	$\sqrt{a}$

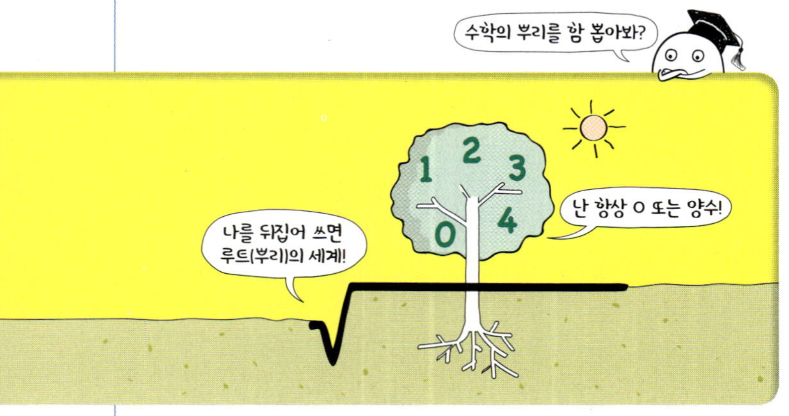

● 다음을 구하시오.

1   5   양의 제곱근 .... $\sqrt{}$
        음의 제곱근 .... $-\sqrt{}$

2   8   양의 제곱근 ....
        음의 제곱근 ....

3   10   양의 제곱근 ....
         음의 제곱근 ....

4   12   양의 제곱근 ....
         음의 제곱근 ....

5   15   양의 제곱근 ....
         음의 제곱근 ....

6   24   양의 제곱근 ....
         음의 제곱근 ....

7 $\dfrac{1}{12}$ < 양의 제곱근 ________
음의 제곱근 ________

8 $\dfrac{3}{10}$ < 양의 제곱근 ________
음의 제곱근 ________

9 $\dfrac{3}{25}$ < 양의 제곱근 ________
음의 제곱근 ________

10 1.4 < 양의 제곱근 ________
음의 제곱근 ________

11 0.18 < 양의 제곱근 ________
음의 제곱근 ________

12 2.36 < 양의 제곱근 ________
음의 제곱근 ________

● 다음 수의 제곱근을 근호를 사용하여 나타내시오.

13 3

→ 3의 양의 제곱근은 ☐

3의 음의 제곱근은 ☐

따라서 3의 제곱근은 ☐

14 7

15 11

16 19

17 $\dfrac{3}{7}$

18 $\dfrac{11}{5}$

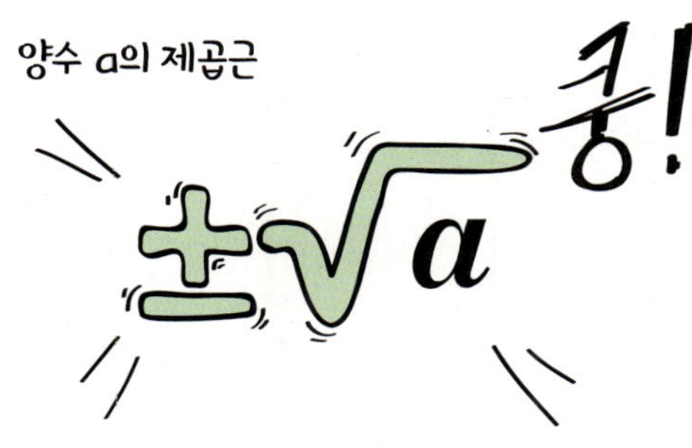

19 0.7

20 3.4

2ⁿᵈ — a의 제곱근과 제곱근 a 구하기

● 다음을 구하시오.

21
2의 제곱근
제곱근 2

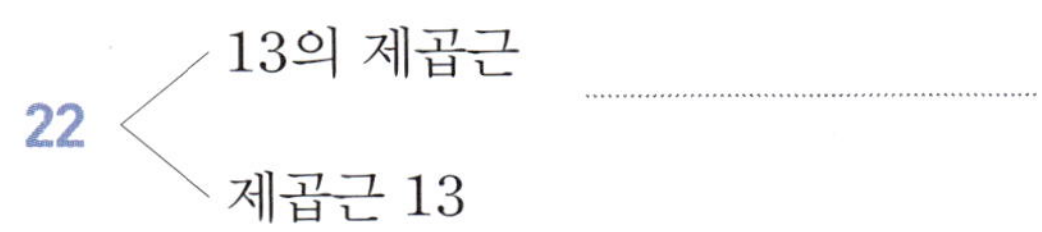

22
13의 제곱근
제곱근 13

23
14의 제곱근
제곱근 14

24
23의 제곱근
제곱근 23

25
$\dfrac{3}{8}$의 제곱근
제곱근 $\dfrac{3}{8}$

26
5.5의 제곱근
제곱근 5.5

27 제곱근 8

28 13의 양의 제곱근

29 52의 음의 제곱근

30 $\dfrac{5}{18}$의 제곱근

31 제곱근 $\dfrac{3}{19}$

32 2.9의 음의 제곱근

33 2.41의 제곱근

내가 발견한 개념 a의 제곱근과 제곱근 a를 비교해 봐!

$a>0$	a의 제곱근	제곱근 a
뜻	제곱하여 a가 되는 수	a의 제곱근 중 $\square$의 제곱근
표현	$\square$, $\square$	$\square$

● 다음을 근호를 사용하지 않고 나타내시오.

34 $\sqrt{4}$

➔ 4의 양의 제곱근, 즉 ☐

35 $\sqrt{9}$

36 $\sqrt{1}$

37 $\sqrt{36}$

38 $\sqrt{81}$

39 $\sqrt{\dfrac{49}{100}}$

40 $\sqrt{\dfrac{1}{121}}$

41 $\sqrt{0.25}$

42 $-\sqrt{16}$

➔ 16의 음의 제곱근, 즉 ☐

43 $-\sqrt{64}$

44 $-\sqrt{25}$

45 $-\sqrt{\dfrac{9}{16}}$

46 $-\sqrt{\dfrac{144}{49}}$

47 $-\sqrt{1.96}$

48 $-\sqrt{2.25}$

개념모음문제
49 다음 중 옳은 것을 모두 고르면? (정답 2개)

① 16의 제곱근은 ±4이다.
② 10의 제곱근은 ±5이다.
③ 제곱근 25는 5이다.
④ $\sqrt{64}$의 제곱근은 ±8이다.
⑤ $\sqrt{121}$의 제곱근은 $\sqrt{11}$이다.

제곱근의 성질

$$(\sqrt{2})^2 = 2$$

$$(-\sqrt{2})^2 = (-1)^2 \times (\sqrt{2})^2 = 2$$

양수가 돼!

$$\sqrt{2^2} = \sqrt{4} = \sqrt{2^2} = 2$$

$$\sqrt{(-2)^2} = \sqrt{4} = \sqrt{2^2} = 2$$

양수가 돼!

- $a > 0$일 때

  ① a의 제곱근을 제곱하면 a가 된다.

  $(\sqrt{a})^2 = a,\ (-\sqrt{a})^2 = a$

  ② 근호 안의 수가 어떤 수의 제곱이면 근호를 없앨 수 있다.

  $\sqrt{a^2} = a,\ \sqrt{(-a)^2} = a$

  참고 $a > 0$일 때

  ① 제곱하여 a가 되는 수는 $\pm\sqrt{a}$이므로 $(\sqrt{a})^2 = a,\ (-\sqrt{a})^2 = a$

  ② a^2의 양의 제곱근은 a이고 $(-a)^2 = a^2$이므로
  $\sqrt{a^2} = a,\ \sqrt{(-a)^2} = a$

원리확인 다음 □ 안에 알맞은 수를 써넣으시오.

❶ $(\sqrt{3})^2 = \boxed{}$

❷ $(-\sqrt{3})^2 = \left(\sqrt{\boxed{}}\right)^2 = \boxed{}$

❸ $\sqrt{3^2} = \boxed{}$

❹ $\sqrt{(-3)^2} = \sqrt{9} = \sqrt{\boxed{}^2} = \boxed{}$

1st — $(\sqrt{a})^2 = a,\ (-\sqrt{a})^2 = a$의 성질 이해하기

● 다음 수를 근호를 사용하지 않고 나타내시오.

1 $(\sqrt{2})^2$

$\sqrt{}$ 와 제곱이 만나면 $\sqrt{}$ 와 제곱이 사라져!

2 $(-\sqrt{7})^2$

3 $-(-\sqrt{11})^2$

괄호 앞 마이너스 부호에 주의해!

4 $\left(\sqrt{\dfrac{1}{2}}\right)^2$

5 $\left(-\sqrt{\dfrac{1}{3}}\right)^2$

6 $(\sqrt{0.4})^2$

7 $-(-\sqrt{1.6})^2$

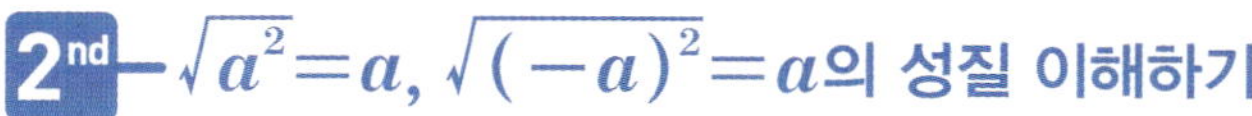

2nd $-\sqrt{a^2}=a,\ \sqrt{(-a)^2}=a$의 성질 이해하기

● 다음 수를 근호를 사용하지 않고 나타내시오.

8 $\sqrt{2^2}$

근호 안의 수가 어떤 수의 제곱이면 근호를 없앨 수 있어!

9 $\sqrt{\left(\dfrac{5}{3}\right)^2}$

10 $-\sqrt{7^2}$

루트 앞 마이너스 부호에 주의해!

11 $\sqrt{\left(\dfrac{4}{7}\right)^2}$

12 $\sqrt{(-9)^2}$

13 $\sqrt{(-15)^2}$

14 $-\sqrt{(-1.2)^2}$

15 $\sqrt{4}$

16 $\sqrt{36}$

17 $\sqrt{49}$

18 $\sqrt{81}$

19 $-\sqrt{16}$

20 $-\sqrt{25}$

21 $-\sqrt{144}$

22 $\sqrt{\dfrac{9}{4}}$

23 $\sqrt{\dfrac{225}{49}}$

24 $-\sqrt{\dfrac{4}{25}}$

25 $-\sqrt{\dfrac{121}{16}}$

26 $\sqrt{0.09}$

27 $-\sqrt{0.64}$

28 $-\sqrt{1.21}$

● 다음을 계산하시오.

29 $\sqrt{(-4)^2}+\sqrt{7^2}$

30 $(\sqrt{3})^2+\sqrt{(-5)^2}$

31 $-(\sqrt{6})^2+(-\sqrt{10})^2$

32 $\sqrt{8^2}-\sqrt{(-4)^2}$

33 $\sqrt{(-9)^2}-\sqrt{2^2}$

34 $(\sqrt{12})^2-(-\sqrt{12})^2$

35 $\sqrt{81}+\sqrt{64}$

36 $-\sqrt{121}+\sqrt{144}$

37 $-\sqrt{0.81}+\sqrt{(0.4)^2}$

38 $\sqrt{100}-\sqrt{49}$

39 $\sqrt{\left(\dfrac{9}{4}\right)^2}-\sqrt{\left(\dfrac{3}{4}\right)^2}$

40 $\sqrt{3^2}\times\sqrt{8^2}$

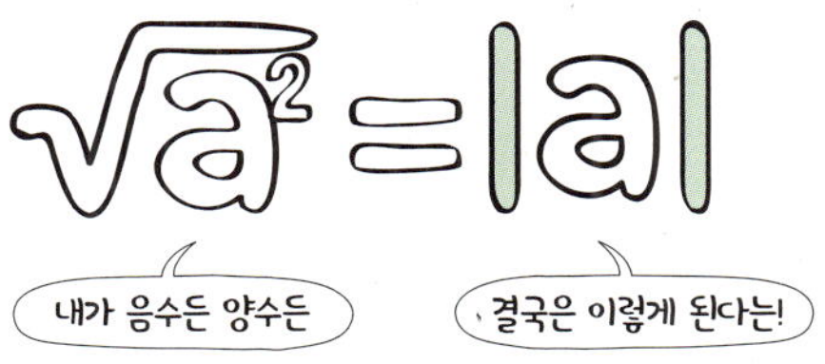

41 $-\sqrt{(-5)^2}\times\sqrt{9^2}$

42 $\sqrt{36}\times\left(-\sqrt{\dfrac{2}{3}}\right)^2$

43 $\sqrt{1.44}\times\sqrt{(0.1)^2}$

44 $(-\sqrt{16})^2\div(-\sqrt{4})^2$

45 $\sqrt{15^2}\div\sqrt{\left(\dfrac{3}{5}\right)^2}$

46 $\sqrt{400}\div(-\sqrt{10})^2$

47 $-\sqrt{49}\div(-\sqrt{0.1})^2$

개념모음문제

48 다음 중 그 값이 나머지 넷과 <u>다른</u> 하나는?

① $\sqrt{5^2}$ ② $(\sqrt{5})^2$ ③ $(-\sqrt{5})^2$
④ $\sqrt{25}$ ⑤ $-\sqrt{(-5)^2}$

04

$\sqrt{A^2}$ 의 성질

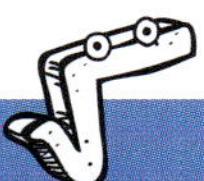

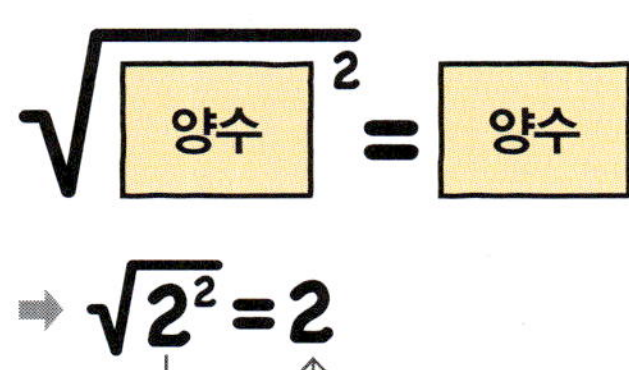

$$\sqrt{\boxed{양수}^2} = \boxed{양수}$$

$$\Rightarrow \sqrt{2^2} = 2$$

부호 그대로!

$$\sqrt{\boxed{음수}^2} = \boxed{양수}$$

$$\Rightarrow \sqrt{(-2)^2} = \sqrt{2^2} = 2$$

부호 반대로!

- $\sqrt{a^2}$ 의 꼴을 포함한 식
  - (1) $\sqrt{a^2}$ 의 꼴을 간단히 할 때, 먼저 a의 부호를 조사한다.
    - ① $a>0$일 때 $\sqrt{a^2}=a$ (부호 그대로)
    - ② $a<0$일 때 $\sqrt{a^2}=-a$ (부호 반대로) ↳ 결과가 양수가 되도록
  - (2) $\sqrt{(a-b)^2}$ 의 꼴을 간단히 할 때, 먼저 $a-b$의 부호를 조사한다.
    - ① $a-b>0$일 때 $\sqrt{(a-b)^2}=a-b$
    - ② $a-b<0$일 때 $\sqrt{(a-b)^2}=-(a-b)$ ↳ 결과가 양수가 되도록

  참고 $\sqrt{(양수)^2}=|양수|=(양수)$, $\sqrt{(음수)^2}=|음수|=-(음수)=(양수)$
  즉 $\sqrt{A^2}$은 A^2의 양의 제곱근이므로 A의 부호에 관계없이 항상 음이 아닌 값을 가진다.

1st — $\sqrt{a^2}$ 의 꼴 간단히 하기

- 다음 a의 조건에 대하여 ◯ 안에 알맞은 부등호를 써넣고, 간단히 한 식을 ☐ 안에 써넣으시오.

$a>0$

1 $2a \bigcirc 0$이므로 $\sqrt{(2a)^2}=\boxed{}$

2 $3a \bigcirc 0$이므로 $\sqrt{(3a)^2}=\boxed{}$

3 $7a \bigcirc 0$이므로 $\sqrt{(7a)^2}=\boxed{}$

4 $-4a \bigcirc 0$이므로 $\sqrt{(-4a)^2}=\boxed{}$

5 $-5a \bigcirc 0$이므로 $\sqrt{(-5a)^2}=\boxed{}$

$a<0$

6 $2a \bigcirc 0$이므로 $\sqrt{(2a)^2}=\boxed{}$

7 $15a \bigcirc 0$이므로 $\sqrt{(15a)^2}=\boxed{}$

8 $-11a \bigcirc 0$이므로 $\sqrt{(-11a)^2}=\boxed{}$

9 $-6a \bigcirc 0$이므로 $-\sqrt{(-6a)^2}=\boxed{}$

10 $-9a \bigcirc 0$이므로 $-\sqrt{(-9a)^2}=\boxed{}$

2nd $\sqrt{a^2}$의 꼴을 포함한 식 간단히 하기

● $a>0$일 때, 다음 식을 간단히 하시오.

11 $\sqrt{(2a)^2}+\sqrt{(7a)^2}$

12 $\sqrt{(-4a)^2}+\sqrt{(3a)^2}$

13 $\sqrt{(3a)^2}+\sqrt{(-5a)^2}$

14 $-\sqrt{(6a)^2}+\{-\sqrt{(10a)^2}\}$

15 $\sqrt{(9a)^2}+\{-\sqrt{(8a)^2}\}$

16 $\sqrt{(-10a)^2}+\sqrt{(11a)^2}$

17 $\sqrt{(-15a)^2}+\sqrt{(-5a)^2}$

18 $\sqrt{(3a)^2}-\sqrt{(2a)^2}$

19 $\sqrt{(-4a)^2}-\sqrt{(3a)^2}$

20 $\sqrt{(5a)^2}-\sqrt{(-2a)^2}$

21 $\sqrt{(6a)^2}-\{-\sqrt{(6a)^2}\}$

22 $-\sqrt{(10a)^2}-\{-\sqrt{(8a)^2}\}$

23 $\sqrt{(-15a)^2}-\sqrt{(12a)^2}$

24 $\sqrt{(-20a)^2}-\sqrt{(-5a)^2}$

● $a<0$일 때, 다음 식을 간단히 하시오.

25 $\sqrt{(3a)^2}+\sqrt{(6a)^2}$

26 $\sqrt{(-3a)^2}+\sqrt{(4a)^2}$

27 $\sqrt{(2a)^2}+\sqrt{(-6a)^2}$

28 $-\sqrt{(-5a)^2}+\{-\sqrt{(11a)^2}\}$

29 $\sqrt{(8a)^2}+\sqrt{(-9a)^2}$

30 $\sqrt{(-9a)^2}+\sqrt{(12a)^2}$

31 $\sqrt{(-13a)^2}+\sqrt{(-7a)^2}$

32 $\sqrt{(3a)^2}-\sqrt{(4a)^2}$

33 $\sqrt{(-3a)^2}-\sqrt{(5a)^2}$

34 $\sqrt{(4a)^2}-\sqrt{(-4a)^2}$

35 $\sqrt{(5a)^2}-\{-\sqrt{(8a)^2}\}$

36 $-\sqrt{(9a)^2}-\{-\sqrt{(10a)^2}\}$

개념모음문제
37 $a>0$, $b<0$일 때,
$\sqrt{(-3a)^2}+\sqrt{(7a)^2}-\sqrt{(4b)^2}$을 간단히 하면?

① $4a-4b$ 　　② $4a+4b$

③ $10a-2b$ 　　④ $10a-4b$

⑤ $10a+4b$

3rd $-\sqrt{(a-b)^2}$의 꼴 간단히 하기

• 다음 ○ 안에 알맞은 부등호를, □ 안에 알맞은 것을 써넣으시오.

38 $x>1$일 때, $x-1 \bigcirc 0$이므로

$$\sqrt{(x-1)^2}=\boxed{}$$

39 $x<1$일 때, $x-1 \bigcirc 0$이므로

$$\sqrt{(x-1)^2}=-(\boxed{})=\boxed{}$$

40 $y>-1$일 때, $y+1 \bigcirc 0$이므로

$$\sqrt{(y+1)^2}=\boxed{}$$

41 $y<2$일 때, $y-2 \bigcirc 0$이므로

$$\sqrt{(y-2)^2}=-(\boxed{})=\boxed{}$$

42 $x>-3$일 때, $x+3 \bigcirc 0$이므로

$$\sqrt{(x+3)^2}=\boxed{}$$

43 $y<-5$일 때, $y+5 \bigcirc 0$이므로

$$\sqrt{(y+5)^2}=-(\boxed{})=\boxed{}$$

• 다음 식을 간단히 하시오.

44 $a>2$일 때, $\sqrt{(a-2)^2}$

45 $a<-3$일 때, $\sqrt{(a+3)^2}$

46 $a>-5$일 때, $\sqrt{(a+5)^2}$

47 $a>1$일 때, $\sqrt{(1-a)^2}$

48 $a>4$일 때, $-\sqrt{(4-a)^2}$

개념모음문제
49 $-1<x<1$일 때, $\sqrt{(x-1)^2}+\sqrt{(x+1)^2}$을 간단히 하면?

① $-2x$ ② -2 ③ 2
④ $2x$ ⑤ $2x+2$

05

제곱수를 이용하여 근호 없애기

$\sqrt{2 \times \square}$ 가 자연수이려면 $2 \times \square$는 제곱수!
제곱수가 될 수 있는 가장 작은 자연수는 2!

- **제곱수**: 1, 4, 9, 16, 25, …와 같이 자연수의 제곱인 수
- **제곱수의 성질**: 소인수분해하면 소인수의 지수가 모두 짝수이다.
- 근호 안의 수가 제곱수이면 근호를 없애고 자연수로 나타낼 수 있다.
  → $\sqrt{(제곱수)} = \sqrt{(자연수)^2} = (자연수)$
- $\sqrt{ax}$, $\sqrt{\dfrac{a}{x}}$ (a는 자연수)의 꼴을 자연수로 만드는 방법

  (i) a를 소인수분해한다.

  (ii) 소인수의 지수가 모두 짝수가 되도록 하는 x의 값을 구한다.
- $\sqrt{a+x}$ (a는 자연수)의 꼴을 자연수로 만드는 방법

  (i) $a+x > a$이므로 a보다 큰 제곱수 b를 찾는다.

  (ii) $a+x=b$를 만족시키는 자연수 x의 값을 찾는다.

1st ─ $\sqrt{ax}$의 꼴이 자연수가 되도록 하는 자연수 x의 값 구하기

● 다음 수가 자연수가 되도록 하는 가장 작은 자연수 x의 값을 구하시오.

1 $\sqrt{2^2 \times 5 \times x}$

$\sqrt{2^2 \times 5 \times x}$가 자연수가 되려면 $x = 5 \times (자연수)^2$의 꼴이어야 해!

2 $\sqrt{2 \times 3^2 \times x}$

3 $\sqrt{2 \times 3 \times x}$

4 $\sqrt{3^3 \times 5 \times x}$

5 $\sqrt{2 \times 7^3 \times x}$

6 $\sqrt{5^3 \times 7^3 \times x}$

7 $\sqrt{3^2 \times 5 \times 7 \times x}$

8 $\sqrt{3x}$

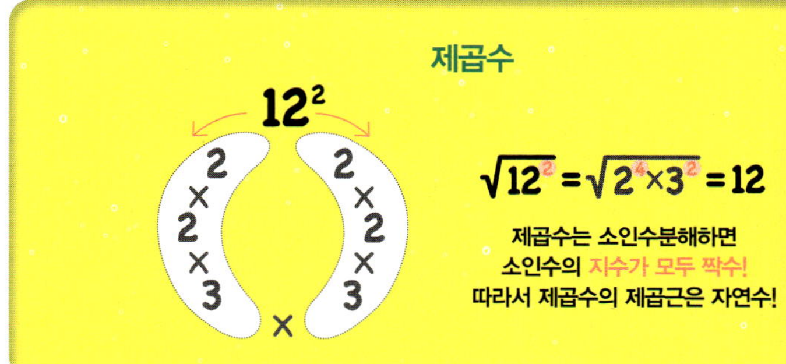

9 $\sqrt{6x}$

10 $\sqrt{8x}$

11 $\sqrt{12x}$

12 $\sqrt{27x}$

13 $\sqrt{44x}$

14 $\sqrt{60x}$

15 $\sqrt{63x}$

16 $\sqrt{120x}$

17 $\sqrt{150x}$

18 $\sqrt{180x}$

19 $\sqrt{240x}$

개념모음문제
20 $\sqrt{540x}$가 자연수가 되도록 하는 가장 작은 자연수 x의 값은?

① 5   ② 6   ③ 10
④ 15   ⑤ 30

2nd $\sqrt{\dfrac{a}{x}}$ 의 꼴이 자연수가 되도록 하는 자연수 x의 값 구하기

● 다음 수가 자연수가 되도록 하는 가장 작은 자연수 x의 값을 구하시오.

21 $\sqrt{\dfrac{2 \times 3^2}{x}}$

$\sqrt{\dfrac{2 \times 3^2}{x}}$ 이 자연수가 되려면 $x=2$, 2×3^2이어야 해!

22 $\sqrt{\dfrac{2^2 \times 5}{x}}$

23 $\sqrt{\dfrac{2^2 \times 3 \times 7}{x}}$

24 $\sqrt{\dfrac{3^2 \times 5 \times 11}{x}}$

25 $\sqrt{\dfrac{2^3 \times 3 \times 7^3}{x}}$

26 $\sqrt{\dfrac{12}{x}}$

27 $\sqrt{\dfrac{20}{x}}$

28 $\sqrt{\dfrac{28}{x}}$

29 $\sqrt{\dfrac{44}{x}}$

30 $\sqrt{\dfrac{48}{x}}$

31 $\sqrt{\dfrac{56}{x}}$

개념모음문제

32 $\sqrt{\dfrac{90}{x}}$ 이 자연수가 되도록 하는 가장 작은 자연수 x의 값은?

① 2   ② 3   ③ 6
④ 10   ⑤ 15

3rd — $\sqrt{a\pm x}$ 의 꼴이 자연수가 되도록 하는 자연수 x의 값 구하기

● 다음 수가 자연수가 되도록 하는 가장 작은 자연수 x의 값을 구하시오.

33 $\sqrt{x+7}$

근호 안에 있는 $x+7$이 7보다 큰 제곱수가 되어야 해!

34 $\sqrt{x+10}$

35 $\sqrt{11+x}$

36 $\sqrt{13+x}$

37 $\sqrt{x+18}$

38 $\sqrt{26+x}$

39 $\sqrt{x+38}$

40 $\sqrt{x+40}$

41 $\sqrt{x+48}$

42 $\sqrt{55+x}$

43 $\sqrt{80+x}$

개념모음문제

44 $\sqrt{109+x}$가 자연수가 되도록 하는 가장 작은 자연수 x의 값은?

① 10 　　② 11 　　③ 12

④ 13 　　⑤ 34

● 다음 수가 자연수가 되도록 하는 자연수 x의 값을 모두 구하시오.

45 $\sqrt{5-x}$

46 $\sqrt{8-x}$

47 $\sqrt{10-x}$

48 $\sqrt{14-x}$

49 $\sqrt{20-x}$

50 $\sqrt{22-x}$

51 $\sqrt{26-x}$

52 $\sqrt{30-x}$

53 $\sqrt{37-x}$

54 $\sqrt{42-x}$

55 $\sqrt{44-x}$

개념모음문제
56 $\sqrt{59-x}$가 자연수가 되도록 하는 자연수 x의 개수는?

① 4   ② 5   ③ 6
④ 7   ⑤ 8

TEST 1. 제곱근

1 다음 중 옳은 것을 모두 고르면? (정답 2개)

① 제곱근 8은 $\sqrt{8}$이다.
② $\sqrt{81}$의 제곱근은 ± 9이다.
③ $\sqrt{5}$는 5의 양의 제곱근이다.
④ -6은 -36의 음의 제곱근이다.
⑤ 음이 아닌 모든 수의 제곱근은 2개이다.

2 다음 옳지 <u>않은</u> 것은?

① $\sqrt{12^2}=12$ ② $\sqrt{(-5)^2}=5$
③ $\sqrt{64}=8$ ④ $-\sqrt{4^2}=4$
⑤ $(-\sqrt{15})^2=15$

3 다음 중 그 값이 나머지 넷과 다른 하나는?

① $\sqrt{3^2}$ ② $(\sqrt{3})^2$ ③ $(-\sqrt{3})^2$
④ $\sqrt{(-3)^2}$ ⑤ $-\sqrt{(-3)^2}$

4 다음 중 계산이 옳은 것은?

① $\sqrt{(-2)^2}+\sqrt{16}=2$
② $(-\sqrt{5})^2-\sqrt{4^2}=-1$
③ $-\left(\sqrt{\dfrac{1}{3}}\right)^2+\sqrt{\left(-\dfrac{7}{3}\right)^2}=2$
④ $\sqrt{81}\div(-\sqrt{3})^2=-3$
⑤ $(-\sqrt{7^2})\times(-\sqrt{6})^2=42$

5 다음 중 $\sqrt{96x}$가 자연수가 되도록 하는 자연수 x의 값이 <u>아닌</u> 것은?

① 6   ② 24   ③ 36
④ 54   ⑤ 96

6 $\sqrt{17-x}$가 자연수가 되도록 하는 모든 자연수 x의 값의 합을 구하시오.

2

제곱근과 실수

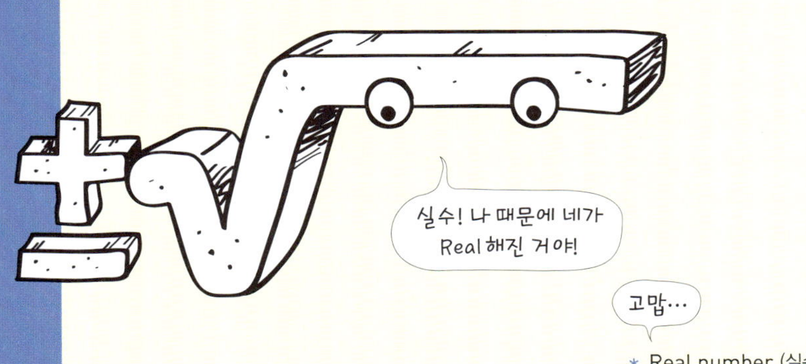

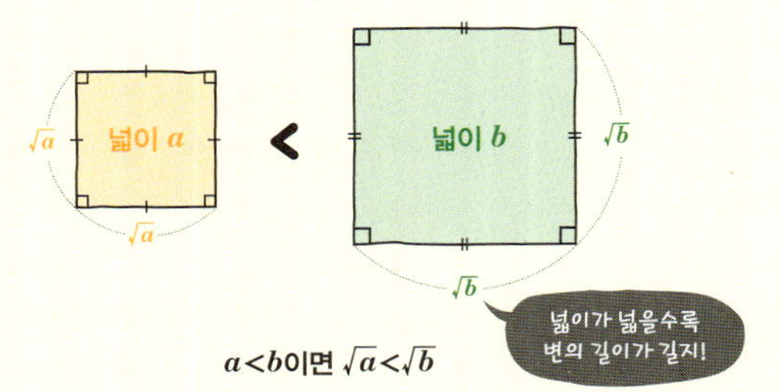

01 제곱근의 대소 관계

넓이가 각각 3, 5인 두 정사각형의 한 변의 길이는 각각 $\sqrt{3}$, $\sqrt{5}$야. 이때 정사각형의 넓이가 넓을수록 한 변의 길이가 더 길지. 따라서 $3<5$이면 $\sqrt{3}<\sqrt{5}$야. 반대로 정사각형은 한 변이 길이가 길수록 넓이가 더 크지. 따라서 $\sqrt{3}<\sqrt{5}$이면 $3<5$야.

제곱근의 대소 비교는 제곱근 안의 수가 양수일 때에만 가능해!

---

02 제곱근을 포함한 부등식

$a>0$일 때, $a=\sqrt{a^2}$임을 이용하여 제곱근의 대소 비교를 할 수 있어.

$a>0,\ b>0,\ c>0$일 때

- $\sqrt{a}<\sqrt{b}<\sqrt{c}$
  - $\rightarrow (\sqrt{a})^2<(\sqrt{b})^2<(\sqrt{c})^2$
  - $\rightarrow a<b<c$
- $-\sqrt{a}>-\sqrt{b}>-\sqrt{c}$
  - $\rightarrow \sqrt{a}<\sqrt{b}<\sqrt{c}$
  - $\rightarrow a<b<c$

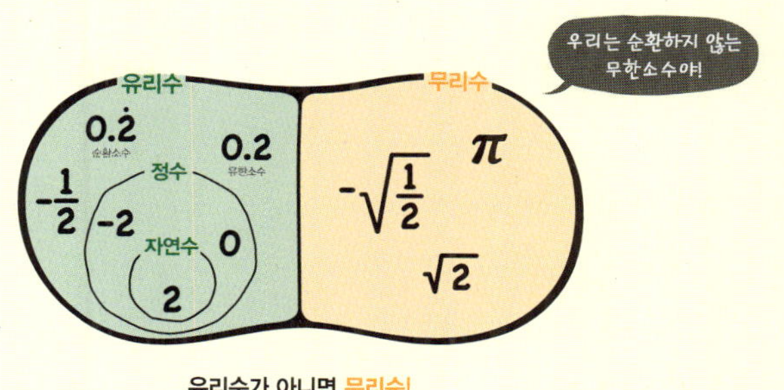

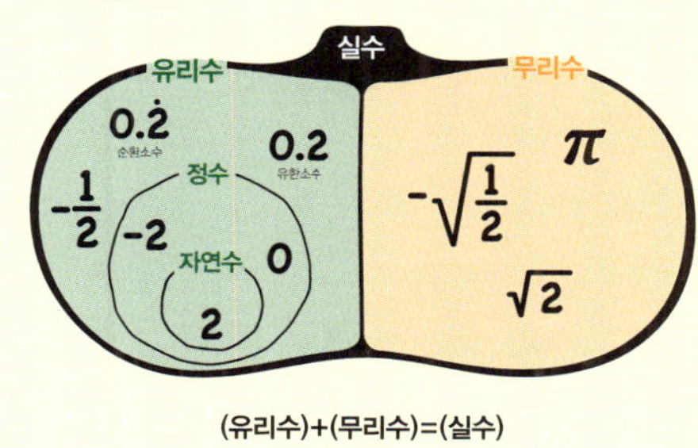

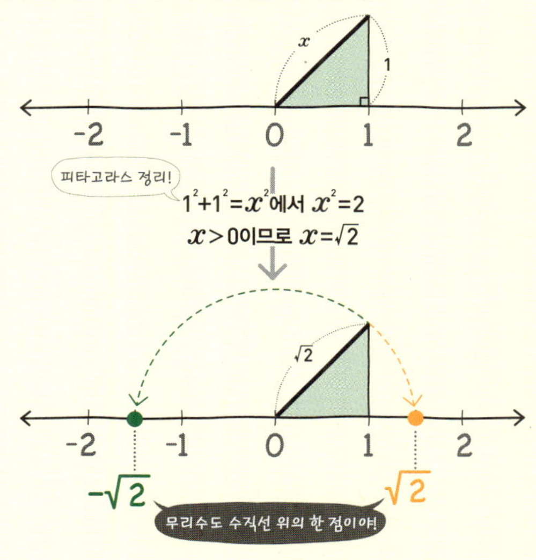

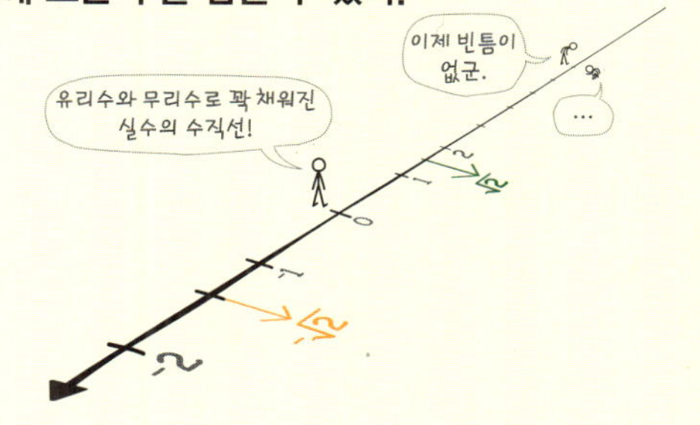

03 유리수와 무리수

$\sqrt{2}$는 제곱하면 2인 정수가 되지만 $1<\sqrt{2}<2$사이에 있는 정수가 아닌 수야. 정수가 아닌 유리수 중 제곱해서 2가 되는 수는 없어. 따라서 $\sqrt{2}$는 유리수가 아니지. 그럼 뭘까? 바로 유리수가 아닌 수, 즉 무리수야! 실제로 $\sqrt{2}$는 순환하지 않는 무한소수야. 즉 순환하는 않는 무한소수를 무리수라 해!

04 실수

초등에서는 자연수와 분수를 배웠고, 중1에서는 정수, 중2에서는 유리수를 배웠지. 이제 무리수까지 포함시키면 실수 전체를 알게 된 거야. 즉 유리수와 무리수를 통틀어 실수라 해. 이제부터 수라 하면 실수를 의미해!

05 무리수를 수직선 위에 나타내기

피타고라스 정리를 이용하면 빗변의 길이가 무리수로 나타나는 경우가 있어. 이 빗변을 수직선 위에 나타내는 연습을 해보자! 무리수는 순환하지 않는 끝이 없는 소수이지만 수직선 위에서는 어느 한 점으로 표현할 수 있지! 정말 신기하지?

06 수직선

수직선은 유리수와 무리수, 즉 실수에 대응하는 점들로 완전히 메울 수 있어. 따라서 실수는 수직선 위의 한 점에 대응하고, 수직선 위의 한 점에는 한 개의 실수가 대응하지!

제곱근의 대소 관계

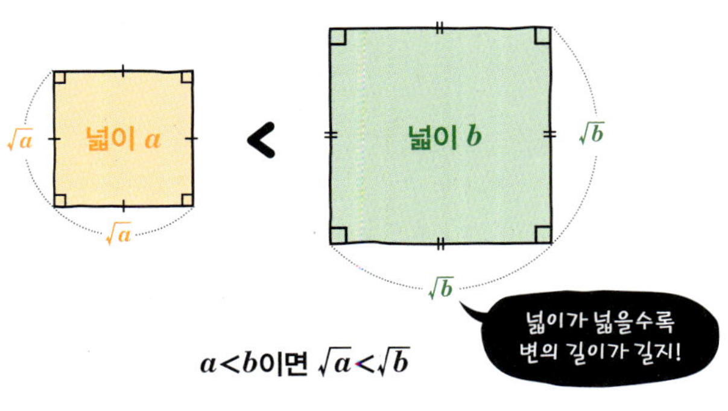

$a<b$이면 $\sqrt{a}<\sqrt{b}$

- $a>0$, $b>0$일 때
  ① $a<b$이면 $\sqrt{a}<\sqrt{b}$
  ② $\sqrt{a}<\sqrt{b}$이면 $a<b$
  ③ $a<b$이면 $\sqrt{a}<\sqrt{b}$이므로 $-\sqrt{a}>-\sqrt{b}$
  예 $2<3$이므로 $\sqrt{2}<\sqrt{3}$
  　 $\sqrt{2}<\sqrt{3}$이므로 $-\sqrt{2}>-\sqrt{3}$
- a와 $\sqrt{b}$의 대소 비교 (단, $a>0$, $b>0$)
  ① $\sqrt{a^2}$과 $\sqrt{b}$를 비교한다.
  ② a^2과 b를 비교한다.

1st — $\sqrt{a}$와 $\sqrt{b}$의 대소 비교하기

● 다음 두 수의 대소를 비교하여 ◯ 안에 알맞은 부등호를 써넣으시오.

1 $\sqrt{2}\ \bigcirc\ \sqrt{5}$

2 $\sqrt{7}\ \bigcirc\ \sqrt{3}$

3 $-\sqrt{5}\ \bigcirc\ -\sqrt{3}$

4 $-\sqrt{24}\ \bigcirc\ -\sqrt{27}$

5 $\sqrt{\dfrac{1}{2}}\ \bigcirc\ \sqrt{\dfrac{1}{3}}$

6 $\sqrt{\dfrac{1}{6}}\ \bigcirc\ \sqrt{\dfrac{1}{4}}$

7 $-\sqrt{\dfrac{4}{5}}\ \bigcirc\ -\sqrt{\dfrac{5}{6}}$

8 $\sqrt{0.9}\ \bigcirc\ \sqrt{0.7}$

9 $\sqrt{0.11}\ \bigcirc\ \sqrt{0.24}$

10 $-\sqrt{0.5}\ \bigcirc\ -\sqrt{0.6}$

2ⁿᵈ — a와 $\sqrt{b}$의 대소 비교하기

● 다음 두 수의 대소를 비교하여 ○ 안에 알맞은 부등호를 써 넣으시오.

11 $2 \bigcirc \sqrt{5}$

12 $3 \bigcirc \sqrt{8}$

13 $\sqrt{17} \bigcirc 4$

14 $-5 \bigcirc -\sqrt{20}$

15 $-\sqrt{50} \bigcirc -7$

16 $\sqrt{\dfrac{3}{4}} \bigcirc \dfrac{1}{2}$

17 $\dfrac{1}{10} \bigcirc \sqrt{\dfrac{1}{5}}$

18 $-\dfrac{1}{3} \bigcirc -\sqrt{\dfrac{1}{3}}$

19 $\sqrt{0.1} \bigcirc 0.1$

20 $0.8 \bigcirc \sqrt{6.4}$

21 $-0.3 \bigcirc -\sqrt{0.9}$

22 $\sqrt{\dfrac{1}{2}} \bigcirc 0.5$

개념모음문제
23 다음 두 수의 대소 관계가 옳은 것은?

① $\sqrt{3} > 3$　　　　② $-3 > -\sqrt{5}$

③ $\dfrac{1}{7} > \sqrt{\dfrac{1}{7}}$　　　　④ $-\sqrt{15} > -4$

⑤ $\sqrt{35} > 6$

제곱근을 포함한 부등식

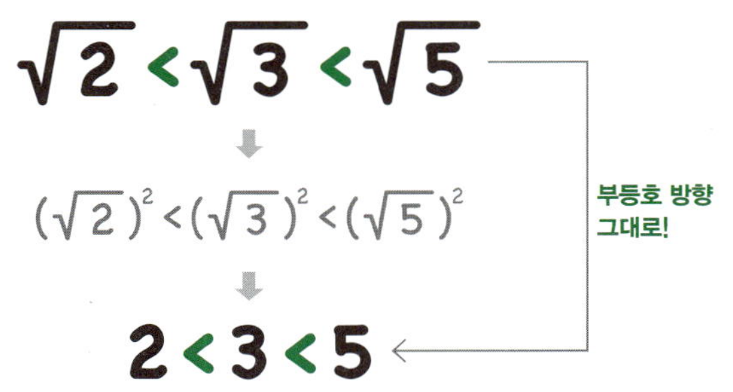

$$\sqrt{2} < \sqrt{3} < \sqrt{5}$$

$$\downarrow$$

$$(\sqrt{2})^2 < (\sqrt{3})^2 < (\sqrt{5})^2$$

$$\downarrow$$

$$2 < 3 < 5$$

부등호 방향 그대로!

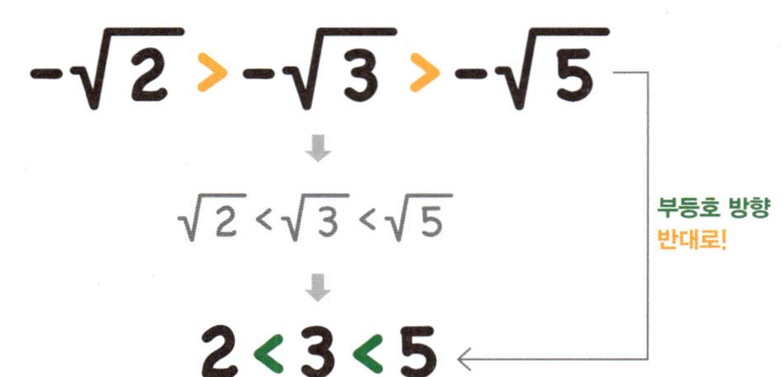

$$-\sqrt{2} > -\sqrt{3} > -\sqrt{5}$$

$$\downarrow$$

$$\sqrt{2} < \sqrt{3} < \sqrt{5}$$

$$\downarrow$$

$$2 < 3 < 5$$

부등호 방향 반대로!

- $a > 0$, $b > 0$, $c > 0$일 때
  ① $\sqrt{a} < \sqrt{b} < \sqrt{c} \to (\sqrt{a})^2 < (\sqrt{b})^2 < (\sqrt{c})^2 \to a < b < c$
  예) $1 < \sqrt{x} < 3$이면 $1^2 < (\sqrt{x})^2 < 3^2$이므로 $1 < x < 9$
  ② $-\sqrt{a} > -\sqrt{b} > -\sqrt{c} \to \sqrt{a} < \sqrt{b} < \sqrt{c} \to a < b < c$
  각 변에 -1을 곱한다.

1st — 주어진 부등식을 만족시키는 x의 값 구하기

● 다음 부등식을 만족시키는 자연수 x의 값을 모두 구하시오.

1 $\sqrt{x} < \sqrt{3}$

2 $\sqrt{x} \leq \sqrt{6}$

3 $\sqrt{x} < \sqrt{8}$

4 $\sqrt{x} \leq 2$

5 $\sqrt{x} < 3$

6 $-\sqrt{x} \geq -\sqrt{3}$

7 $-\sqrt{x} > -\sqrt{5}$

8 $-\sqrt{x} \geq -2$

9 $-3 < -\sqrt{x}$

10 $-4 < -\sqrt{x}$

● 다음 부등식을 만족시키는 자연수 x의 개수를 구하시오.

11 $\sqrt{3}<\sqrt{x}<\sqrt{7}$

12 $\sqrt{15}\leq\sqrt{x}\leq\sqrt{20}$

13 $2<\sqrt{x}<3$

14 $3\leq\sqrt{x}<4$

15 $4<\sqrt{2x}<8$

16 $1<\sqrt{\dfrac{x}{2}}<3$

17 $4<\sqrt{x+1}<5$

18 $-\sqrt{8}<-\sqrt{x}<-\sqrt{2}$

19 $-4<-\sqrt{x}<-2$

20 $-2<-\sqrt{2x}<0$

21 $\sqrt{2}<x<\sqrt{5}$

22 $1<x<\sqrt{10}$

개념모음문제

23 부등식 $\sqrt{2.4}<\sqrt{2x}\leq\sqrt{12}$를 만족시키는 자연수 x의 개수는?

① 4   ② 5   ③ 6

④ 7   ⑤ 8

유리수와 무리수

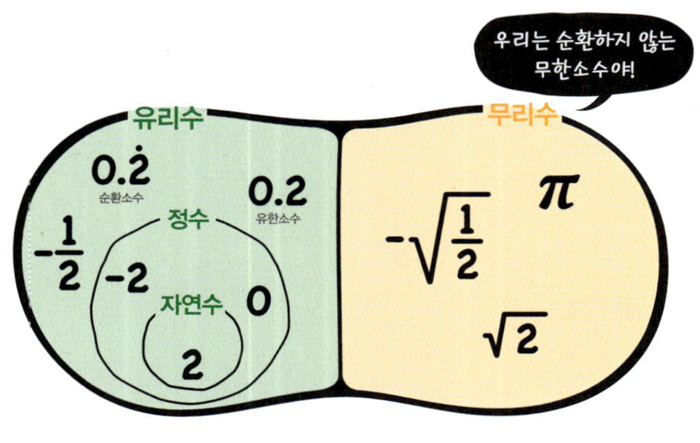

- 유리수: 분수 $\dfrac{a}{b}$ (a, b는 정수, $b \neq 0$)의 꼴로 나타낼 수 있는 수

  예 $\dfrac{1}{2}$, -3, 0.5, …

- 무리수: 유리수가 아닌 수, 즉 순환하지 않는 무한소수

  예 $\sqrt{2}=1.41421\cdots$, $\sqrt{5}=2.23606\cdots$, $\pi=3.14159\cdots$

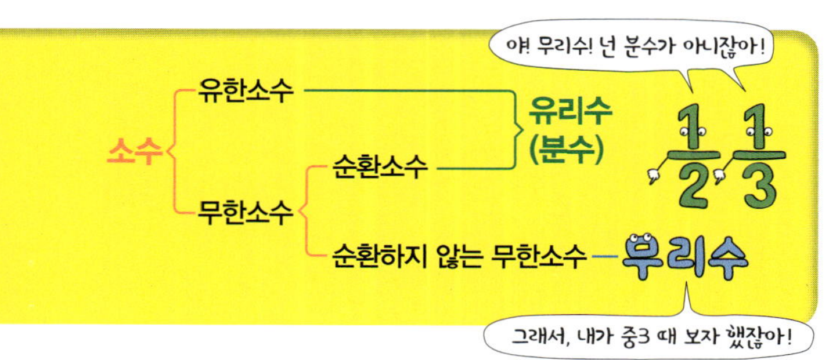

● 다음 수가 유리수인 것은 '유'를, 무리수인 것은 '무'를 (　) 안에 써넣으시오.

1 $\quad -3$　　　　　　　　　(　)

2 $\quad \sqrt{5}$　　　　　　　　　(　)

3 $\quad -\sqrt{1}$　　　　　　　　　(　)
근호가 있다 해서 항상 무리수인 것은 아니야!

4 $\quad \dfrac{2}{5}$　　　　　　　　　(　)

5 $\quad \pi$　　　　　　　　　(　)

6 $\quad 1.23456\cdots$　　　　　　　　　(　)

7 $\quad 3.4\dot{5}\dot{6}$　　　　　　　　　(　)

● 다음 중 순환소수가 아닌 무한소수로 나타내어지는 것은 ○를, 아닌 것은 ×를 ( ) 안에 써넣으시오.

8 $\sqrt{11}$ (   )
순환하지 않는 무한소수는 무리수야!

9 $-2\sqrt{3}$ (   )

10 $\sqrt{25}$ (   )

11 $9.6\dot{3}$ (   )

12 $-\sqrt{\dfrac{1}{4}}$ (   )

13 $\dfrac{\pi}{2}$ (   )

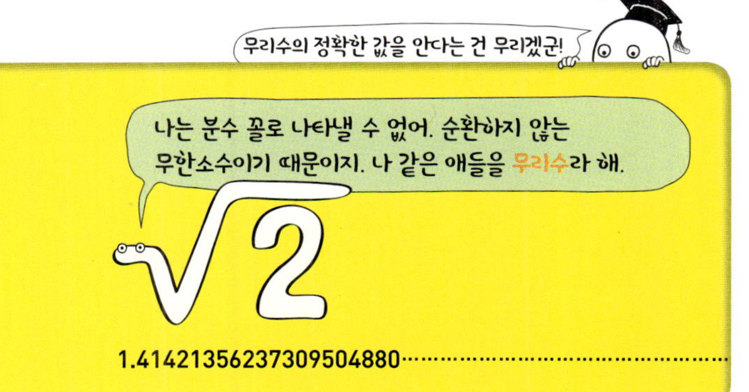

2nd — 유리수와 무리수 이해하기

● 다음 중 옳은 것은 ○를, 옳지 않은 것은 ×를 ( ) 안에 써넣으시오.

14 순환소수는 모두 유리수이다.   (   )

15 근호를 사용하여 나타낸 수는 모두 무리수이다.   (   )

16 정수가 아닌 유리수는 모두 유한소수로 나타내어진다.   (   )

17 무한소수에는 유리수도 있다.   (   )

18 순환하지 않는 무한소수는 무리수이다.   (   )

☺ 내가 발견한 개념   소수를 유리수와 무리수로 나눠봐!

소수 — 유한소수
    — 무한소수 — 순환소수 ⟶ [   ]
               — 순환하지 않는 무한소수 ⟶ [   ]

[개념모음문제]

19 다음 설명 중 옳은 것은?

① 유한소수는 모두 유리수이다.
② 무한소수는 모두 무리수이다.
③ 유리수가 되는 무리수도 있다.
④ 순환소수 중에는 유리수가 아닌 것도 있다.
⑤ $\sqrt{2}$는 분모($\neq 0$), 분자가 정수인 분수로 나타낼 수 있다.

04

실수

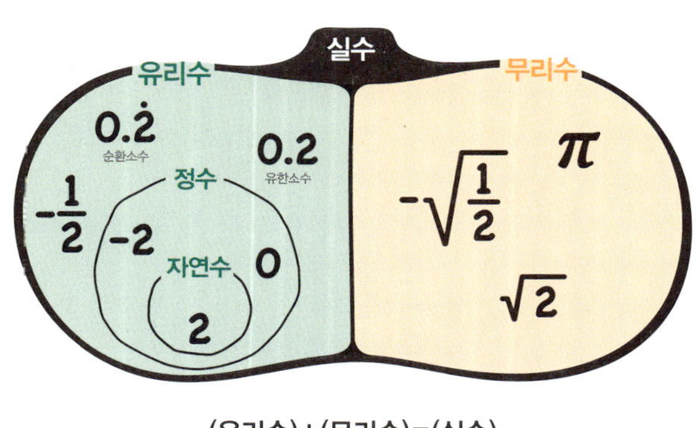

(유리수)+(무리수)=(실수)

• **실수**: 유리수와 무리수를 통틀어 실수라 한다. 자연수, 정수, 유리수, 무리수는 모두 실수이다.

원리확인 다음 □ 안에 알맞은 것을 써넣으시오.

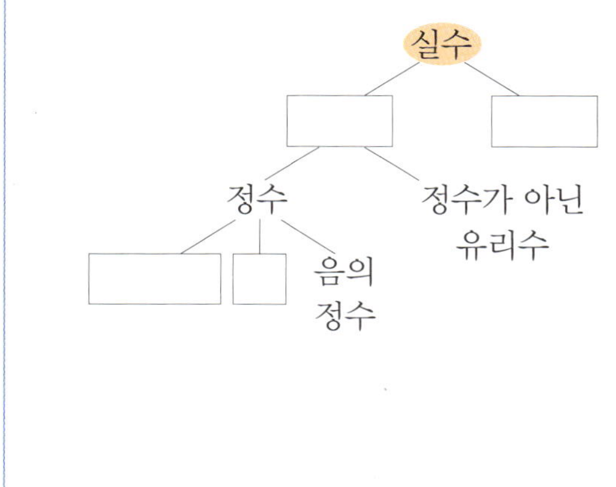

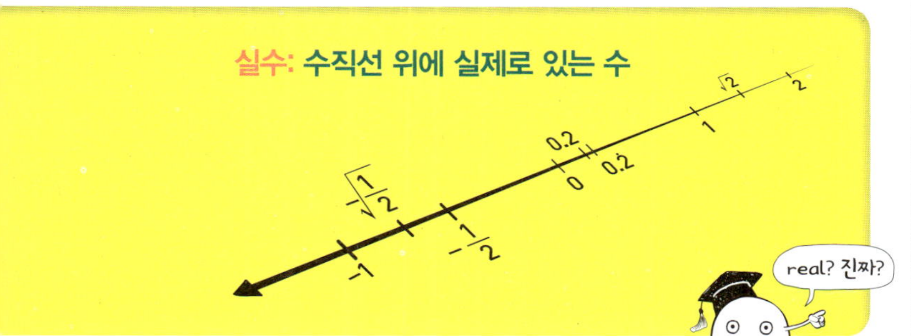

● 주어진 수 중에서 다음에 해당하는 수를 모두 찾아 쓰시오.

$0.\dot{9}\dot{3}$	3.14	π	$\sqrt{(-3)^2}$
$\sqrt{5}-2$	$\sqrt{0.1}$	$1-\sqrt{9}$	-10

1 자연수

2 정수

3 유리수

4 무리수

5 실수

$$7 \qquad 0.\dot{3}4\dot{5} \qquad 2.5 \qquad \sqrt{3}+1$$
$$-\sqrt{11} \qquad 0 \qquad \sqrt{\dfrac{1}{4}} \qquad \dfrac{\pi}{2}$$

6 자연수

7 정수

8 유리수

9 무리수

10 실수

● 다음 중 오른쪽 그림의 색칠한 부분에 속하는 수인 것은 ○를, 아닌 것은 ×를 ( ) 안에 써넣으시오.

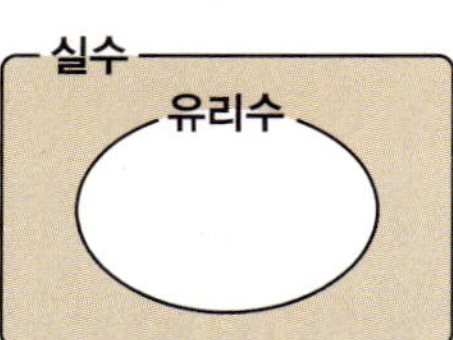

11 $(-\sqrt{5})^2$ ( )

12 0 ( )

13 π ( )

14 $0.\dot{8}\dot{2}$ ( )

15 $1+\sqrt{5}$ ( )

16 $\sqrt{\dfrac{3}{7}}$ ( )

17 $\sqrt{0.81}$ ( )

05

무리수를 수직선 위에 나타내기

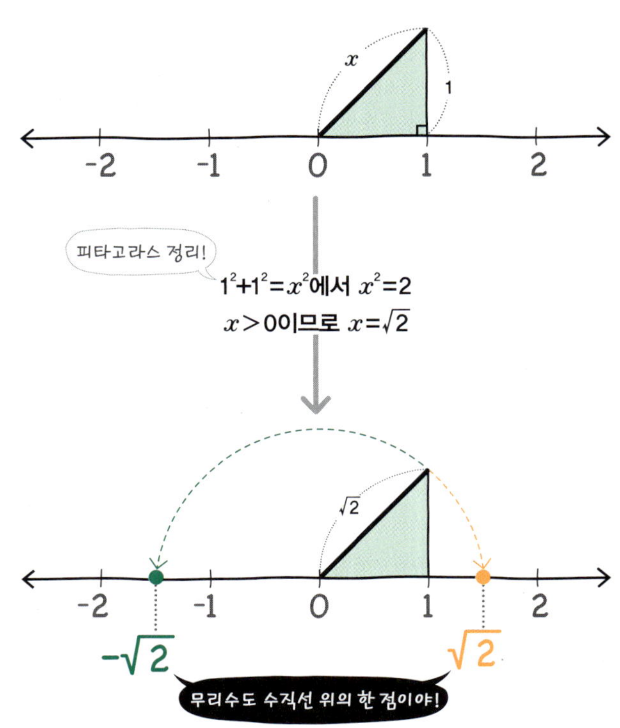

• 무리수를 수직선 위에 나타내기

무리수는 직각삼각형의 빗변의 길이를 이용하여 수직선 위에 나타낼 수 있다.

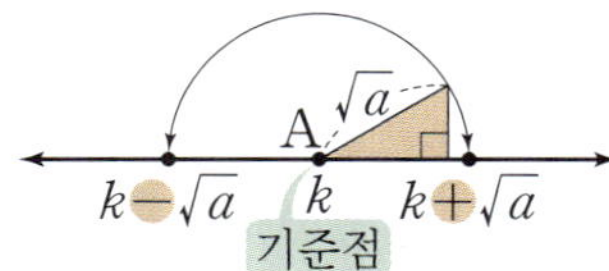

원리확인 다음 그림과 같이 한 눈금의 길이가 1인 모눈종이 위의 직각삼각형 ABC에 대하여 $\overline{AC}$의 길이를 구하시오.

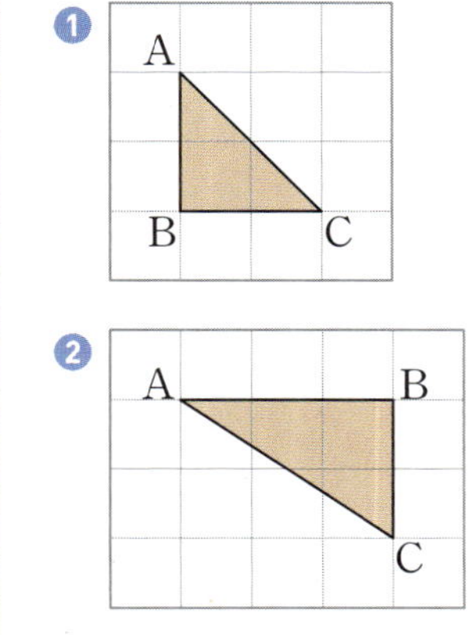

● 다음 그림과 같이 한 눈금의 길이가 1인 모눈종이 위에 수직선과 직각삼각형 ABC를 그리고 $\overline{AC}=\overline{AP}$가 되도록 수직선 위에 점 P를 정할 때, 점 P에 대응하는 수를 구하시오.

1

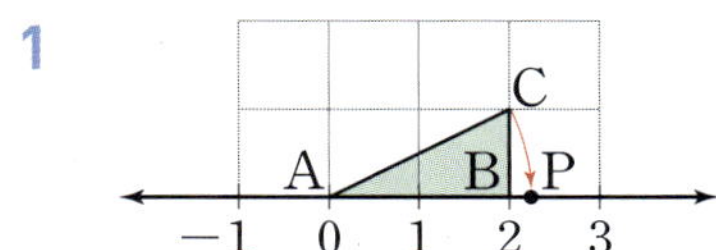

2

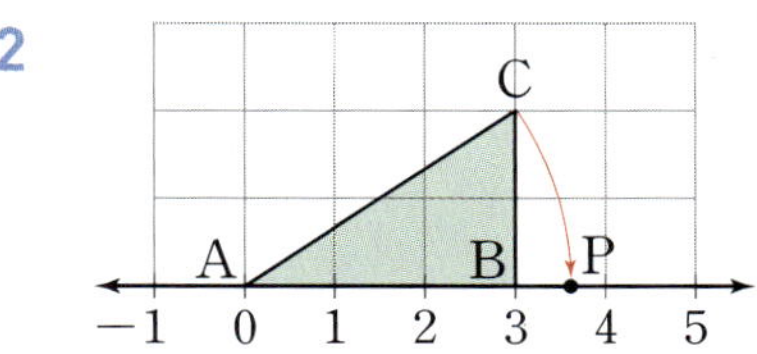

3

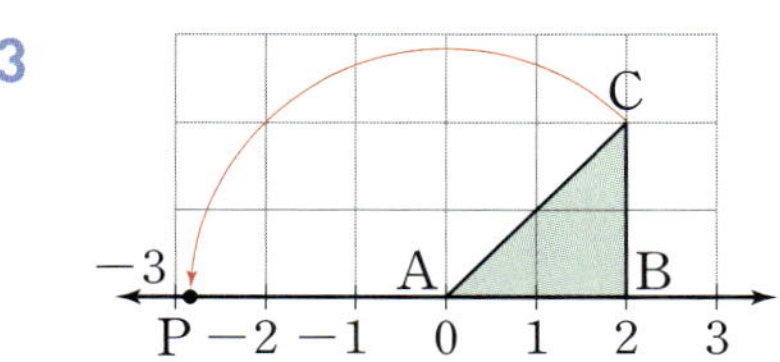

4

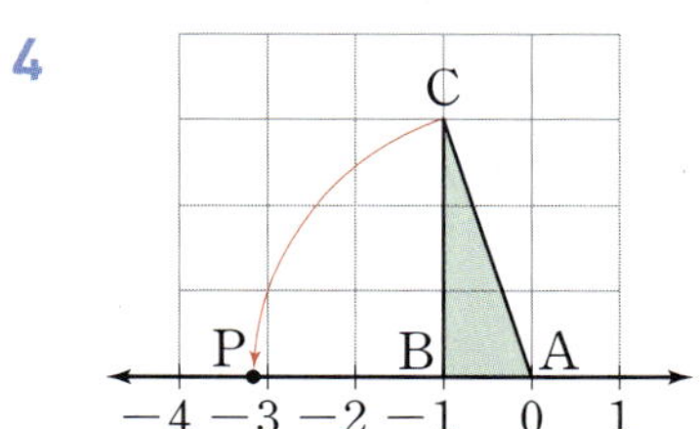

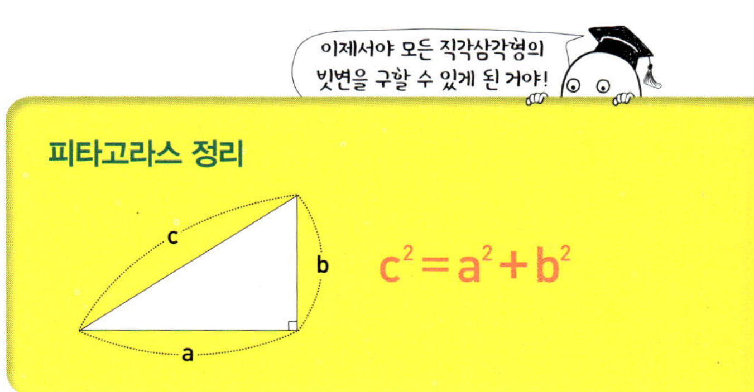

5

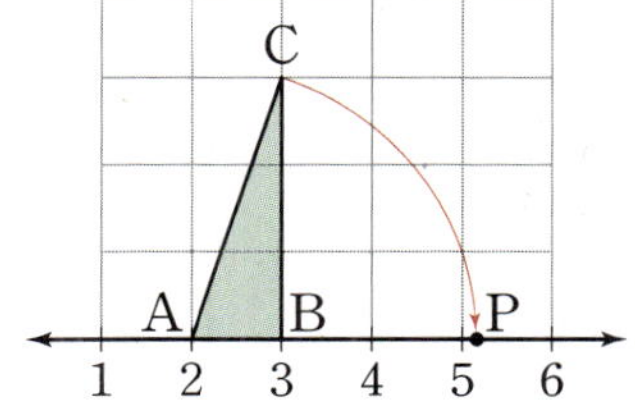

6

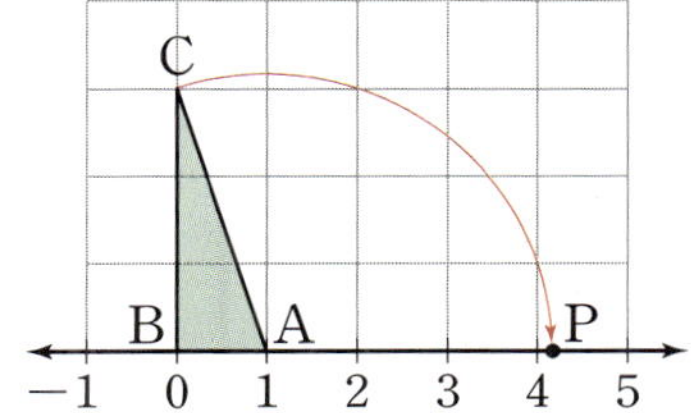

7

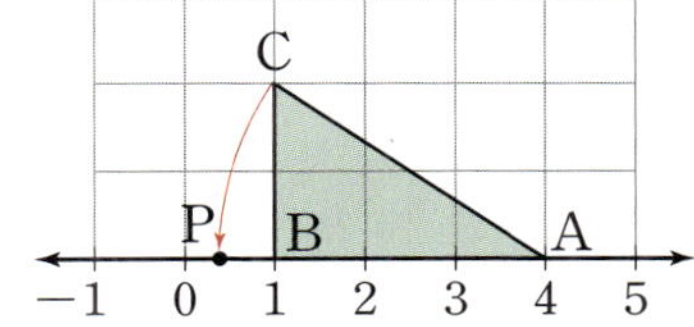

8

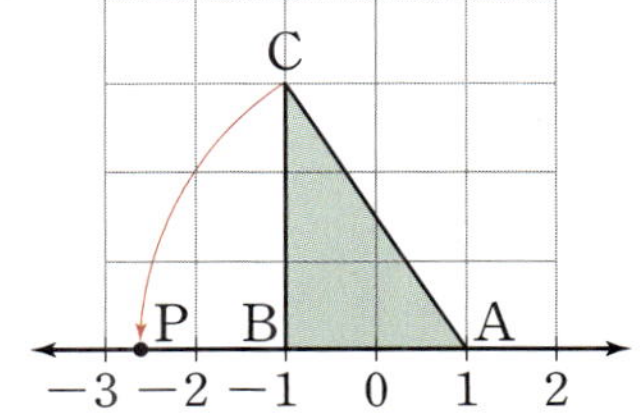

9

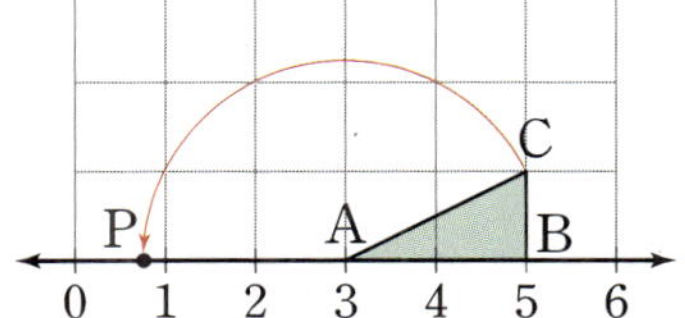

● 다음 그림에서 모눈 한 칸은 한 변의 길이가 1인 정사각형이다. $\overline{CD}=\overline{CP}$, $\overline{CB}=\overline{CQ}$일 때, 수직선 위의 두 점 P, Q에 대응하는 수를 각각 구하시오.

10

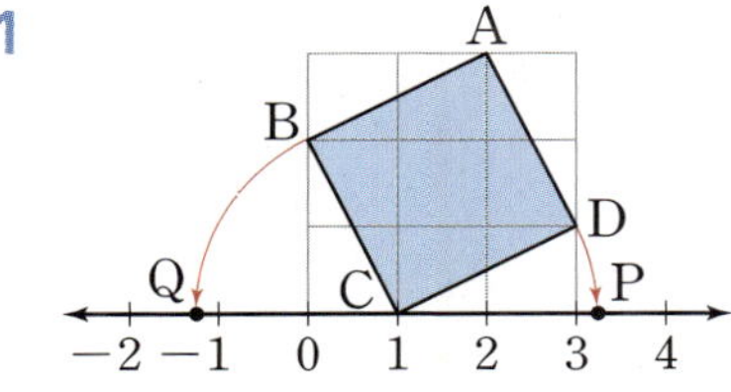

➜ P: ◻,

　　Q: ◻

11

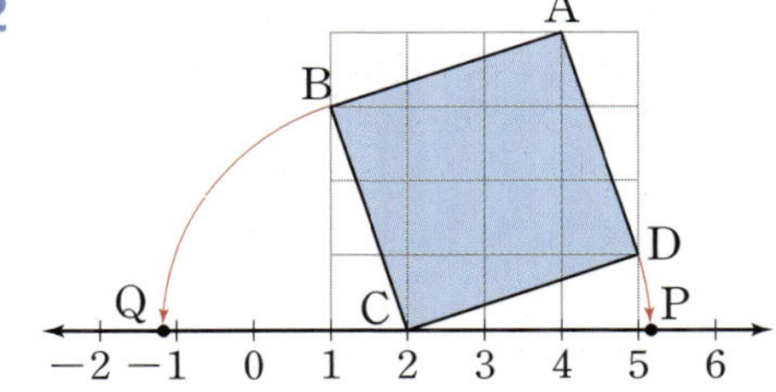

12

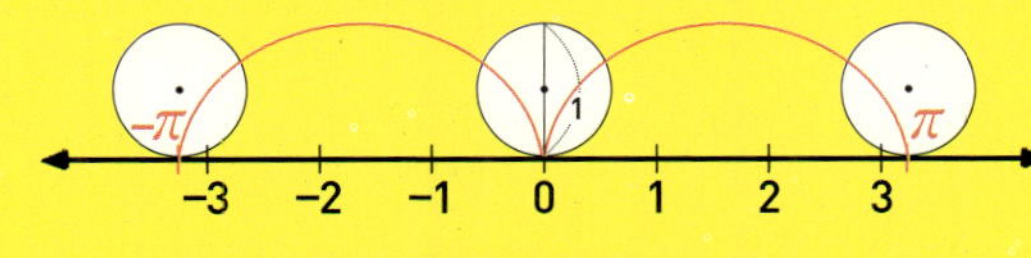

π를 수직선 위에 나타내기

지름의 길이가 1인 원의 둘레의 길이는 π

😃 **내가 발견한 개념**　　　기준점에서 오른쪽, 왼쪽의 점의 의미는?

• 기준점에서 오른쪽으로 $\sqrt{a}$ 만큼 떨어진 점에 대응하는 수

➜ (기준점에 대응하는 수) ◯ $\sqrt{a}$

• 기준점에서 왼쪽으로 $\sqrt{a}$ 만큼 떨어진 점에 대응하는 수

➜ (기준점에 대응하는 수) ◯ $\sqrt{a}$

선 하나에 모든 수를 담을 수 있어!

수직선

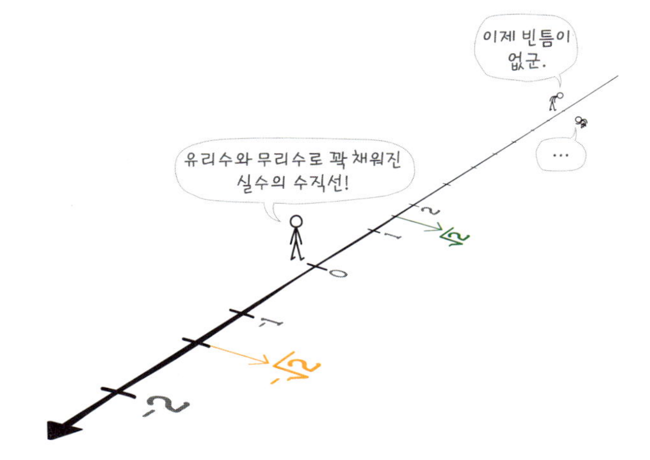

- **실수와 수직선**

  ① 모든 실수는 각각 수직선 위의 한 점에 대응한다.

  ② 수직선은 실수에 대응하는 점으로 완전히 메울 수 있다.

  ③ 서로 다른 두 실수 사이에는 무수히 많은 실수가 있다.

1st — 수직선에서의 실수의 성질 알기

- **다음 중 옳은 것은 ○를, 옳지 않은 것은 ×를 ( ) 안에 써 넣으시오.**

1 $\sqrt{2}$와 $\sqrt{3}$ 사이에는 유리수가 있다. ( )

2 $\dfrac{1}{4}$과 $\dfrac{1}{3}$ 사이에는 무수히 많은 유리수가 있다. ( )

3 $\sqrt{4}$와 $\sqrt{6}$ 사이의 무리수는 $\sqrt{5}$뿐이다. ( )

4 모든 실수는 수직선 위에 나타낼 수 있다. ( )

5 1과 $\sqrt{2}$ 사이에는 무수히 많은 무리수가 있다. ( )

6 $2-\sqrt{3}$에 대응하는 점은 수직선 위에 나타낼 수 없다. ( )

7 두 무리수 사이에는 유리수가 존재하지 않는다. ( )

개념모음문제

8 다음 설명 중 옳지 <u>않은</u> 것은?

① $\sqrt{6}$과 $\sqrt{7}$ 사이에는 무수히 많은 유리수가 있다.

② -1과 1 사이에는 무수히 많은 유리수가 있다.

③ 1과 7 사이에는 무수히 많은 정수가 있다.

④ 서로 다른 두 유리수 사이에는 무수히 많은 유리수가 있다.

⑤ 수직선은 유리수와 무리수에 대응하는 점으로 완전히 메울 수 있다.

TEST 2. 제곱근과 실수

1 다음 중 두 수의 대소 관계가 옳은 것은?

① $2 > \sqrt{5}$

② $-\sqrt{24} < -5$

③ $-0.1 < -\sqrt{0.1}$

④ $-\sqrt{\dfrac{4}{5}} < -\sqrt{\dfrac{3}{4}}$

⑤ $\sqrt{\dfrac{1}{3}} < \dfrac{1}{2}$

2 부등식 $6 < \sqrt{3x} < 9$를 만족시키는 자연수 x 중에서 가장 큰 값을 a, 가장 작은 값을 b라 할 때, $a-b$의 값은?

① 11　　　② 12　　　③ 13

④ 14　　　⑤ 15

3 다음 중 무리수가 <u>아닌</u> 것은?

① $\sqrt{3}-1$　　　　② $-\sqrt{12}$

③ $0.5050050005\cdots$　　④ 2π

⑤ $\sqrt{0.\dot{1}}$

4 다음 **보기**에서 ㈎에 해당하는 수인 것만을 있는 대로 구하시오.

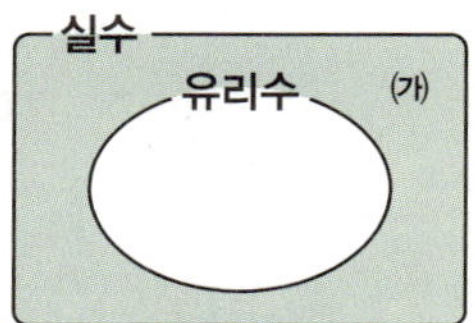

보기

ㄱ. $\sqrt{7}$　　　ㄴ. $-\sqrt{25}$　　　ㄷ. $-\sqrt{31}$

ㄹ. $\sqrt{100}$　　ㅁ. $\sqrt{1.96}$　　ㅂ. $\sqrt{0.\dot{4}}$

5 다음 그림은 한 변의 길이가 1인 두 정사각형을 수직선 위에 그린 것이다. $\overline{PA}=\overline{PQ}$, $\overline{RB}=\overline{RS}$일 때, 두 점 A, B에 대응하는 수를 각각 구하시오.

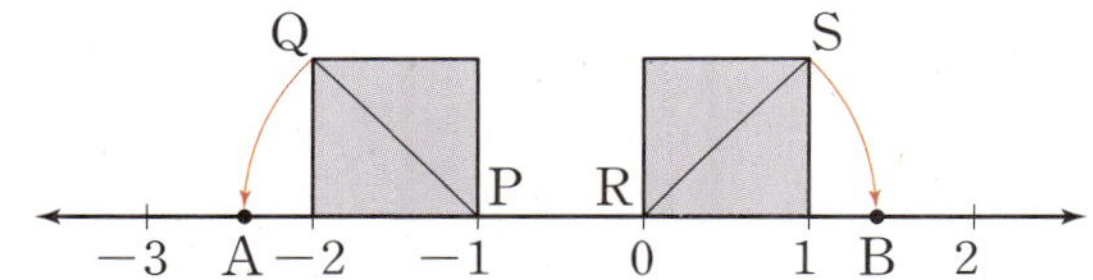

6 다음 중 옳은 것은?

① 수직선에서 양수는 음수보다 왼쪽에 있다.

② 수직선 위의 한 점에는 하나의 무리수가 대응된다.

③ $\sqrt{5}$에 대응하는 점은 수직선 위에 나타낼 수 없다.

④ $\sqrt{2}$와 $\sqrt{3}$ 사이에는 무수히 많은 정수가 있다.

⑤ 2와 3 사이에는 무수히 많은 무리수가 있다.

3

근호 안의 수끼리!
근호를 포함한 식의 곱셈과 나눗셈

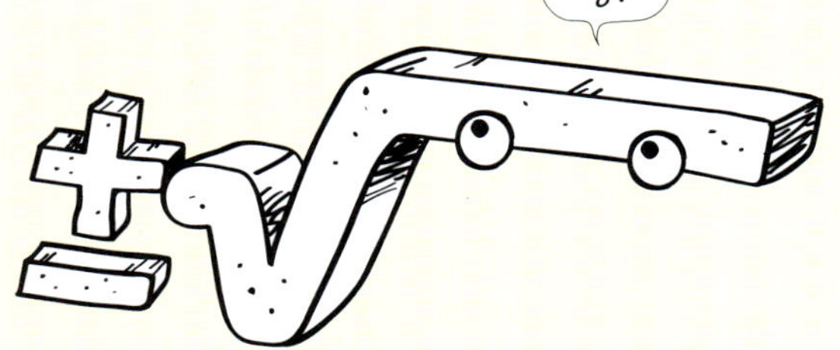

(제곱근끼리의 곱)=(곱의 제곱근)

$$\sqrt{2} \times \sqrt{5} = \sqrt{2 \times 5} = \sqrt{10}$$

근호 안의 수끼리!

근호 밖의 수끼리!

$$3\sqrt{2} \times 4\sqrt{3} = 3 \times 4 \times \sqrt{2 \times 3} = 12\sqrt{6}$$

근호 안의 수끼리!

01 제곱근의 곱셈

실수의 곱셈에서도 유리수의 곱셈과 같이 교환법칙과 결합법칙이 성립해. 이를 이용하면 $\sqrt{a} \times \sqrt{b} = \sqrt{ab}$ 가 성립함을 알 수 있어. 즉 근호 안의 수끼리 곱하면 돼! 또한 근호 밖에 있는 수의 곱은 근호 밖의 수끼리 곱하면 돼!

(제곱근끼리의 나눗셈)=(나눗셈의 제곱근)

$$\sqrt{2} \div \sqrt{3} = \frac{\sqrt{2}}{\sqrt{3}} = \sqrt{\frac{2}{3}}$$

근호 안의 수끼리!

근호 밖의 수끼리!

$$3\sqrt{2} \div 2\sqrt{5} = \frac{3\sqrt{2}}{2\sqrt{5}} = \frac{3}{2}\sqrt{\frac{2}{5}}$$

근호 안의 수끼리!

02 제곱근의 나눗셈

실수에서 교환법칙과 결합법칙이 성립하니깐 $\sqrt{a} \div \sqrt{b} = \sqrt{\dfrac{a}{b}}$ 가 성립해. 즉 근호 안의 수끼리 나누면 돼! 또한 근호 밖에 있는 수의 나눗셈은 근호 밖의 수끼리 나누면 돼!

$$\sqrt{4^2 \times 2} = 4\sqrt{2}$$

$$\frac{\sqrt{3}}{\sqrt{5^2}} = \frac{\sqrt{3}}{5}$$

03 근호가 있는 식의 변형

근호 안의 수가 제곱인 인수를 가지면 근호 밖으로 꺼낼 수 있어. 반대로 근호 밖의 양수는 제곱하여 근호 안으로 넣을 수 있어.

계산이 편해지도록 분모를 유리수로!

$$\frac{2}{\sqrt{5}} = \frac{2 \times \sqrt{5}}{\sqrt{5} \times \sqrt{5}} = \frac{2\sqrt{5}}{5}$$

$$\frac{\sqrt{5}}{\sqrt{2}} = \frac{\sqrt{5} \times \sqrt{2}}{\sqrt{2} \times \sqrt{2}} = \frac{\sqrt{10}}{2}$$

04 분모의 유리화

분모가 근호가 있는 무리수일 때, 분모와 분자에 0이 아닌 같은 수를 곱하여 분모를 유리수로 고치는 것을 분모의 유리화라 해. 분모의 유리화를 하면 식의 계산이 더 편리해!

나눗셈은 곱셈으로! 분모는 유리화!

$$\sqrt{3} \times \sqrt{2} \div \sqrt{5}$$

$$= \sqrt{3} \times \sqrt{2} \times \frac{1}{\sqrt{5}}$$

$$= \sqrt{3 \times 2 \times \frac{1}{5}}$$

$$= \sqrt{\frac{6}{5}} = \frac{\sqrt{6}}{\sqrt{5}} \frac{\times \sqrt{5}}{\times \sqrt{5}} = \frac{\sqrt{30}}{5}$$

05 제곱근의 곱셈, 나눗셈의 혼합 계산

근호를 포함한 식의 계산에서 곱셈과 나눗셈이 섞여 있을 때는 앞에서부터 차례로 계산해. 이때 나눗셈은 분수 꼴로 바꾸어 계산하거나 역수를 이용하여 나눗셈을 곱셈으로 고쳐서 계산하면 돼!

제곱근의 값을 이용해!

수	0	1	2	3	...
⋮					
3.1	1.761	1.764	1.766	**1.769**	...
3.2	1.789	**1.792**	1.794	1.797	...
⋮					

$$\sqrt{3.21} = 1.792 \qquad \sqrt{3.13} = 1.769$$

06 제곱근표

제곱근을 어림한 값은 계산기나 제곱근표를 이용하여 소수로 나타낼 수 있어. 제곱근표는 1.00부터 9.99까지의 수를 0.01 간격으로, 10.0부터 99.9까지의 수를 0.1 간격으로 그 수의 양의 제곱근의 값을 소수점 아래 넷째 자리에서 반올림하여 나타낸 표야!

(제곱근끼리의 곱)=(곱의 제곱근)

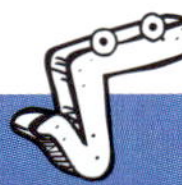

제곱근의 곱셈

$$\sqrt{2} \times \sqrt{5} = \sqrt{2 \times 5} = \sqrt{10}$$

근호 안의 수끼리!

근호 밖의 수끼리!

$$3\sqrt{2} \times 4\sqrt{3} = 3 \times 4 \times \sqrt{2 \times 3} = 12\sqrt{6}$$

근호 안의 수끼리!

- $a>0$, $b>0$이고 m, n이 유리수일 때
  ① $\sqrt{a} \times \sqrt{b} = \sqrt{ab}$
  ② $m\sqrt{a} \times n = mn\sqrt{a}$
  ③ $m\sqrt{a} \times n\sqrt{b} = mn\sqrt{ab}$

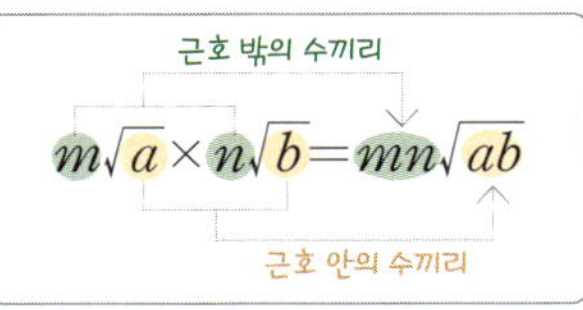

원리확인 다음은 $\sqrt{2} \times \sqrt{3}$을 계산하는 과정이다. □ 안에 알맞은 수를 써넣으시오.

→ $\sqrt{2} \times \sqrt{3}$을 제곱하면

$$(\sqrt{2} \times \sqrt{3})^2 = (\sqrt{2} \times \sqrt{3}) \times (\sqrt{2} \times \sqrt{3})$$
$$= (\sqrt{2} \times \sqrt{2}) \times (\sqrt{3} \times \boxed{})$$
$$= (\sqrt{2})^2 \times (\boxed{})^2$$
$$= 2 \times \boxed{}$$

$\sqrt{2} \times \sqrt{3}$은 양수이므로 $\sqrt{2} \times \sqrt{3}$은 2×3의 양의 제곱근이다.

이때 2×3의 양의 제곱근을 근호를 이용하여 표현하면 $\sqrt{\boxed{} \times \boxed{}}$이므로

$$\sqrt{2} \times \sqrt{3} = \sqrt{\boxed{} \times \boxed{}} = \sqrt{\boxed{}}$$

● 다음 식을 계산하시오.

1 $\sqrt{5} \times \sqrt{3}$
$\sqrt{a} \times \sqrt{b} = \sqrt{ab}$와 같이 근호 안의 수끼리 곱해야 해!

2 $\sqrt{\dfrac{3}{2}} \sqrt{\dfrac{10}{3}}$
$\sqrt{a} \times \sqrt{b}$는 곱셈 기호 $\times$를 생략하여 $\sqrt{a}\sqrt{b}$로 나타내기도 해!

3 $\sqrt{6} \sqrt{\dfrac{5}{2}}$

4 $\sqrt{2} \times (-\sqrt{5})$
부호에 주의해!

5 $\sqrt{0.1} \times \sqrt{0.2}$

6 $(-\sqrt{10}) \times \sqrt{\dfrac{3}{5}}$

7 $\sqrt{2}\sqrt{3}\sqrt{5}$

8 $\sqrt{5} \times \sqrt{\dfrac{9}{10}} \times \sqrt{\dfrac{4}{3}}$

9 $3\sqrt{2}\times 2 = 3\times\boxed{}\times\sqrt{2}=\boxed{}\sqrt{2}$

$m\sqrt{a}\times n=mn\sqrt{a}$ 와 같이 근호 밖의 수끼리 곱해야 해!

10 $2\times 4\sqrt{3}$

11 $\dfrac{2}{3}\sqrt{5}\times 3$

12 $2\sqrt{3}\times(-5)$

13 $(-4\sqrt{5})\times(-3)$

14 $4\times 2\sqrt{0.3}$

15 $\left(-\dfrac{5}{2}\sqrt{3}\right)\times\dfrac{4}{5}$

16 $\dfrac{6}{5}\times\left(-\dfrac{10}{3}\sqrt{0.5}\right)$

17 $4\sqrt{5}\times 2\sqrt{3}=4\times\boxed{}\times\sqrt{5\times\boxed{}}=\boxed{}$

$m\sqrt{a}\times n\sqrt{b}=mn\sqrt{ab}$ 와 같이 근호 밖의 수끼리, 근호 안의 수끼리 곱해야 해!

18 $4\sqrt{2}\times(-3\sqrt{7})$

19 $\sqrt{\dfrac{21}{5}}\times 2\sqrt{\dfrac{10}{7}}$

20 $3\sqrt{0.1}\times 2\sqrt{0.5}$

21 $\left(-2\sqrt{\dfrac{14}{3}}\right)\times 5\sqrt{\dfrac{9}{7}}$

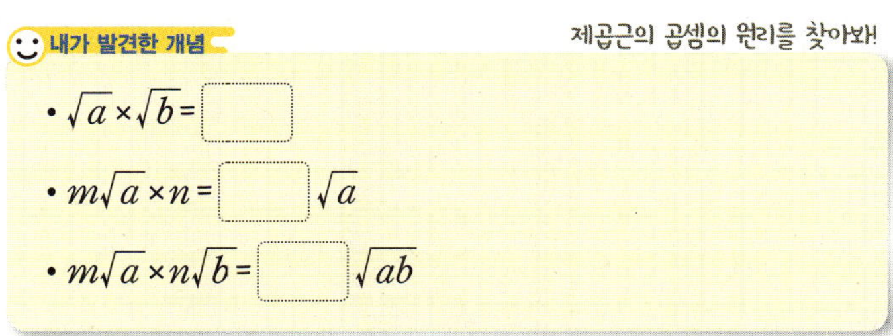

개념모음문제

22 $3\sqrt{3}\times(-5\sqrt{2})\times\sqrt{\dfrac{5}{3}}$ 를 간단히 하면?

① $-15\sqrt{15}$ ② $-15\sqrt{10}$ ③ $-15\sqrt{5}$

④ $15\sqrt{5}$ ⑤ $15\sqrt{10}$

제곱근의 나눗셈

$$\sqrt{2} \div \sqrt{3} = \frac{\sqrt{2}}{\sqrt{3}} = \sqrt{\frac{2}{3}}$$

근호 안의 수끼리!

근호 밖의 수끼리!

$$3\sqrt{2} \div 2\sqrt{5} = \frac{3\sqrt{2}}{2\sqrt{5}} = \frac{3}{2}\sqrt{\frac{2}{5}}$$

근호 안의 수끼리!

• $a>0$, $b>0$이고, m, n이 유리수일 때

① $\sqrt{a} \div \sqrt{b} = \dfrac{\sqrt{a}}{\sqrt{b}} = \sqrt{\dfrac{a}{b}}$

② $m\sqrt{a} \div n\sqrt{b} = \dfrac{m\sqrt{a}}{n\sqrt{b}} = \dfrac{m}{n}\sqrt{\dfrac{a}{b}}$

③ $\dfrac{\sqrt{b}}{\sqrt{a}} \div \dfrac{\sqrt{d}}{\sqrt{c}} = \dfrac{\sqrt{b}}{\sqrt{a}} \times \dfrac{\sqrt{c}}{\sqrt{d}} = \sqrt{\dfrac{bc}{ad}}$

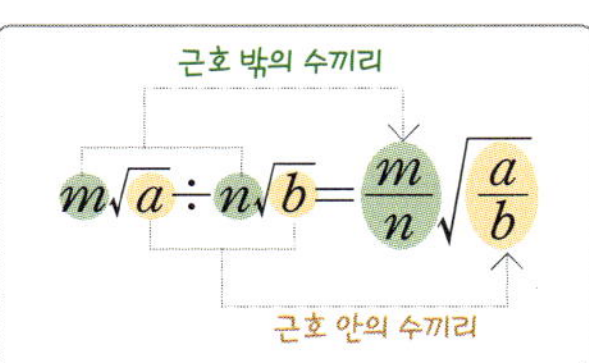

원리확인 다음은 $\dfrac{\sqrt{5}}{\sqrt{2}}$ 를 계산하는 과정이다. □ 안에 알맞은 수를 써

넣으시오.

→ $\dfrac{\sqrt{5}}{\sqrt{2}}$ 를 제곱하면

$$\left(\frac{\sqrt{5}}{\sqrt{2}}\right)^2 = \frac{\sqrt{5}}{\sqrt{2}} \times \frac{\sqrt{5}}{\sqrt{2}} = \frac{\sqrt{5} \times \sqrt{5}}{\sqrt{2} \times \sqrt{2}}$$

$$= \frac{(\sqrt{5})^2}{(\sqrt{2})^2} = \boxed{}$$

$\dfrac{\sqrt{5}}{\sqrt{2}}$ 는 양수이므로 $\dfrac{\sqrt{5}}{\sqrt{2}}$ 는 $\boxed{}$ 의 양의 제곱근이다.

이때 $\dfrac{5}{2}$ 의 양의 제곱근을 근호를 이용하여 표현하

면 $\boxed{}$ 이므로 $\dfrac{\sqrt{5}}{\sqrt{2}} = \boxed{}$

● 다음 식을 계산하시오.

1 $\dfrac{\sqrt{10}}{\sqrt{2}} = \sqrt{\dfrac{\boxed{}}{2}} = \boxed{}$

$\dfrac{\sqrt{a}}{\sqrt{b}} = \sqrt{\dfrac{a}{b}}$ 로 계산해야 해!

2 $\dfrac{\sqrt{15}}{\sqrt{3}}$

3 $\dfrac{\sqrt{30}}{\sqrt{5}}$

4 $\dfrac{\sqrt{50}}{\sqrt{10}}$

5 $\dfrac{\sqrt{14}}{-\sqrt{2}}$

6 $\dfrac{-\sqrt{6}}{\sqrt{3}}$

7 $\dfrac{4\sqrt{10}}{2\sqrt{5}}$

8 $\sqrt{12} \div \sqrt{2} = \dfrac{\sqrt{12}}{\boxed{}} = \sqrt{\dfrac{12}{\boxed{}}} = \boxed{}$

$\sqrt{a} \div \sqrt{b} = \dfrac{\sqrt{a}}{\sqrt{b}} = \sqrt{\dfrac{a}{b}}$, $m\sqrt{a} \div n\sqrt{b} = \dfrac{m\sqrt{a}}{n\sqrt{b}} = \dfrac{m}{n}\sqrt{\dfrac{a}{b}}$ 와 같이 계산해야 해!

9 $\sqrt{30} \div \sqrt{6}$

10 $3\sqrt{6} \div (-\sqrt{2})$

11 $(-6\sqrt{6}) \div \sqrt{3}$

12 $6\sqrt{35} \div 2\sqrt{5}$

13 $8\sqrt{21} \div 4\sqrt{7}$

14 $(-6\sqrt{15}) \div (-3\sqrt{5})$

15 $\dfrac{\sqrt{6}}{\sqrt{5}} \div \dfrac{\sqrt{2}}{\sqrt{15}} = \dfrac{\sqrt{6}}{\sqrt{5}} \times \dfrac{\boxed{}}{\sqrt{2}} = \sqrt{\dfrac{6 \times \boxed{}}{5 \times 2}}$

$\qquad = \sqrt{\boxed{}} = \boxed{}$

$\dfrac{\sqrt{b}}{\sqrt{a}} \div \dfrac{\sqrt{d}}{\sqrt{c}} = \dfrac{\sqrt{b}}{\sqrt{a}} \times \dfrac{\sqrt{c}}{\sqrt{d}} = \sqrt{\dfrac{bc}{ad}}$ 와 같이 계산해야 해!

16 $\sqrt{60} \div \sqrt{\dfrac{6}{11}}$

17 $\left(-\dfrac{8\sqrt{5}}{\sqrt{10}}\right) \div \left(-\dfrac{2}{\sqrt{2}}\right)$

18 $-6\sqrt{\dfrac{51}{5}} \div 2\sqrt{\dfrac{17}{5}}$

- $\sqrt{a} \div \sqrt{b} = \dfrac{\sqrt{a}}{\sqrt{b}} = \boxed{}$

- $m\sqrt{a} \div n\sqrt{b} = \dfrac{m\sqrt{a}}{n\sqrt{b}} = \boxed{} \sqrt{\dfrac{a}{b}}$

- $\dfrac{\sqrt{b}}{\sqrt{a}} \div \dfrac{\sqrt{d}}{\sqrt{c}} = \dfrac{\sqrt{b}}{\sqrt{a}} \times \dfrac{\sqrt{c}}{\sqrt{d}} = \boxed{}$

개념모음문제

19 다음 중 옳지 <u>않은</u> 것은?

① $\sqrt{35} \div \sqrt{7} = \sqrt{5}$

② $4\sqrt{10} \div (-2\sqrt{2}) = -2\sqrt{5}$

③ $3\sqrt{11} \div \dfrac{\sqrt{33}}{\sqrt{6}} = \dfrac{3\sqrt{2}}{2}$

④ $\dfrac{3}{\sqrt{5}} \div \dfrac{15}{2\sqrt{10}} = \dfrac{2\sqrt{2}}{5}$

⑤ $\left(-\sqrt{\dfrac{5}{14}}\right) \div \left(-\sqrt{\dfrac{5}{7}}\right) = \sqrt{\dfrac{1}{2}}$

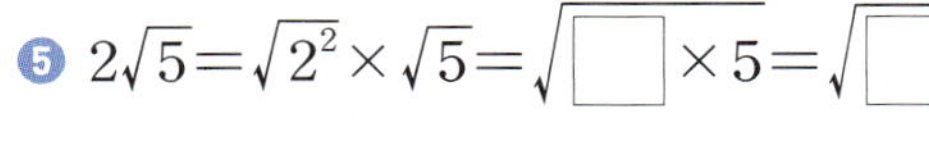

근호가 있는 식의 변형
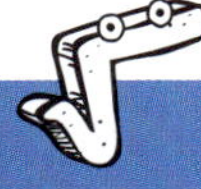

$$\sqrt{4^2 \times 2} = 4\sqrt{2}$$

제곱수는 근호 밖으로
근호 안으로

$$\frac{\sqrt{3}}{\sqrt{5^2}} = \frac{\sqrt{3}}{5}$$

제곱수는 근호 밖으로
근호 안으로

- 근호 안의 수가 제곱수를 약수로 가지면 근호 밖으로 꺼내어 나타낼 수 있다.

  $a>0, b>0$일 때

  ① $\sqrt{a^2 b} = a\sqrt{b}$ ② $\sqrt{\dfrac{a}{b^2}} = \dfrac{\sqrt{a}}{b}$

- 근호 밖의 양수는 근호 안으로 넣어 나타낼 수 있다.

  $a>0, b>0$일 때

  ① $a\sqrt{b} = \sqrt{a^2 b}$ ② $\dfrac{\sqrt{a}}{b} = \sqrt{\dfrac{a}{b^2}}$

원리확인 다음 □ 안에 알맞은 수를 써넣으시오.

❶ $\sqrt{40} = \sqrt{2^3 \times 5} = \sqrt{2^2 \times \boxed{} \times 5} = \boxed{}\sqrt{10}$

❷ $\sqrt{60} = \sqrt{2^2 \times \boxed{} \times 5} = \boxed{}\sqrt{15}$

❸ $\sqrt{\dfrac{3}{25}} = \sqrt{\dfrac{3}{5^2}} = \dfrac{\sqrt{3}}{\sqrt{\boxed{}^2}} = \dfrac{\sqrt{3}}{\boxed{}}$

❹ $\sqrt{\dfrac{10}{49}} = \sqrt{\dfrac{10}{7^2}} = \dfrac{\sqrt{10}}{\sqrt{\boxed{}^2}} = \dfrac{\sqrt{10}}{\boxed{}}$

❺ $2\sqrt{5} = \sqrt{2^2} \times \sqrt{5} = \sqrt{\boxed{} \times 5} = \sqrt{\boxed{}}$

❻ $3\sqrt{2} = \sqrt{3^2} \times \sqrt{2} = \sqrt{\boxed{} \times 2} = \sqrt{\boxed{}}$

❼ $3\sqrt{3} = \sqrt{3^2} \times \sqrt{3} = \sqrt{\boxed{} \times 3} = \sqrt{\boxed{}}$

❽ $10\sqrt{5} = \sqrt{10^2} \times \sqrt{5} = \sqrt{\boxed{} \times 5} = \sqrt{\boxed{}}$

❾ $\dfrac{\sqrt{2}}{5} = \dfrac{\sqrt{2}}{\sqrt{5^2}} = \sqrt{\dfrac{2}{\boxed{}}}$

❿ $\dfrac{\sqrt{5}}{7} = \dfrac{\sqrt{5}}{\sqrt{7^2}} = \sqrt{\dfrac{5}{\boxed{}}}$

⓫ $\dfrac{\sqrt{7}}{6} = \dfrac{\sqrt{7}}{\sqrt{6^2}} = \sqrt{\dfrac{7}{\boxed{}}}$

⓬ $\sqrt{20} = \sqrt{2^2 \times 5} = \boxed{}\sqrt{5}$

1st — $\sqrt{a^2b} \to a\sqrt{b}\,(a>0,\ b>0)$ 계산하기

● 다음을 $a\sqrt{b}$의 꼴로 나타내시오.
(단, b는 나타낼 수 있는 가장 작은 자연수이다.)

1 $\sqrt{18}$
일반적으로 $a\sqrt{b}$의 꼴로 나타낼 때는 b가 가장 작은 자연수가 되도록 해야 해!

2 $\sqrt{50}$

3 $\sqrt{48}$

4 $\sqrt{125}$

5 $\sqrt{700}$

제곱수는 근호 밖으로!

6 $-\sqrt{27}$

7 $-\sqrt{200}$

2nd — $a\sqrt{b} \to \sqrt{a^2b}\,(a>0,\ b>0)$ 계산하기

● 다음을 $\sqrt{a}$의 꼴로 나타내시오.

8 $2\sqrt{3}$

9 $3\sqrt{5}$

10 $5\sqrt{2}$

11 $7\sqrt{3}$

12 $-6\sqrt{3}$
근호 밖의 $-$는 근호 안으로 넣을 수 없어!

13 $-5\sqrt{7}$

14 $-10\sqrt{11}$

😊 **내가 발견한 개념** 근호가 있는 식을 변형해 봐

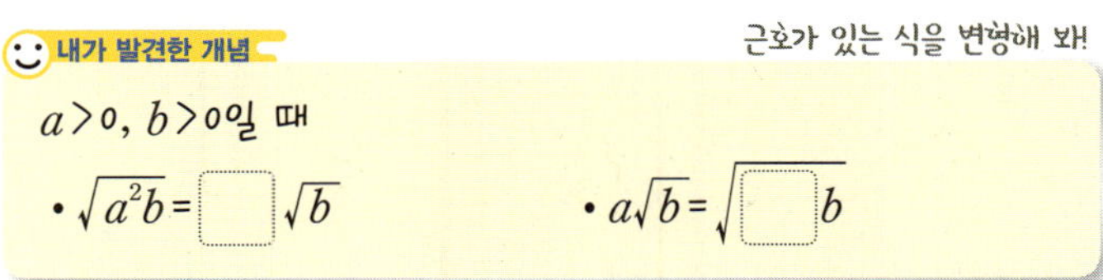

$a>0,\ b>0$일 때

· $\sqrt{a^2b} = \boxed{}\sqrt{b}$　　· $a\sqrt{b} = \sqrt{\boxed{}\,b}$

$$\sqrt{\dfrac{b}{a^2}} \rightarrow \dfrac{\sqrt{b}}{a}\,(a>0,\ b>0)\ \text{계산하기}$$

● 다음을 $\dfrac{\sqrt{b}}{a}$ 의 꼴로 나타내시오.

(단, b는 가장 작은 자연수이다.)

15 $\sqrt{\dfrac{3}{4}}$

16 $\sqrt{\dfrac{5}{16}}$

17 $\sqrt{\dfrac{2}{25}}$

18 $\sqrt{\dfrac{11}{49}}$

19 $\sqrt{\dfrac{7}{100}}$

20 $\sqrt{\dfrac{11}{144}}$

21 $-\sqrt{\dfrac{7}{9}}$

22 $-\sqrt{\dfrac{13}{36}}$

23 $-\sqrt{\dfrac{5}{81}}$

24 $-\sqrt{\dfrac{7}{64}}$

25 $-\sqrt{\dfrac{3}{121}}$

26 $-\sqrt{\dfrac{17}{10000}}$

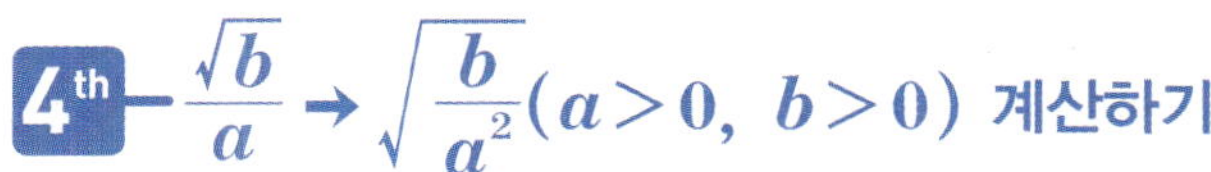

4th $\dfrac{\sqrt{b}}{a} \rightarrow \sqrt{\dfrac{b}{a^2}}\,(a>0,\ b>0)$ 계산하기

● 다음을 $\sqrt{\dfrac{b}{a^2}}$ 의 꼴로 나타내시오.

27 $\dfrac{\sqrt{5}}{2}$

28 $\dfrac{\sqrt{3}}{5}$

29 $\dfrac{\sqrt{2}}{7}$

30 $\dfrac{\sqrt{7}}{9}$

31 $\dfrac{\sqrt{13}}{10}$

32 $-\dfrac{\sqrt{7}}{4}$

33 $-\dfrac{\sqrt{6}}{5}$

34 $-\dfrac{\sqrt{5}}{8}$

35 $-\dfrac{\sqrt{11}}{12}$

36 $-\dfrac{\sqrt{19}}{100}$

내가 발견한 개념   근호가 있는 식을 변형해 봐!

$a>0$, $b>0$일 때

$\cdot\ \sqrt{\dfrac{b}{a^2}}=\dfrac{\sqrt{b}}{\boxed{}}$ $\cdot\ \dfrac{\sqrt{b}}{a}=\sqrt{\dfrac{b}{\boxed{}}}$

개념모음문제

37 다음 **보기**에서 옳은 것만을 있는 대로 고른 것은?

┌ **보기** ┐

ㄱ. $\sqrt{54}=3\sqrt{6}$ ㄴ. $-4\sqrt{5}=-\sqrt{90}$

ㄷ. $\sqrt{0.12}=\dfrac{\sqrt{3}}{5}$ ㄹ. $\sqrt{\dfrac{14}{32}}=\dfrac{\sqrt{7}}{16}$

① ㄱ, ㄴ   ② ㄱ, ㄷ   ③ ㄴ, ㄷ

④ ㄴ, ㄹ   ⑤ ㄷ, ㄹ

분모의 유리화

$$\frac{2}{\sqrt{5}} = \frac{2\times\sqrt{5}}{\sqrt{5}\times\sqrt{5}} = \frac{2\sqrt{5}}{5}$$

분모의 유리화!

무리수를 유리수로!

$$\frac{\sqrt{5}}{\sqrt{2}} = \frac{\sqrt{5}\times\sqrt{2}}{\sqrt{2}\times\sqrt{2}} = \frac{\sqrt{10}}{2}$$

분모의 유리화!

무리수를 유리수로!

- 분수의 분모가 근호를 포함한 무리수일 때, 분모와 분자에 0이 아닌 같은 수를 곱하여 분모를 유리수로 고치는 것을 분모의 유리화라 한다.
- $a>0,\ b>0,\ c\neq0$일 때

① $\dfrac{1}{\sqrt{a}} = \dfrac{\sqrt{a}}{\sqrt{a}\times\sqrt{a}} = \dfrac{\sqrt{a}}{a}$

② $\dfrac{b}{\sqrt{a}} = \dfrac{b\times\sqrt{a}}{\sqrt{a}\times\sqrt{a}} = \dfrac{b\sqrt{a}}{a}$

③ $\dfrac{\sqrt{b}}{\sqrt{a}} = \dfrac{\sqrt{b}\times\sqrt{a}}{\sqrt{a}\times\sqrt{a}} = \dfrac{\sqrt{ab}}{a}$

④ $\dfrac{b}{c\sqrt{a}} = \dfrac{b\times\sqrt{a}}{c\sqrt{a}\times\sqrt{a}} = \dfrac{b\sqrt{a}}{ac}$

$$\frac{b}{\sqrt{a}} = \frac{b\sqrt{a}}{a} \qquad \frac{\sqrt{b}}{\sqrt{a}} = \frac{\sqrt{ab}}{a}$$
분모의 유리화　　　분모의 유리화

원리확인 다음은 주어진 수의 분모를 유리화하는 과정이다. □ 안에 알맞은 수를 써넣으시오.

❶ $\dfrac{1}{\sqrt{3}} = \dfrac{\sqrt{\Box}}{\sqrt{3}\times\sqrt{\Box}} = \dfrac{\sqrt{\Box}}{\Box}$

❷ $\dfrac{1}{\sqrt{6}} = \dfrac{\sqrt{\Box}}{\sqrt{6}\times\sqrt{\Box}} = \dfrac{\sqrt{\Box}}{\Box}$

❸ $\dfrac{2}{\sqrt{3}} = \dfrac{2\times\sqrt{\Box}}{\sqrt{3}\times\sqrt{\Box}} = \dfrac{2\sqrt{\Box}}{\Box}$

❹ $\dfrac{5}{\sqrt{13}} = \dfrac{5\times\sqrt{\Box}}{\sqrt{13}\times\sqrt{\Box}} = \dfrac{5\sqrt{\Box}}{\Box}$

❺ $\dfrac{\sqrt{2}}{\sqrt{5}} = \dfrac{\sqrt{2}\times\sqrt{\Box}}{\sqrt{5}\times\sqrt{\Box}} = \dfrac{\sqrt{\Box}}{\Box}$

❻ $\dfrac{\sqrt{7}}{\sqrt{10}} = \dfrac{\sqrt{7}\times\sqrt{\Box}}{\sqrt{10}\times\sqrt{\Box}} = \dfrac{\sqrt{\Box}}{\Box}$

❼ $\dfrac{2}{3\sqrt{2}} = \dfrac{2\times\sqrt{\Box}}{3\sqrt{2}\times\sqrt{\Box}}$

$$= \frac{2\sqrt{\Box}}{3\times\Box} = \frac{\Box\sqrt{\Box}}{6} = \frac{\sqrt{\Box}}{\Box}$$

1st $\dfrac{1}{\sqrt{a}}$의 꼴 분모의 유리화하기

● 다음 수의 분모를 유리화하시오.

1 $\dfrac{1}{\sqrt{5}} = \dfrac{\square}{\sqrt{5 \times \square}} = \dfrac{\square}{5}$

2 $\dfrac{1}{\sqrt{2}}$

$$\dfrac{1}{\sqrt{2}} = \dfrac{\sqrt{2}}{2}$$

3 $\dfrac{1}{\sqrt{7}}$

4 $\dfrac{1}{\sqrt{17}}$

5 $\dfrac{1}{\sqrt{10}}$

6 $\dfrac{1}{\sqrt{15}}$

7 $\dfrac{1}{\sqrt{13}}$

8 $\dfrac{1}{\sqrt{22}}$

2nd $\dfrac{b}{\sqrt{a}}$의 꼴 분모의 유리화하기

● 다음 수의 분모를 유리화하시오.

9 $\dfrac{3}{\sqrt{2}} = \dfrac{3 \times \square}{\sqrt{2} \times \square} = \dfrac{3\square}{2}$

10 $\dfrac{5}{\sqrt{3}}$

11 $\dfrac{3}{\sqrt{5}}$

12 $\dfrac{12}{\sqrt{3}}$

13 $\dfrac{2}{\sqrt{5}}$

14 $\dfrac{3}{\sqrt{6}}$

15 $\dfrac{2}{\sqrt{10}}$

16 $\dfrac{5}{\sqrt{15}}$

17 $\dfrac{9}{\sqrt{21}}$

3rd $\dfrac{\sqrt{b}}{\sqrt{a}}$ 의 꼴 분모의 유리화하기

● 다음 수의 분모를 유리화하시오.

18 $\dfrac{\sqrt{3}}{\sqrt{2}} = \dfrac{\sqrt{3}\times\boxed{}}{\sqrt{2}\times\boxed{}} = \dfrac{\boxed{}}{2}$

19 $\dfrac{\sqrt{7}}{\sqrt{3}}$

20 $\dfrac{\sqrt{3}}{\sqrt{5}}$

21 $\dfrac{\sqrt{6}}{\sqrt{5}}$

22 $\dfrac{\sqrt{2}}{\sqrt{7}}$

23 $\dfrac{\sqrt{3}}{\sqrt{10}}$

24   $\dfrac{\sqrt{10}}{\sqrt{11}}$

25   $\dfrac{\sqrt{7}}{\sqrt{15}}$

4th $\dfrac{\sqrt{b}}{c\sqrt{a}}$ 의 꼴 분모의 유리화하기

● 다음 수의 분모를 유리화하시오.

26   $\dfrac{\sqrt{2}}{3\sqrt{3}} = \dfrac{\sqrt{2}\times\boxed{}}{3\sqrt{3}\times\boxed{}} = \dfrac{\sqrt{6}}{\boxed{}}$

27   $\dfrac{\sqrt{3}}{2\sqrt{5}}$

28   $\dfrac{\sqrt{3}}{4\sqrt{2}}$

29   $\dfrac{\sqrt{5}}{5\sqrt{2}}$

30   $\dfrac{\sqrt{5}}{7\sqrt{3}}$

31   $\dfrac{\sqrt{7}}{10\sqrt{2}}$

32   $\dfrac{\sqrt{10}}{3\sqrt{11}}$

33   $\dfrac{\sqrt{13}}{5\sqrt{5}}$

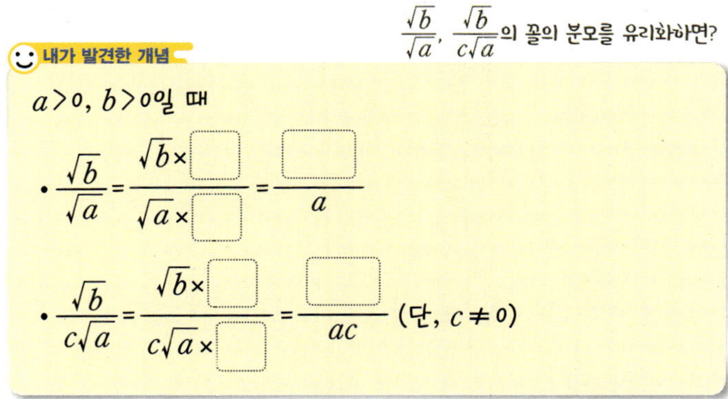

[개념모음문제]

34   다음 중 분모를 유리화한 것으로 옳지 <u>않은</u> 것은?

① $\dfrac{3}{\sqrt{5}} = \dfrac{3\sqrt{5}}{5}$ ② $\dfrac{\sqrt{3}}{\sqrt{7}} = \dfrac{\sqrt{21}}{7}$

③ $\dfrac{\sqrt{8}}{\sqrt{3}} = \dfrac{2\sqrt{6}}{3}$ ④ $\dfrac{4}{\sqrt{28}} = \dfrac{\sqrt{7}}{7}$

⑤ $\dfrac{3}{\sqrt{12}} = \dfrac{\sqrt{3}}{2}$

05

제곱근의 곱셈, 나눗셈의 혼합 계산

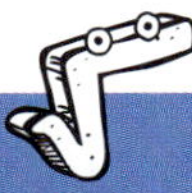

$$\sqrt{3}\times\sqrt{2}\div\sqrt{5}$$

$$=\sqrt{3}\times\sqrt{2}\times\frac{1}{\sqrt{5}}$$

나눗셈은 곱셈으로!

$$=\sqrt{3\times2\times\frac{1}{5}}$$

$$=\sqrt{\frac{6}{5}}=\frac{\sqrt{6}}{\sqrt{5}}{}^{\times\sqrt{5}}_{\times\sqrt{5}}=\frac{\sqrt{30}}{5}$$

분모의 유리화!

• 제곱근의 곱셈, 나눗셈의 혼합 계산
① 앞에서부터 차례대로 계산한다.
② 나눗셈은 역수의 곱셈으로 고친다.
③ 제곱근의 성질과 분모의 유리화를 이용한다.
참고 계산 결과의 분모가 근호를 포함한 무리수이면 분모를 유리화한다.

1st — 제곱근의 곱셈, 나눗셈의 혼합 계산하기

● 다음을 계산하시오.

1 $\sqrt{3}\times\sqrt{6}\div\sqrt{2}=\sqrt{3}\times\sqrt{6}\times\dfrac{1}{\square}$

$$=\sqrt{3\times6\times\frac{1}{\square}}$$

$$=\square$$

2 $\sqrt{3}\times\sqrt{8}\div\sqrt{12}$

3 $\sqrt{14}\div\sqrt{2}\times\sqrt{7}$

4 $\sqrt{54}\times\sqrt{8}\div\sqrt{6}$

5 $\sqrt{20}\times\sqrt{6}\div\sqrt{3}$

6 $\sqrt{12}\times\sqrt{72}\div\sqrt{18}$

7 $\sqrt{\dfrac{10}{3}}\times\sqrt{\dfrac{9}{5}}\div\sqrt{\dfrac{1}{2}}$

8 $\dfrac{5}{\sqrt{6}}\times\dfrac{2\sqrt{6}}{3\sqrt{2}}\div\dfrac{\sqrt{3}}{3\sqrt{2}}$

9 $\dfrac{2}{\sqrt{3}} \div \dfrac{\sqrt{5}}{\sqrt{3}} \times \dfrac{4\sqrt{5}}{\sqrt{6}}$

10 $12\sqrt{2} \div \left(-\dfrac{6}{\sqrt{3}}\right) \times \sqrt{2}$

11 $\dfrac{5}{\sqrt{8}} \div \dfrac{1}{\sqrt{40}} \times \dfrac{3}{\sqrt{10}}$

12 $\dfrac{12}{\sqrt{10}} \div \dfrac{9}{2\sqrt{6}} \times \dfrac{5}{6\sqrt{10}}$

[개념모음문제]

13 $\left(-\dfrac{3}{\sqrt{3}}\right) \div \dfrac{\sqrt{7}}{2} \times \dfrac{\sqrt{6}}{12}$ 을 간단히 하면 $a\sqrt{14}$일 때, 유리수 a의 값은?

① $-\dfrac{1}{14}$　　② $-\dfrac{1}{7}$　　③ $-\dfrac{1}{2}$

④ $\dfrac{1}{7}$　　⑤ $\dfrac{1}{14}$

2nd 도형의 넓이와 부피 구하기

● 다음 도형의 넓이를 구하시오.

14

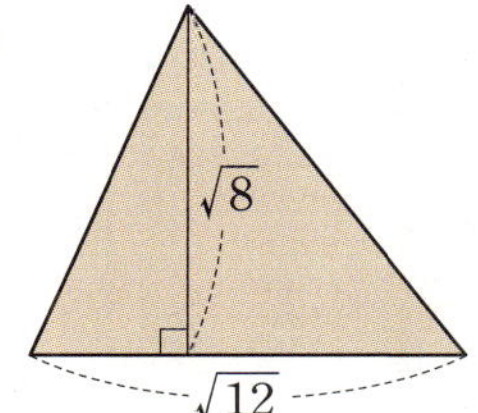

→ (삼각형의 넓이) $= \dfrac{1}{2} \times \sqrt{12} \times \sqrt{8}$

$\qquad = \dfrac{1}{2} \times \boxed{}\sqrt{3} \times \boxed{}\sqrt{2}$

$\qquad = \boxed{}\sqrt{6}$

15

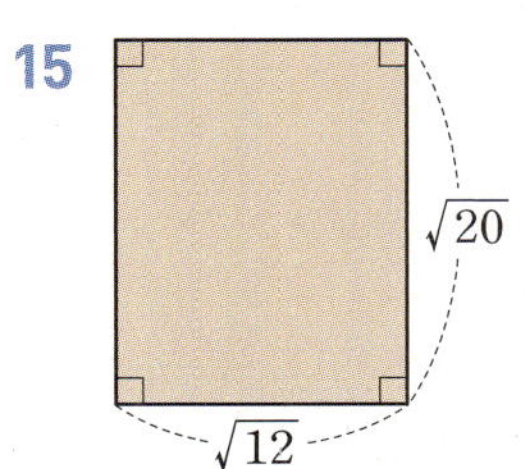

● 다음 도형의 부피를 구하시오.

16

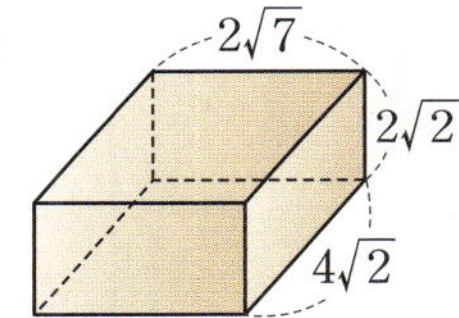

→ (직육면체의 부피) $= 2\sqrt{7} \times 4\sqrt{2} \times \boxed{}$

$\qquad = \boxed{}$

17

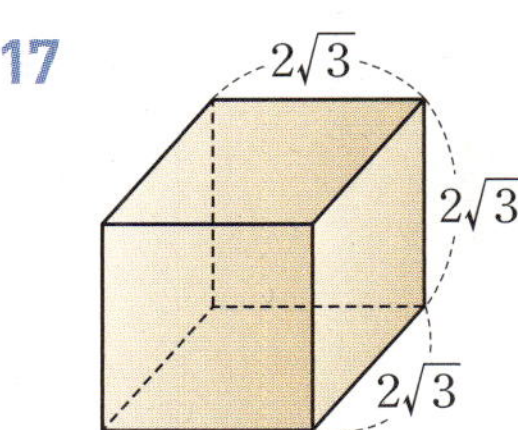

제곱근표

수	0	1	2	3	···
⋮					
3.1	1.761	1.764	1.766	**1.769**	···
3.2	1.789	**1.792**	1.794	1.797	···
⋮					

$$\sqrt{3.21} = 1.792 \qquad \sqrt{3.13} = 1.769$$

- **제곱근표**

  1.00부터 99.9까지의 수에 대한 양의 제곱근의 값을 소수점 아래 넷째 자리에서 반올림하여 나타낸 표

- **제곱근표를 읽는 방법**

  처음 두 자리 수의 가로줄과 끝자리 수의 세로줄이 만나는 곳에 있는 수를 읽는다.

  참고 소수점 아래 숫자의 개수가 부족한 경우에 소수점 마지막 자리의 숫자에 0이 생략된 것으로 생각하여 제곱근표를 이용한다.

  예 $\sqrt{3.2}$는 $\sqrt{3.20}$에 해당하는 제곱근의 값을 찾으면 1.789이다.

- **제곱근표에 없는 수의 제곱근의 값**

  제곱근표에 없는 수, 즉 0보다 크고 1보다 작은 수와 100보다 큰 수의 제곱근의 값은 $\sqrt{a^2 b} = a\sqrt{b}$임을 이용하여 구한다.

  ① 100보다 큰 수 → $\sqrt{100a} = 10\sqrt{a}$, $\sqrt{10000a} = 100\sqrt{a}$, ···

  ② 0보다 크고 1보다 작은 수 → $\sqrt{\dfrac{a}{100}} = \dfrac{\sqrt{a}}{10}$, $\sqrt{\dfrac{a}{10000}} = \dfrac{\sqrt{a}}{100}$, ···

1st — 제곱근표 읽기

● 아래 제곱근표를 이용하여 다음 제곱근의 값을 구하시오.

수	0	1	2	3	4
1.0	1.000	1.005	1.010	1.015	1.020
1.1	1.049	1.054	1.058	1.063	1.068
1.2	1.095	1.100	1.105	1.109	1.114
1.3	1.140	1.145	1.149	1.153	1.158
1.4	1.183	1.187	1.192	1.196	1.200
1.5	1.225	1.229	1.233	1.237	1.241
1.6	1.265	1.269	1.273	1.277	1.281
1.7	1.304	1.308	1.311	1.315	1.319
1.8	1.342	1.345	1.349	1.353	1.356
1.9	1.378	1.382	1.386	1.389	1.393

1 $\sqrt{1.02}$

1.0의 가로줄과 2의 세로줄이 만나는 곳에 있는 수를 읽으면 돼!

2 $\sqrt{1.41}$

3 $\sqrt{1.53}$

4 $\sqrt{1.94}$

5 $\sqrt{1.22}$

6 $\sqrt{1.70}$

7 $\sqrt{1.63}$

8 $\sqrt{1.34}$

● 아래 제곱근표를 이용하여 구한 제곱근의 값이 다음과 같을 때, □ 안에 알맞은 수를 소수 둘째자리까지 써넣으시오.

수	0	1	2	3	4
5.5	2.345	2.347	2.349	2.352	2.354
5.6	2.366	2.369	2.371	2.373	2.375
5.7	2.387	2.390	2.392	2.394	2.396
5.8	2.408	2.410	2.412	2.415	2.417
5.9	2.429	2.431	2.433	2.435	2.437
6.0	2.449	2.452	2.454	2.456	2.458
6.1	2.470	2.472	2.474	2.476	2.478
6.2	2.490	2.492	2.494	2.496	2.498
6.3	2.510	2.512	2.514	2.516	2.518
6.4	2.530	2.532	2.534	2.536	2.538

9 $\sqrt{}$ → 2.472

2.472는 가로줄 6.1, 세로줄 1이 만나는 곳에 있어!

10 $\sqrt{}$ → 2.373

11 $\sqrt{}$ → 2.387

12 $\sqrt{}$ → 2.433

13 $\sqrt{}$ → 2.437

14 $\sqrt{}$ → 2.510

15 $\sqrt{}$ → 2.532

16 $\sqrt{}$ → 2.354

2nd 제곱근의 값을 이용하여 수의 값 구하기

● 다음 주어진 수의 제곱근표에서의 값을 이용하여 □ 안에 알맞은 수를 써넣으시오.

$$\sqrt{3}=1.732,\ \sqrt{30}=5.477$$

17 $\sqrt{300}=\sqrt{3\times\boxed{}}=\boxed{}\sqrt{3}=\boxed{}$

18 $\sqrt{3000}=\sqrt{30\times\boxed{}}=\boxed{}\sqrt{30}$

$$=\boxed{}$$

19 $\sqrt{30000}=\sqrt{3\times\boxed{}}=\boxed{}\sqrt{3}$

$$=\boxed{}$$

20 $\sqrt{0.3}=\sqrt{\dfrac{30}{\boxed{}}}=\dfrac{\sqrt{30}}{\boxed{}}=\boxed{}$

21 $\sqrt{0.03}=\sqrt{\dfrac{3}{\boxed{}}}=\dfrac{\sqrt{3}}{\boxed{}}=\boxed{}$

22 $\sqrt{0.003}=\sqrt{\dfrac{30}{\boxed{}}}=\dfrac{\sqrt{30}}{\boxed{}}$

$$=\boxed{}$$

$$\sqrt{2}=1.414,\ \sqrt{20}=4.472$$

23 $\sqrt{200}=\sqrt{2\times\boxed{}}=\boxed{}\sqrt{2}$

$\phantom{\sqrt{200}}=\boxed{}$

24 $\sqrt{2000}=\sqrt{20\times\boxed{}}=\boxed{}\sqrt{20}$

$\phantom{\sqrt{2000}}=\boxed{}$

25 $\sqrt{20000}=\sqrt{2\times\boxed{}}=\boxed{}\sqrt{2}$

$\phantom{\sqrt{20000}}=\boxed{}$

26 $\sqrt{0.2}=\sqrt{\dfrac{20}{\boxed{}}}=\dfrac{\sqrt{20}}{\boxed{}}=\boxed{}$

27 $\sqrt{0.02}=\sqrt{\dfrac{2}{\boxed{}}}=\dfrac{\sqrt{2}}{\boxed{}}=\boxed{}$

28 $\sqrt{0.002}=\sqrt{\dfrac{20}{\boxed{}}}=\dfrac{\sqrt{20}}{\boxed{}}$

$\phantom{\sqrt{0.002}}=\boxed{}$

● 다음 주어진 수의 제곱근표에서의 값을 이용하여
 제곱근의 값을 구하시오.

$$\sqrt{5}=2.236,\ \sqrt{50}=7.071$$

29 $\sqrt{500}$

30 $\sqrt{5000}$

31 $\sqrt{50000}$

32 $\sqrt{0.5}$

33 $\sqrt{0.05}$

34 $\sqrt{0.005}$

개념모음문제

35 $\sqrt{6}=2.449,\ \sqrt{60}=7.746$일 때, 다음 중 옳은
것은?

① $\sqrt{6000}=774.6$ ② $\sqrt{600}=77.46$
③ $\sqrt{0.6}=0.2449$ ④ $\sqrt{0.06}=0.2449$
⑤ $\sqrt{0.006}=0.007746$

TEST 3.근호를 포함한 식의 곱셈과 나눗셈

1 $(-3\sqrt{2}) \times 2\sqrt{15} \times \left(-\sqrt{\dfrac{1}{3}}\right)$을 간단히 하면?

① $-12\sqrt{10}$ ② $-6\sqrt{10}$

③ $\sqrt{10}$ ④ $6\sqrt{10}$

⑤ $12\sqrt{10}$

2 다음 중 옳은 것을 모두 고르면? (정답 2개)

① $\sqrt{0.75} = \dfrac{\sqrt{2}}{2}$ ② $\dfrac{2\sqrt{6}}{\sqrt{3}} = 2\sqrt{2}$

③ $\sqrt{\dfrac{18}{100}} = \dfrac{3\sqrt{2}}{10}$ ④ $-\dfrac{\sqrt{8}}{4} = -\dfrac{1}{2}$

⑤ $-\dfrac{\sqrt{27}}{\sqrt{3}} = -\sqrt{3}$

3 $\sqrt{50} = a\sqrt{b}$, $3\sqrt{2} = \sqrt{c}$일 때, 자연수 a, b, c에 대하여 $a+b+c$의 값을 구하시오. (단, $a \neq 1$)

4 $\dfrac{a}{\sqrt{20}}$의 분모를 유리화하면 $\dfrac{\sqrt{5}}{2}$가 된다. 유리수 a의 값은?

① 1 ② 2 ③ 3

④ 4 ⑤ 5

5 $\dfrac{\sqrt{27}}{\sqrt{32}} \times \dfrac{2}{\sqrt{18}} \div \dfrac{\sqrt{8}}{\sqrt{3}} = a\sqrt{2}$를 만족시키는 유리수 a의 값은?

① $\dfrac{1}{16}$ ② $\dfrac{1}{8}$ ③ $\dfrac{3}{16}$

④ $\dfrac{1}{4}$ ⑤ $\dfrac{5}{16}$

6 다음 그림과 같이 밑면의 세로의 길이가 $\sqrt{32}\,\text{cm}$, 높이가 $\sqrt{12}\,\text{cm}$인 직육면체의 부피가 $48\,\text{cm}^3$일 때, 이 직육면체의 밑면의 가로의 길이를 구하시오.

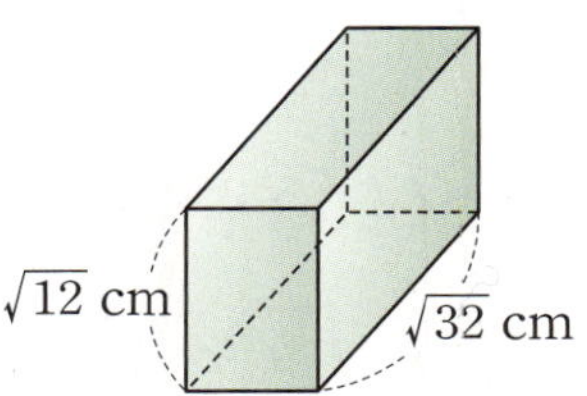

4

근호 안의 수가 같은 것끼리!
근호를 포함한 식의 덧셈과 뺄셈

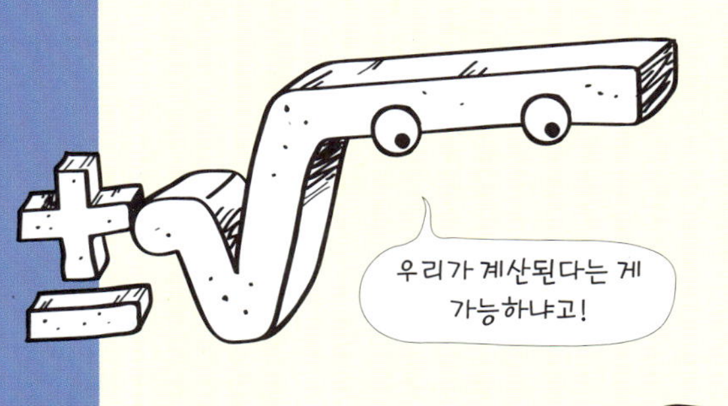

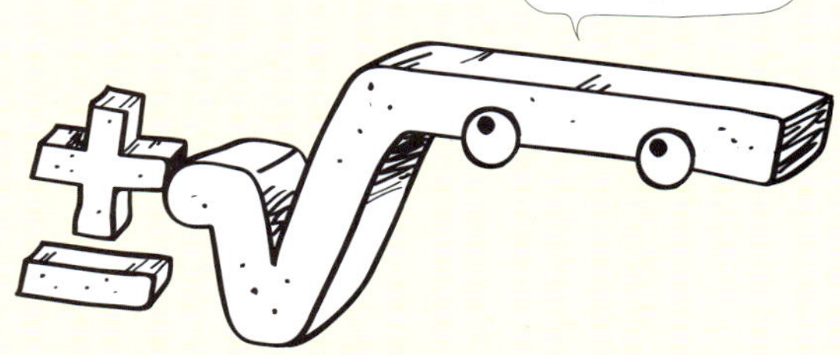

근호 안의 수가 같은 것끼리 더 간단히!

$$5\sqrt{3} + 3\sqrt{3} = (5+3)\sqrt{3} = 8\sqrt{3}$$

분배법칙

근호 안의 수가 같으면 동류항으로 생각해서 덧셈과 뺄셈을 해!

$$5\sqrt{3} - 3\sqrt{3} = (5-3)\sqrt{3} = 2\sqrt{3}$$

분배법칙

같은 근호로 만들어서 더 간단히!

$$\sqrt{12} + \sqrt{3}$$
$$= \sqrt{2^2 \times 3} + \sqrt{3}$$
$$= 2\sqrt{3} + \sqrt{3}$$
$$= 3\sqrt{3}$$

근호 안의 수를 소인수분해해!

제곱인 인수는 근호 밖으로!

같은 근호끼리 모아서 계산!

분배법칙으로 식을 간단히!

분배법칙

$$\sqrt{2}(\sqrt{3} + \sqrt{5})$$
$$= (\sqrt{2} \times \sqrt{3}) + (\sqrt{2} \times \sqrt{5})$$
$$= \sqrt{6} + \sqrt{10}$$

분배법칙

$$(\sqrt{3} + \sqrt{5})\sqrt{2}$$
$$= (\sqrt{3} \times \sqrt{2}) + (\sqrt{5} \times \sqrt{2})$$
$$= \sqrt{6} + \sqrt{10}$$

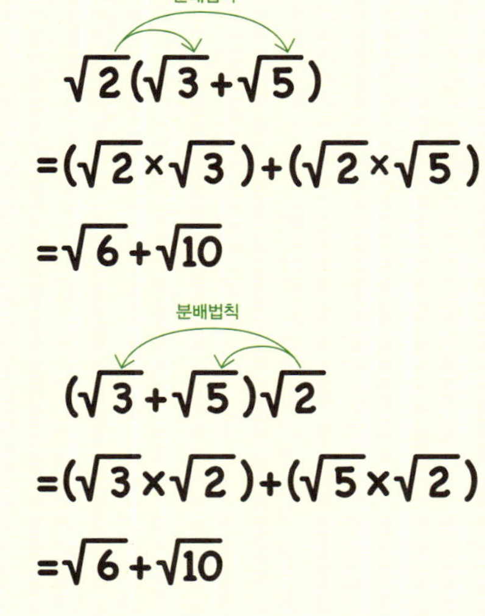

---

01 제곱근의 덧셈과 뺄셈 (1)

유리수와 마찬가지로 실수에서도 덧셈에 대한 곱셈의 분배법칙이 성립해. 따라서 제곱근의 덧셈과 뺄셈은 다항식에서 동류항끼리 모아서 계산하는 것과 같은 방법으로 근호 안의 수가 같은 것끼리 모아서 계산해!

02 제곱근의 덧셈과 뺄셈 (2)

양수 a, b에 대하여 근호 안의 수가 $a^2 b$이면 $\sqrt{a^2 b} = a\sqrt{b}$임을 이용해서 근호 안의 수를 가장 작은 자연수로 만든 후 근호 안의 수가 같은 것끼리 모아서 계산해!

03 근호를 포함한 식의 계산; 분배법칙

실수에서도 분배법칙이 성립하니깐 분배법칙을 이용해서 식을 간단히 나타내 보자! 이때 결과에서 근호 안의 수를 가장 작은 자연수로 만드는 것을 잊지 마!

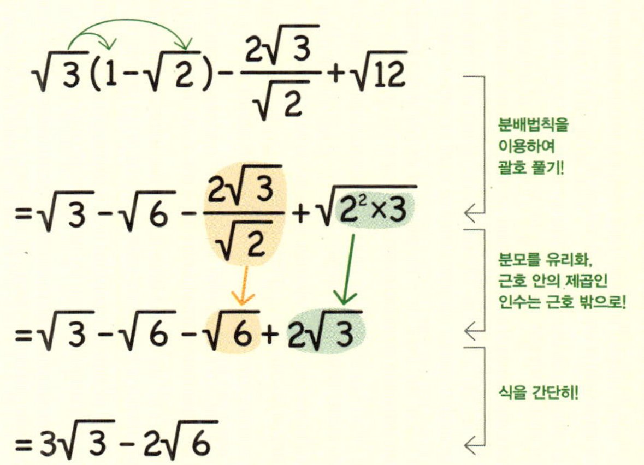

04 근호를 포함한 식의 계산; 분모의 유리화

분모가 근호가 있는 무리수이면 계산하기 복잡하니깐 분모를 유리화하는 건 앞에서 배워서 기억나지? 이번에는 분자가 근호를 포함한 식의 덧셈과 뺄셈인 경우의 분모를 유리화하는 연습을 할 거야. 방법은 쉬워! 분배법칙만 이용하면 돼!

---

05 근호를 포함한 식의 혼합 계산

근호를 포함한 식의 혼합 계산은 다음과 같은 순서로 계산하면 편리해!

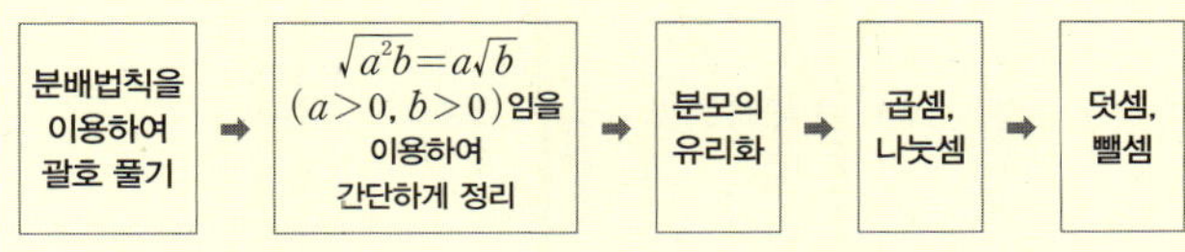

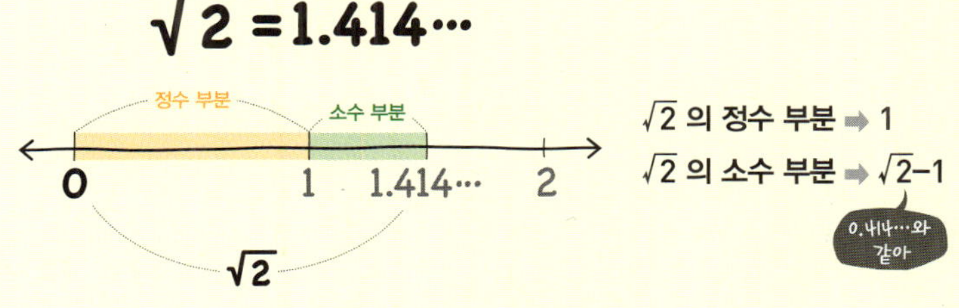

06 무리수의 정수 부분과 소수 부분

무리수는 순환하지 않는 무한소수라는 건 알고 있지? 무리수가 결국 소수이기 때문에 소수점을 기준으로 정수 부분과 소수 부분으로 나눌 수 있어. 근데 소수 부분은 순환하지 않으니깐 쓰기가 너무 복잡하지. 따라서 양수인 무리수의 소수 부분은 무리수에서 정수 부분을 뺀 식으로 나타내!

---

07 실수의 대소 관계

실수도 두 수의 대소를 비교할 수 있어. 그런데 무리수인 경우는 바로 비교하기 힘들 수 있지. 이럴 때는 두 수의 차를 이용해서 대소 관계를 알 수 있어. 두 수의 차가 양수인지 0인지 음수인지에 따라 부등호가 결정돼!

01

제곱근의 덧셈과 뺄셈(1)

$$5\sqrt{3} + 3\sqrt{3} = (5+3)\sqrt{3} = 8\sqrt{3}$$

분배법칙

$$5\sqrt{3} - 3\sqrt{3} = (5-3)\sqrt{3} = 2\sqrt{3}$$

분배법칙

- 근호 안의 수가 같을 때, 근호를 포함한 식의 덧셈과 뺄셈은 다항식의 덧셈과 뺄셈에서 동류항끼리 모아서 계산하는 것과 같이 근호 안의 수가 같은 것끼리 모아서 계산한다.
- l, m, n은 유리수이고, $\sqrt{a}$는 무리수일 때
  ① $m\sqrt{a} + n\sqrt{a} = (m+n)\sqrt{a}$
  ② $m\sqrt{a} - n\sqrt{a} = (m-n)\sqrt{a}$
  ③ $m\sqrt{a} + n\sqrt{a} - l\sqrt{a} = (m+n-l)\sqrt{a}$

$$m\sqrt{a} + n\sqrt{a} = (m+n)\sqrt{a}$$
$$m\sqrt{a} - n\sqrt{a} = (m-n)\sqrt{a}$$

원리확인 다음 □ 안에 알맞은 수를 써넣으시오.

❶ $4\sqrt{3} + 2\sqrt{3} = (4 + \boxed{})\sqrt{3} = \boxed{}\sqrt{\boxed{}}$

❷ $5\sqrt{2} + 3\sqrt{2} = (5 + \boxed{})\sqrt{2} = \boxed{}\sqrt{\boxed{}}$

❸ $6\sqrt{2} - 4\sqrt{2} = (6 - \boxed{})\sqrt{2} = \boxed{}\sqrt{\boxed{}}$

❹ $7\sqrt{5} - 5\sqrt{5} = (7 - \boxed{})\sqrt{5} = \boxed{}\sqrt{\boxed{}}$

● 다음 식을 계산하시오.

1 $4\sqrt{2} + 3\sqrt{2}$

2 $2\sqrt{3} + 6\sqrt{3}$

3 $7\sqrt{5} + \sqrt{5}$

4 $\dfrac{\sqrt{2}}{3} + \dfrac{4\sqrt{2}}{3}$

5 $\dfrac{5\sqrt{3}}{4} + \dfrac{3\sqrt{3}}{4}$

6 $\dfrac{4\sqrt{5}}{5} + \dfrac{2\sqrt{5}}{5}$

7 $3\sqrt{3} + 6\sqrt{3} + \sqrt{3}$
$m\sqrt{a} + n\sqrt{a} + l\sqrt{a} = (m+n+l)\sqrt{a}$를 이용해!

2nd — 근호를 포함한 식 뺄셈하기

● 다음 식을 계산하시오.

8 $5\sqrt{3}-4\sqrt{3}$

9 $6\sqrt{2}-3\sqrt{2}$

10 $3\sqrt{7}-\sqrt{7}$

11 $8\sqrt{5}-2\sqrt{5}$

12 $\dfrac{5\sqrt{2}}{3}-\dfrac{2\sqrt{2}}{3}$

13 $\dfrac{7\sqrt{3}}{4}-\dfrac{3\sqrt{3}}{4}$

14 $\dfrac{8\sqrt{5}}{9}-\dfrac{4\sqrt{5}}{9}$

15 $2\sqrt{7}-6\sqrt{7}-3\sqrt{7}$

3rd — 근호를 포함한 식의 덧셈과 뺄셈하기

● 다음 식을 계산하시오.

16 $6\sqrt{3}+5\sqrt{3}-3\sqrt{3}$

17 $5\sqrt{5}+6\sqrt{5}-7\sqrt{5}$

18 $3\sqrt{2}-4\sqrt{2}+2\sqrt{2}$

19 $9\sqrt{6}-5\sqrt{6}+3\sqrt{6}$

20 $\dfrac{2\sqrt{2}}{5}-\dfrac{4\sqrt{2}}{5}+\dfrac{6\sqrt{2}}{5}$

☺ **내가 발견한 개념** 제곱근의 덧셈과 뺄셈은?

- $m\sqrt{a}+n\sqrt{a}=(m+\boxed{})\sqrt{a}$
- $m\sqrt{a}-n\sqrt{a}=(m-\boxed{})\sqrt{a}$
- $m\sqrt{a}+n\sqrt{a}-l\sqrt{a}=(m+\boxed{}-\boxed{})\sqrt{a}$

[개념모음문제]

21 $7\sqrt{3}-a\sqrt{3}+4\sqrt{3}=8\sqrt{b}$ 일 때, 유리수 a, b에 대하여 $a+b$의 값은?

① 3 ② 4 ③ 5
④ 6 ⑤ 7

02

제곱근의 덧셈과 뺄셈(2)

같은 근호로 만들어서 더 간단히!

$$\sqrt{12}+\sqrt{3}$$

$$=\sqrt{2^2\times3}+\sqrt{3}$$

근호 안의 수를 소인수분해해!

$$=2\sqrt{3}+\sqrt{3}$$

제곱인 인수는 근호 밖으로!

$$=3\sqrt{3}$$

같은 근호끼리 모아서 계산!

- 양수 a, b에 대하여 근호 안의 수가 a^2b이면 다음의 순서로 구한다.
  (i) 근호 안의 수를 소인수분해하여 제곱인 인수는 근호 밖으로 빼낸다.
  (ii) 근호 안의 수가 같은 것끼리 계산한다.

  주의 $\sqrt{3}+\sqrt{2}$처럼 근호 안의 수가 같지 않으면 더 이상 간단히 할 수 없다. 또한 제곱근의 덧셈이나 뺄셈은 근호 안의 수끼리 더하거나 빼면 안 된다. 즉 $\sqrt{a}+\sqrt{b}\neq\sqrt{a+b}$, $\sqrt{a}-\sqrt{b}\neq\sqrt{a-b}$

원리확인 다음 □ 안에 알맞은 수를 써넣으시오.

❶ $\sqrt{8}+\sqrt{32}=\sqrt{2^2\times2}+\sqrt{4^2\times\square}$

$$=2\sqrt{\square}+4\sqrt{\square}$$

$$=(\square+\square)\sqrt{\square}$$

$$=\square\sqrt{\square}$$

❷ $\sqrt{50}-\sqrt{18}=\sqrt{5^2\times2}-\sqrt{3^2\times\square}$

$$=5\sqrt{\square}-3\sqrt{\square}$$

$$=(\square-\square)\sqrt{\square}$$

$$=\square\sqrt{\square}$$

1st — $\sqrt{a^2b}=a\sqrt{b}$를 이용하여 계산하기

● 다음 식을 계산하시오.

1 $\sqrt{8}+\sqrt{18}$

2 $\sqrt{3}+\sqrt{48}$

3 $\sqrt{20}+\sqrt{5}$

4 $\sqrt{32}-\sqrt{18}$

5 $\sqrt{27}-\sqrt{12}$

6 $\sqrt{6}-\sqrt{24}$

7 $\sqrt{32}+\sqrt{8}-\sqrt{50}$

8 $\sqrt{12}-\sqrt{108}+\sqrt{3}$

2nd — 근호 안의 수가 같은 것끼리 계산하기

● 다음 식을 계산하시오.

9 $\sqrt{2}+3\sqrt{5}-2\sqrt{2}+2\sqrt{5}$

10 $\sqrt{3}-2\sqrt{7}-4\sqrt{3}+5\sqrt{7}$

11 $3\sqrt{3}+6\sqrt{5}-\sqrt{3}-2\sqrt{5}$

12 $2\sqrt{15}+4\sqrt{6}-2\sqrt{6}-3\sqrt{15}$

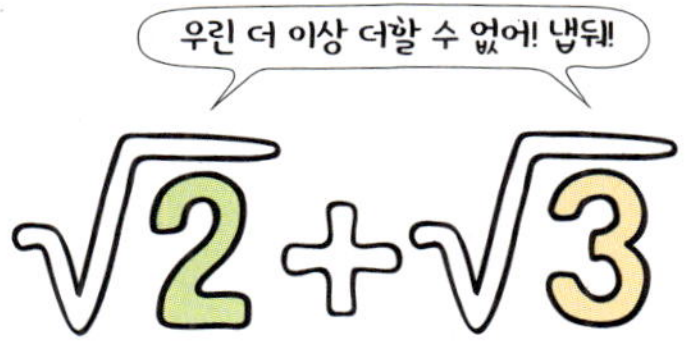

13 $5\sqrt{5}-4\sqrt{10}+2\sqrt{5}+6\sqrt{10}$

14 $6\sqrt{2}+8\sqrt{11}-3\sqrt{2}-5\sqrt{11}$

15 $\sqrt{18}+\sqrt{96}+\sqrt{24}-\sqrt{8}$

16 $\sqrt{12}-\sqrt{18}-\sqrt{50}+\sqrt{3}$

17 $\sqrt{20}-\sqrt{18}+\sqrt{20}-\sqrt{8}$

18 $\sqrt{5}-\sqrt{12}-\sqrt{20}-\sqrt{27}$

19 $\sqrt{112}+\sqrt{27}+\sqrt{48}-\sqrt{28}$

20 개념모음문제
$\sqrt{2}=a$, $\sqrt{3}=b$라 할 때, $\sqrt{72}-\sqrt{12}+\sqrt{75}-\sqrt{32}$를 a, b를 이용하여 나타내면?

① $2a+b$ ② $2a+2b$

③ $2a+3b$ ④ $3a+2b$

⑤ $3a+3b$

03

근호를 포함한 식의 계산; 분배법칙

분배법칙

$$\sqrt{2}(\sqrt{3}+\sqrt{5})$$
$$=(\sqrt{2}\times\sqrt{3})+(\sqrt{2}\times\sqrt{5})$$
$$=\sqrt{6}+\sqrt{10}$$

분배법칙

$$(\sqrt{3}+\sqrt{5})\sqrt{2}$$
$$=(\sqrt{3}\times\sqrt{2})+(\sqrt{5}\times\sqrt{2})$$
$$=\sqrt{6}+\sqrt{10}$$

- $a>0$, $b>0$, $c>0$일 때
  ① $\sqrt{a}(\sqrt{b}\pm\sqrt{c})=\sqrt{a}\sqrt{b}\pm\sqrt{a}\sqrt{c}=\sqrt{ab}\pm\sqrt{ac}$ (복부호동순)
  ② $(\sqrt{a}\pm\sqrt{b})\sqrt{c}=\sqrt{a}\sqrt{c}\pm\sqrt{b}\sqrt{c}=\sqrt{ac}\pm\sqrt{bc}$ (복부호동순)
  ③ $(\sqrt{a}\pm\sqrt{b})\div\sqrt{c}=\sqrt{a}\div\sqrt{c}\pm\sqrt{b}\div\sqrt{c}$
     $=\sqrt{\dfrac{a}{c}}\pm\sqrt{\dfrac{b}{c}}$ (복부호동순)

원리확인 다음 □ 안에 알맞은 수를 써넣으시오.

❶ $\sqrt{3}(\sqrt{2}+\sqrt{7})=\boxed{}\times\sqrt{2}+\boxed{}\times\sqrt{7}$
$\phantom{\sqrt{3}(\sqrt{2}+\sqrt{7})}=\boxed{}+\boxed{}$

❷ $(\sqrt{15}-\sqrt{6})\div\sqrt{3}=\sqrt{15\div\boxed{}}-\sqrt{6\div\boxed{}}$
$\phantom{(\sqrt{15}-\sqrt{6})\div\sqrt{3}}=\sqrt{\dfrac{15}{\boxed{}}}-\sqrt{\dfrac{6}{\boxed{}}}$
$\phantom{(\sqrt{15}-\sqrt{6})\div\sqrt{3}}=\boxed{}-\boxed{}$

1ˢᵗ — **분배법칙을 이용하여 식 계산하기**

● 다음 식을 계산하시오.

1 $\sqrt{2}(\sqrt{2}+\sqrt{3})=\sqrt{2}\sqrt{2}+\sqrt{2}\sqrt{3}$
$\phantom{\sqrt{2}(\sqrt{2}+\sqrt{3})}=\boxed{}+\boxed{}$

2 $\sqrt{5}(3\sqrt{2}+\sqrt{7})$

3 $-\sqrt{3}(\sqrt{5}+\sqrt{2})$

4 $-2\sqrt{3}(\sqrt{5}+\sqrt{6})$

5 $\sqrt{5}(\sqrt{2}-\sqrt{3})$
$\phantom{\sqrt{5}(\sqrt{2}-\sqrt{3})}=\sqrt{5}\sqrt{2}-\sqrt{5}\sqrt{3}$
$\phantom{\sqrt{5}(\sqrt{2}-\sqrt{3})}=\boxed{}-\boxed{}$

6 $\sqrt{3}(\sqrt{10}-\sqrt{5})$

7 $(\sqrt{5}+\sqrt{6})\sqrt{2}=\sqrt{5}\sqrt{2}+\sqrt{6}\sqrt{2}$

$\qquad\qquad\qquad =\sqrt{10}+\sqrt{12}$

$\qquad\qquad\qquad =\boxed{}+\boxed{}$

근호 안의 수를 가장 간단한 자연수로 만들어!

8 $(\sqrt{8}+\sqrt{7})\sqrt{3}$

9 $(2\sqrt{2}+\sqrt{10})\sqrt{5}$

10 $(\sqrt{3}-\sqrt{7})\sqrt{5}=\sqrt{3}\sqrt{5}-\sqrt{7}\sqrt{5}$

$\qquad\qquad\qquad =\boxed{}-\boxed{}$

11 $(\sqrt{8}-\sqrt{3})\sqrt{6}$

12 $(2\sqrt{5}-\sqrt{6})\sqrt{10}$

13 $(\sqrt{10}+\sqrt{6})\div\sqrt{2}=\sqrt{10}\div\sqrt{2}+\sqrt{6}\div\sqrt{2}$

$\qquad\qquad\qquad =\sqrt{\dfrac{10}{\boxed{}}}+\sqrt{\dfrac{6}{\boxed{}}}$

$\qquad\qquad\qquad =\boxed{}+\boxed{}$

14 $(\sqrt{15}+\sqrt{12})\div\sqrt{3}$

15 $(\sqrt{30}+\sqrt{5})\div\sqrt{5}$

16 $(\sqrt{14}-\sqrt{21})\div\sqrt{7}$

17 $(\sqrt{40}-\sqrt{70})\div\sqrt{10}$

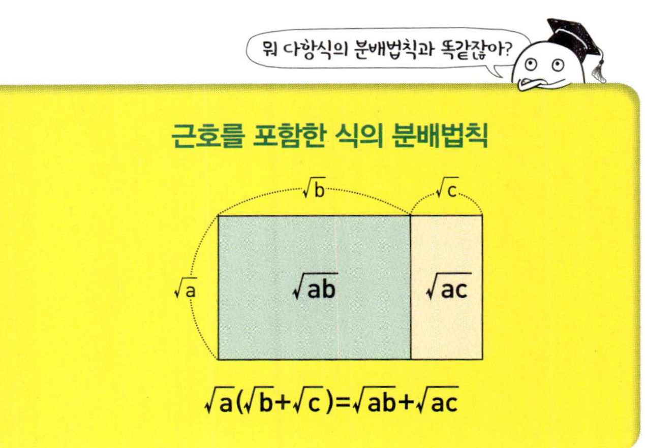

개념모음문제

18 $\sqrt{3}(\sqrt{6}+\sqrt{3})+\sqrt{2}(4\sqrt{2}-6)$을 간단히 하면 $a+b\sqrt{2}$일 때, 유리수 a, b에 대하여 $a+b$의 값은?

① 6 　　② 7 　　③ 8

④ 9 　　⑤ 10

근호를 포함한 식의 계산; 분모의 유리화

$$\frac{\sqrt{2}+\sqrt{3}}{\sqrt{5}}=\frac{(\sqrt{2}+\sqrt{3})\times\sqrt{5}}{\sqrt{5}\times\sqrt{5}}$$

$$=\frac{\sqrt{10}+\sqrt{15}}{5}$$

• 분모의 유리화를 이용한 식의 계산

분모에 근호를 포함한 무리수가 있으면 분모를 유리화하여 계산한다.

$a>0,\ b>0,\ c>0$일 때

① $\dfrac{\sqrt{a}}{\sqrt{b}}=\dfrac{\sqrt{a}\times\sqrt{b}}{\sqrt{b}\times\sqrt{b}}=\dfrac{\sqrt{ab}}{b}$

② $\dfrac{\sqrt{a}+\sqrt{b}}{\sqrt{c}}=\dfrac{(\sqrt{a}+\sqrt{b})\times\sqrt{c}}{\sqrt{c}\times\sqrt{c}}=\dfrac{\sqrt{ac}+\sqrt{bc}}{c}$

참고 분자, 분모가 약분이 되는 경우 약분을 한 다음 분모를 유리화하면 더 편리하다.

예) $\dfrac{\sqrt{15}}{\sqrt{6}}=\dfrac{\sqrt{3}\sqrt{5}}{\sqrt{2}\sqrt{3}}=\dfrac{\sqrt{5}}{\sqrt{2}}=\dfrac{\sqrt{5}\sqrt{2}}{\sqrt{2}\sqrt{2}}=\dfrac{\sqrt{10}}{2}$

원리확인 다음 □ 안에 알맞은 수를 써넣으시오.

❶ $\dfrac{\sqrt{2}+6}{\sqrt{2}}=\dfrac{(\sqrt{2}+6)\sqrt{\square}}{\sqrt{2}\sqrt{\square}}$

$=\dfrac{\square+6\sqrt{\square}}{\square}=\square+\square\sqrt{\square}$

❷ $\dfrac{\sqrt{15}-\sqrt{3}}{\sqrt{3}}=\dfrac{(\sqrt{15}-\sqrt{3})\sqrt{\square}}{\sqrt{3}\sqrt{\square}}$

$=\dfrac{\sqrt{\square}-\sqrt{\square}}{\square}$

$=\dfrac{3\sqrt{\square}-\square}{\square}=\sqrt{\square}-\square$

● 다음 수의 분모를 유리화하시오.

1 $\dfrac{\sqrt{2}+1}{\sqrt{2}}$ 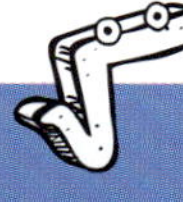

2 $\dfrac{\sqrt{3}-1}{\sqrt{2}}$

3 $\dfrac{\sqrt{3}+2}{\sqrt{3}}$

4 $\dfrac{\sqrt{5}-1}{\sqrt{3}}$

5 $\dfrac{\sqrt{5}+2}{\sqrt{10}}$

6 $\dfrac{\sqrt{3}+5}{\sqrt{15}}$

7 $\dfrac{1-\sqrt{5}}{\sqrt{2}}$

8 $\dfrac{1-\sqrt{2}}{\sqrt{3}}$

9 $\dfrac{2-\sqrt{3}}{\sqrt{2}}$

10 $\dfrac{1-\sqrt{6}}{\sqrt{5}}$

11 $\dfrac{3-\sqrt{2}}{\sqrt{6}}$

12 $\dfrac{10-\sqrt{2}}{\sqrt{11}}$

● 다음 식을 계산하시오.

13 $\dfrac{6}{\sqrt{2}}+2\sqrt{2}$

$\rightarrow \dfrac{6}{\sqrt{2}}=\dfrac{6\times\square}{\sqrt{2}\times\square}=\dfrac{6\sqrt{\square}}{2}=\square\sqrt{2}$ 이므로

$\dfrac{6}{\sqrt{2}}+2\sqrt{2}=\square\sqrt{2}+2\sqrt{2}=\square\sqrt{2}$

14 $\dfrac{\sqrt{2}}{\sqrt{3}}+3\sqrt{6}$

15 $\dfrac{2\sqrt{5}}{\sqrt{2}}-\dfrac{\sqrt{10}}{4}$

16 $\dfrac{21}{\sqrt{21}}-\dfrac{9\sqrt{7}}{\sqrt{3}}$

17 $\dfrac{5\sqrt{2}}{\sqrt{15}}+3\sqrt{30}+\dfrac{\sqrt{3}}{\sqrt{10}}$

개념모음문제

18 $\dfrac{\sqrt{2}-4\sqrt{3}}{\sqrt{2}}-\dfrac{6\sqrt{2}+\sqrt{3}}{\sqrt{3}}$ 을 간단히 하면?

① $-4\sqrt{6}$ ② $-2\sqrt{6}$ ③ 0
④ $2\sqrt{6}$ ⑤ $4\sqrt{6}$

분배법칙, 분모의 유리화로 식을 간단히!

근호를 포함한 식의 혼합 계산

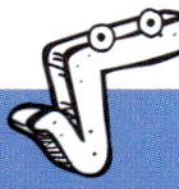

$$\sqrt{3}(1-\sqrt{2})-\frac{2\sqrt{3}}{\sqrt{2}}+\sqrt{12}$$

분배법칙을 이용하여 괄호 풀기!

$$=\sqrt{3}-\sqrt{6}-\frac{2\sqrt{3}}{\sqrt{2}}+\sqrt{2^2\times3}$$

분모를 유리화, 근호 안의 제곱인 인수는 근호 밖으로!

$$=\sqrt{3}-\sqrt{6}-\sqrt{6}+2\sqrt{3}$$

식을 간단히!

$$=3\sqrt{3}-2\sqrt{6}$$

- **근호를 포함한 식의 혼합 계산**
  - (i) 괄호가 있으면 분배법칙을 이용하여 괄호를 푼다.
  - (ii) 근호 안의 수가 제곱인 수를 인수로 가지면 근호 밖으로 꺼낸다.
  - (iii) 분모에 근호를 포함한 무리수가 있으면 분모를 유리화한다.
  - (iv) 곱셈, 나눗셈을 먼저 계산한다.
  - (v) 근호 안의 수가 같은 것끼리 덧셈, 뺄셈을 한다.
- **제곱근의 계산 결과가 유리수가 될 조건**
  a, b가 유리수이고, $\sqrt{m}$이 무리수일 때
  $a+b\sqrt{m}$이 유리수가 될 조건 ➡ $b=0$

1st 근호를 포함한 복잡한 식 계산하기

● 다음 식을 계산하시오.

1 $\sqrt{3}\times\sqrt{6}+\sqrt{24}\div\sqrt{3}$

2 $\sqrt{6}\times\sqrt{8}-\sqrt{24}\div\sqrt{2}$

3 $\left(\sqrt{30}-\sqrt{\dfrac{10}{3}}\right)\div\sqrt{5}$

4 $\left(\sqrt{\dfrac{5}{6}}-\sqrt{\dfrac{15}{2}}\right)\times\sqrt{6}$

5 $3\sqrt{6}+\sqrt{8}(2-\sqrt{3})$

6 $5\sqrt{5}-\sqrt{5}(3-\sqrt{2})$

7 $\sqrt{20}\div\sqrt{5}+\sqrt{6}\times2\sqrt{10}$

8 $\sqrt{24}\div\sqrt{3}-6\div3\sqrt{2}$

9 $\sqrt{3}\left(4\sqrt{2}-\dfrac{\sqrt{8}}{2}\right)-\sqrt{2}\left(3+\dfrac{\sqrt{12}}{2}\right)$

10 $\sqrt{5}\left(1+\dfrac{\sqrt{10}}{5}\right)+\sqrt{2}\left(4-\dfrac{\sqrt{10}}{2}\right)$

개념모음문제

11 $\sqrt{2}(5\sqrt{3}-2)-(4+6\sqrt{3})\div\sqrt{2}+\sqrt{18}$ 을 간단히 하면 $a\sqrt{6}+b\sqrt{2}$ 일 때, 유리수 a, b 에 대하여 $a+b$ 의 값은?

① 1   ② 2   ③ 3
④ 4   ⑤ 5

2nd — 계산 결과가 유리수가 될 조건 찾기

● 다음 식의 계산 결과가 유리수가 되도록 하는 유리수 a의 값을 구하시오.

12 $2\sqrt{3}+1+a+a\sqrt{3}$

a, b가 유리수이고, $\sqrt{m}$이 무리수일 때, $a+b\sqrt{m}$이 유리수가 되려면 $b=0$이어야 해!

→ $2\sqrt{3}+1+a+a\sqrt{3}=(1+a)+(2+a)\sqrt{3}$

이때 $2+a=0$이어야 하므로 $a=\boxed{}$

13 $3\sqrt{2}-5+a+a\sqrt{2}$

14 $-4+\sqrt{7}-a+a\sqrt{7}$

15 $6\sqrt{10}+a-7-2a\sqrt{10}$

16 $\sqrt{12}+a\sqrt{3}-\sqrt{27}+4$

근호 안에 제곱인 인수가 있으면 근호 밖으로 꺼내!

→ $\sqrt{12}+a\sqrt{3}-\sqrt{27}+4$

$=2\sqrt{3}+a\sqrt{3}-\boxed{}\sqrt{3}+4$

$=(-1+a)\sqrt{3}+4$

이때 $-1+a=0$이어야 하므로 $a=\boxed{}$

17 $3+\sqrt{32}-a\sqrt{2}+\sqrt{8}$

18 $\sqrt{20}-a\sqrt{5}-\sqrt{125}-4$

19 $\sqrt{48}+a\sqrt{3}-7+\sqrt{75}$

:) 내가 발견한 개념   유리수가 될 조건은?

● $a+b\sqrt{3}$이 유리수이려면 $\boxed{}$는 0이어야 한다.

개념모음문제

20 $\sqrt{3}(\sqrt{18}+4\sqrt{3})-3a+a\sqrt{6}$이 유리수가 되도록 하는 유리수 a의 값은?

① -3 ② -2 ③ -1
④ 2 ⑤ 3

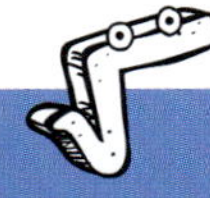

무리수의
정수 부분과 소수 부분

$$\sqrt{2}=1.414\cdots$$

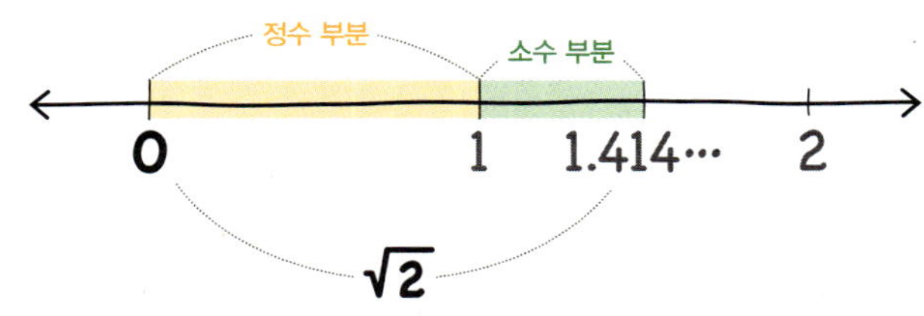

$\sqrt{2}$ 의 정수 부분 ➡ 1

$\sqrt{2}$ 의 소수 부분 ➡ $\sqrt{2}-1$

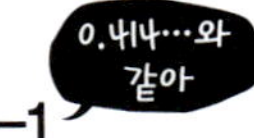

- 무리수는 순환하지 않는 무한소수로 나타내어지는 수이므로 정수 부분과 소수 부분으로 나눌 수 있다.
  0<(소수 부분)<1
  ⑩ $\sqrt{2}=1.4142135\cdots=1+0.4142135\cdots$이므로
  (정수 부분)=1, (소수 부분)=$0.4142135\cdots$
- 양수인 무리수의 소수 부분은 무리수에서 정수 부분을 뺀 식으로 나타낸다.
  ⑩ $\sqrt{2}=1.4142135\cdots$에서 $\sqrt{2}$의 정수 부분이 1이므로 소수 부분은 $\sqrt{2}-1$

원리확인　다음은 주어진 무리수의 정수 부분과 소수 부분을 구하는 과정이다. □ 안에 알맞은 수를 써넣으시오.

❶　$\sqrt{10}$

$\sqrt{9}<\sqrt{10}<\sqrt{\boxed{}}$에서 $3<\sqrt{10}<\boxed{}$이므로

$\sqrt{10}$의 정수 부분은 $\boxed{}$이고, 소수 부분은

$\sqrt{10}-\boxed{}$이다.

❷　$\sqrt{20}$

$\sqrt{16}<\sqrt{20}<\sqrt{\boxed{}}$에서 $4<\sqrt{20}<\boxed{}$이므로

$\sqrt{20}$의 정수 부분은 $\boxed{}$이고, 소수 부분은

$\sqrt{20}-\boxed{}$이다.

❸　$\sqrt{35}$

$\sqrt{\boxed{}}<\sqrt{35}<\sqrt{\boxed{}}$에서 $\boxed{}<\sqrt{35}<\boxed{}$

이므로

$\sqrt{35}$의 정수 부분은 $\boxed{}$이고, 소수 부분은

$\sqrt{35}-\boxed{}$이다.

❹　$6-\sqrt{5}$

$2<\sqrt{5}<\boxed{}$에서 $\boxed{}<-\sqrt{5}<-2,$

$\boxed{}<6-\sqrt{5}<\boxed{}$이므로

$6-\sqrt{5}$의 정수 부분은 $\boxed{}$이고, 소수 부분은

$(6-\sqrt{5})-\boxed{}=\boxed{}-\sqrt{5}$

❺　$7-\sqrt{10}$

$3<\sqrt{10}<\boxed{}$에서 $\boxed{}<-\sqrt{10}<-3,$

$\boxed{}<7-\sqrt{10}<\boxed{}$이므로

$7-\sqrt{10}$의 정수 부분은 $\boxed{}$이고, 소수 부분은

$(7-\sqrt{10})-\boxed{}=\boxed{}-\sqrt{10}$

1st — 무리수의 정수 부분과 소수 부분 구하기

● 다음 무리수의 정수 부분과 소수 부분을 각각 구하시오.

1 $\sqrt{5}$

2 $\sqrt{3}$

3 $\sqrt{11}$

4 $\sqrt{43}$

5 $\sqrt{99}$

6 $\sqrt{120}$

7 $\sqrt{3}+1$

8 $\sqrt{5}-1$

9 $3-\sqrt{2}$

10 $3-\sqrt{6}$

11 $6-\sqrt{7}$

개념모음문제

12 $\sqrt{8}$의 정수 부분을 a, 소수 부분을 b라 할 때, $a+2b$의 값은?

① $2\sqrt{2}-2$ ② $2\sqrt{2}-1$ ③ $4\sqrt{2}-1$
④ $4\sqrt{2}-2$ ⑤ $4\sqrt{2}-4$

😊 **내가 발견한 개념**   무리수의 정수 부분과 소수 부분은?

$a>0$이고 n은 정수일 때, $n<\sqrt{a}<n+1$이면

• $\sqrt{a}$의 정수 부분: ☐

• $\sqrt{a}$의 소수 부분: $\sqrt{a}-$ ☐ ← (무리수)-(정수 부분)

07

실수의 대소 관계

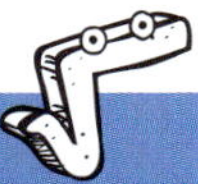

$$\bigcirc - \triangle > 0 \;\Rightarrow\; \bigcirc > \triangle$$

$$\bigcirc - \triangle = 0 \;\Rightarrow\; \bigcirc = \triangle$$

$$\bigcirc - \triangle < 0 \;\Rightarrow\; \bigcirc < \triangle$$

두 수의 대소 관계는 두 수의 차의 부호로 알 수 있어!

- 실수의 대소 관계

  두 실수 a, b의 대소 관계는 $a-b$의 부호로 알 수 있다.

  ① $a-b>0$이면 $a>b$

  ② $a-b=0$이면 $a=b$

  ③ $a-b<0$이면 $a<b$

  (예) 두 수 $\sqrt{3}+1$과 3의 대소를 비교하면

  $(\sqrt{3}+1)-3=\sqrt{3}-2=\sqrt{3}-\sqrt{4}<0$이므로 $\sqrt{3}+1<3$

[원리확인] 다음은 두 수 $6-\sqrt{5}$와 4의 대소를 비교하는 과정이다. □ 안에 알맞은 수를, ○ 안에 알맞은 부등호를 써넣으시오.

$$\rightarrow \left(6-\boxed{}\right)-4=6-\boxed{}-4=2-\sqrt{5}$$

이때 $2 \bigcirc \sqrt{5}$이므로 $2-\sqrt{5} \bigcirc 0$

따라서 $6-\sqrt{5} \bigcirc 4$

1st — 뺄셈을 이용한 실수의 대소 관계 확인하기

● 다음 ○ 안에 알맞은 부등호를 써넣으시오.

1 $\sqrt{3}+2 \bigcirc 3$

2 $3+\sqrt{2} \bigcirc 4$

3 $\sqrt{7}-1 \bigcirc \sqrt{8}-1$

4 $5-\sqrt{2} \bigcirc 4-\sqrt{2}$

5 $\sqrt{15}+\sqrt{2} \bigcirc 4+\sqrt{2}$

6 $\sqrt{10}-\sqrt{5} \bigcirc 3-\sqrt{5}$

7 $\sqrt{7}-2 \bigcirc \sqrt{7}-\sqrt{5}$

8 $\sqrt{10}-4 \bigcirc \sqrt{10}-\sqrt{15}$

[개념모음문제]

9 다음 세 수 a, b, c의 대소 관계를 바르게 나타낸 것은?

$$a=2+2\sqrt{5},\; b=4,\; c=\sqrt{7}+2$$

① $a<c<b$ ② $a<b<c$ ③ $b<c<a$

④ $b<a<c$ ⑤ $c<a<b$

TEST 4.근호를 포함한 식의 덧셈과 뺄셈

1 $\sqrt{75}-\sqrt{27}+\sqrt{48}$ 을 간단히 하시오.

2 $\dfrac{3\sqrt{5}-\sqrt{6}}{\sqrt{3}}-4\sqrt{15}$ 를 간단히 하면?

① $-\sqrt{2}-3\sqrt{15}$　　② $-\sqrt{2}-2\sqrt{15}$
③ $-\sqrt{2}-\sqrt{15}$　　④ $\sqrt{2}-2\sqrt{15}$
⑤ $\sqrt{2}-\sqrt{15}$

3 $\sqrt{35}\div\sqrt{5}-28\div4\sqrt{7}$ 을 계산하면?

① $-2\sqrt{7}$　　② $-\sqrt{7}$　　③ 0
④ $\sqrt{7}$　　⑤ $2\sqrt{7}$

4 $\sqrt{6}(\sqrt{8}+3\sqrt{6})-5a+a\sqrt{3}$ 이 유리수가 되도록 하는 유리수 a의 값을 구하시오.

5 $\sqrt{13}$ 의 정수 부분을 a, 소수 부분을 b라 할 때, $a+3b$의 값을 구하시오.

6 다음 ○ 안에 들어갈 부등호가 나머지 넷과 <u>다른</u> 하나는?

① $3\bigcirc\sqrt{5}+1$　　② $\sqrt{3}+4\bigcirc6$
③ $\sqrt{7}-2\bigcirc\sqrt{7}-3$　　④ $7-\sqrt{10}\bigcirc\sqrt{50}-\sqrt{10}$
⑤ $\sqrt{13}+5\bigcirc\sqrt{13}+\sqrt{26}$

1 다음 중 옳은 것은?

① 4의 제곱근은 2이다.
② $(-5)^2$의 제곱근은 ±5이다.
③ 제곱근 9는 ±3이다.
④ 음이 아닌 유리수의 제곱근은 2개이다.
⑤ $\sqrt{16}$의 제곱근은 ±4이다.

2 $a<0$일 때, 다음 **보기**에서 옳지 <u>않은</u> 것만을 있는 대로 고른 것은?

보기
ㄱ. $\sqrt{a^2}=a$　　　ㄴ. $-\sqrt{(-a)^2}=a$
ㄷ. $\sqrt{(2a)^2}=-2a$　　　ㄹ. $-\sqrt{(2a)^2}=-2a$

① ㄱ, ㄴ　　　② ㄱ, ㄷ　　　③ ㄱ, ㄹ
④ ㄴ, ㄷ　　　⑤ ㄴ, ㄹ

3 $\sqrt{126x}$가 자연수가 되도록 하는 가장 작은 자연수 x의 값은?

① 12　　　② 14　　　③ 18
④ 21　　　⑤ 24

4 다음 중 근호를 사용하지 않고 나타낼 수 <u>없는</u> 것은?

① $\sqrt{1.21}$　　　② $\sqrt{25}$　　　③ $-\sqrt{1.6}$
④ $-\sqrt{49}$　　　⑤ $\sqrt{\dfrac{9}{121}}$

5 다음 중 부등식 $4\le\sqrt{3x-2}<5$를 만족시키는 자연수 x의 값의 합은?

① 15　　　② 21　　　③ 24
④ 27　　　⑤ 30

6 다음 중 옳은 것은?

① 무한소수는 무리수이다.
② 모든 유리수는 제곱근이 존재한다.
③ 무리수이면서 유리수인 수는 없다.
④ 유리수는 유한소수이다.
⑤ 근호를 사용하여 나타낸 수는 모두 무리수이다.

7 다음 그림과 같이 한 눈금의 길이가 1인 모눈종이 위에 수직선과 직각삼각형 ABC를 그리고 $\overline{\mathrm{AC}}=\overline{\mathrm{AP}}$가 되도록 수직선 위에 점 P를 정할 때, 점 P에 대응하는 수를 구하시오.

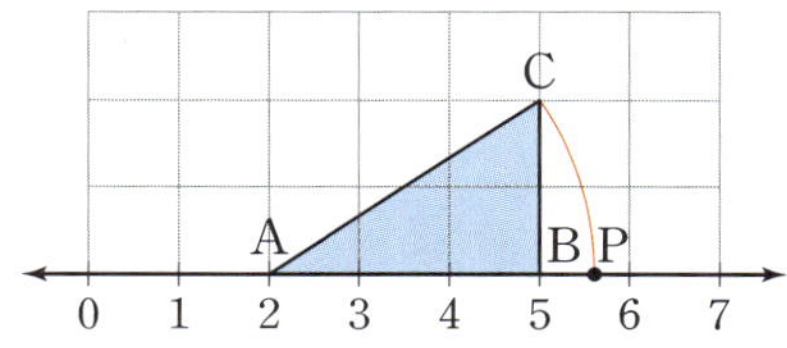

8 다음 중 옳지 <u>않은</u> 것을 모두 고르면? (정답 2개)

① 모든 실수는 수직선 위의 점에 대응한다.
② 3과 $\sqrt{10}$ 사이에는 유한개의 유리수가 존재한다.
③ 3과 $\sqrt{10}$ 사이에는 무한개의 무리수가 존재한다.
④ $\sqrt{18}$과 $\sqrt{24}$ 사이에는 정수가 없다.
⑤ 유리수에 대응하는 점만으로 수직선을 완전히 메울 수 있다.

9 다음 중 옳지 <u>않은</u> 것은?

① $\sqrt{0.28}=\dfrac{\sqrt{7}}{5}$　　　② $\dfrac{\sqrt{7}}{2\sqrt{2}}=\dfrac{\sqrt{14}}{4}$

③ $\sqrt{96}=4\sqrt{6}$　　　④ $\dfrac{\sqrt{8}}{\sqrt{2}}=\sqrt{2}$

⑤ $-\dfrac{\sqrt{27}}{9}=-\dfrac{\sqrt{3}}{3}$

10 $\sqrt{150}=a\sqrt{b}$, $2\sqrt{3}=\sqrt{c}$일 때, 자연수 a, b, c에 대하여 $ab-c$의 값은? (단, $a\neq1$)

① 15　　　② 18　　　③ 21

④ 24　　　⑤ 30

11 다음 그림과 같이 밑면의 가로의 길이가 $\sqrt{18}\,$cm, 높이가 $\sqrt{28}\,$cm인 직육면체의 부피가 $84\,$cm³일 때, 이 직육면체의 밑면의 세로의 길이를 구하시오.

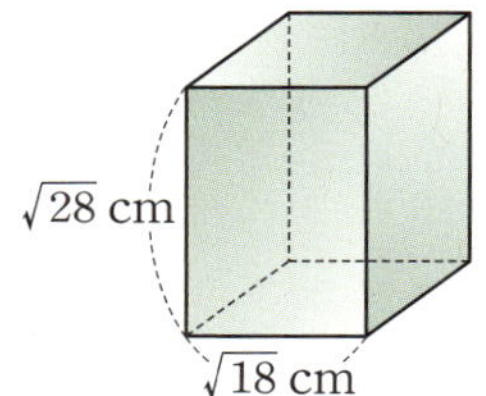

12 $\sqrt{3}(\sqrt{6}+2\sqrt{15}-\sqrt{5})+\sqrt{5}(\sqrt{3}+2\sqrt{10}+\sqrt{15})$ 를 간단히 하면 $a\sqrt{2}+b\sqrt{3}+c\sqrt{5}$일 때, 유리수 a, b, c에 대하여 $a+b+c$의 값은?

① 21　　　② 22　　　③ 23

④ 24　　　⑤ 25

13 $\sqrt{2}=1.414$, $\sqrt{20}=4.472$일 때, 다음 중 옳지 <u>않은</u> 것은?

① $\sqrt{0.2}=0.4472$　　　② $\sqrt{5}=2.236$

③ $\sqrt{200}=14.14$　　　④ $\sqrt{18}=4.242$

⑤ $\sqrt{20000}=44.72$

14 $6-\sqrt{3}$의 정수 부분을 a, 소수 부분을 b라 할 때, $a-2b$의 값은?

① $\sqrt{3}+2$　　　② $\sqrt{3}+3$　　　③ $2\sqrt{3}-1$

④ $2\sqrt{3}$　　　⑤ $2\sqrt{3}+3$

15 다음 ○ 안에 들어갈 부등호가 나머지 넷과 <u>다른</u> 하나는?

① $\sqrt{7}-\sqrt{17}\;○\;\sqrt{7}-4$

② $\sqrt{3}-\sqrt{2}\;○\;2\sqrt{2}-\sqrt{3}$

③ $3\sqrt{3}-2\sqrt{2}\;○\;2\sqrt{3}$

④ $2+2\sqrt{2}\;○\;2\sqrt{2}+\sqrt{3}$

⑤ $3\sqrt{3}-\sqrt{15}\;○\;\sqrt{15}-\sqrt{3}$

제곱근과 곱셈 공식

설마 벌써 목적지(이차방정식)를 잊은 것은 아니지?

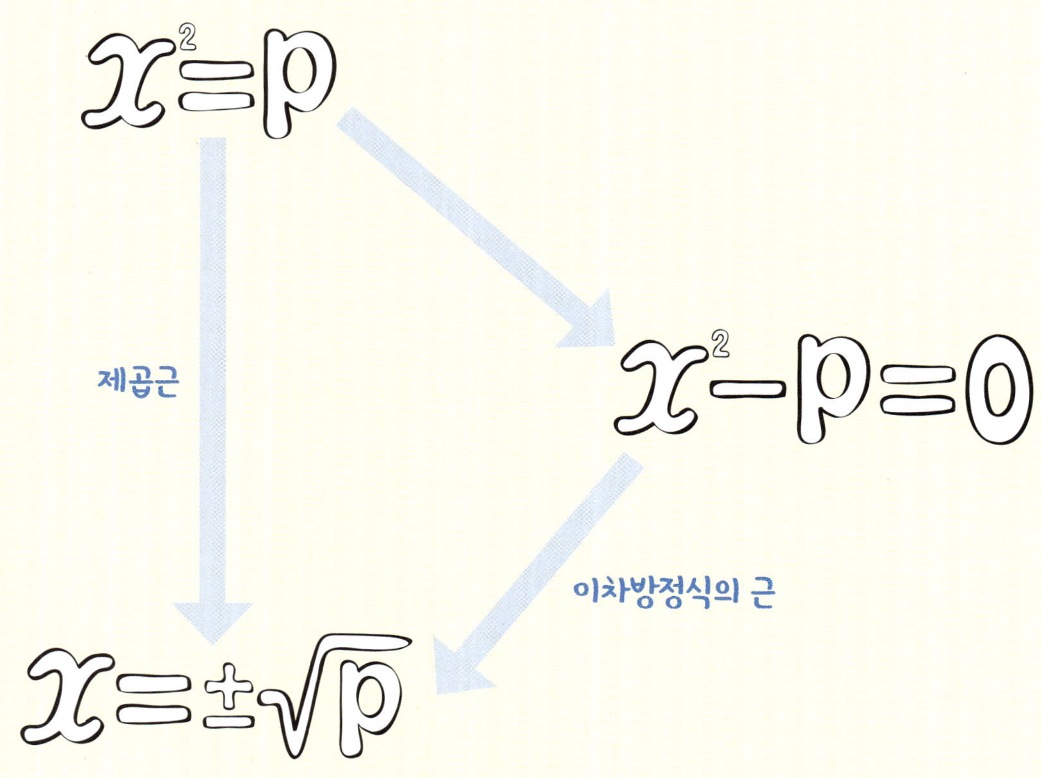

사실 이미 이차방정식을 풀고 있었던 거 알아?
p의 제곱근 $\pm\sqrt{p}$ 는 이차방정식 $x^2-p=0$의 근이거든!

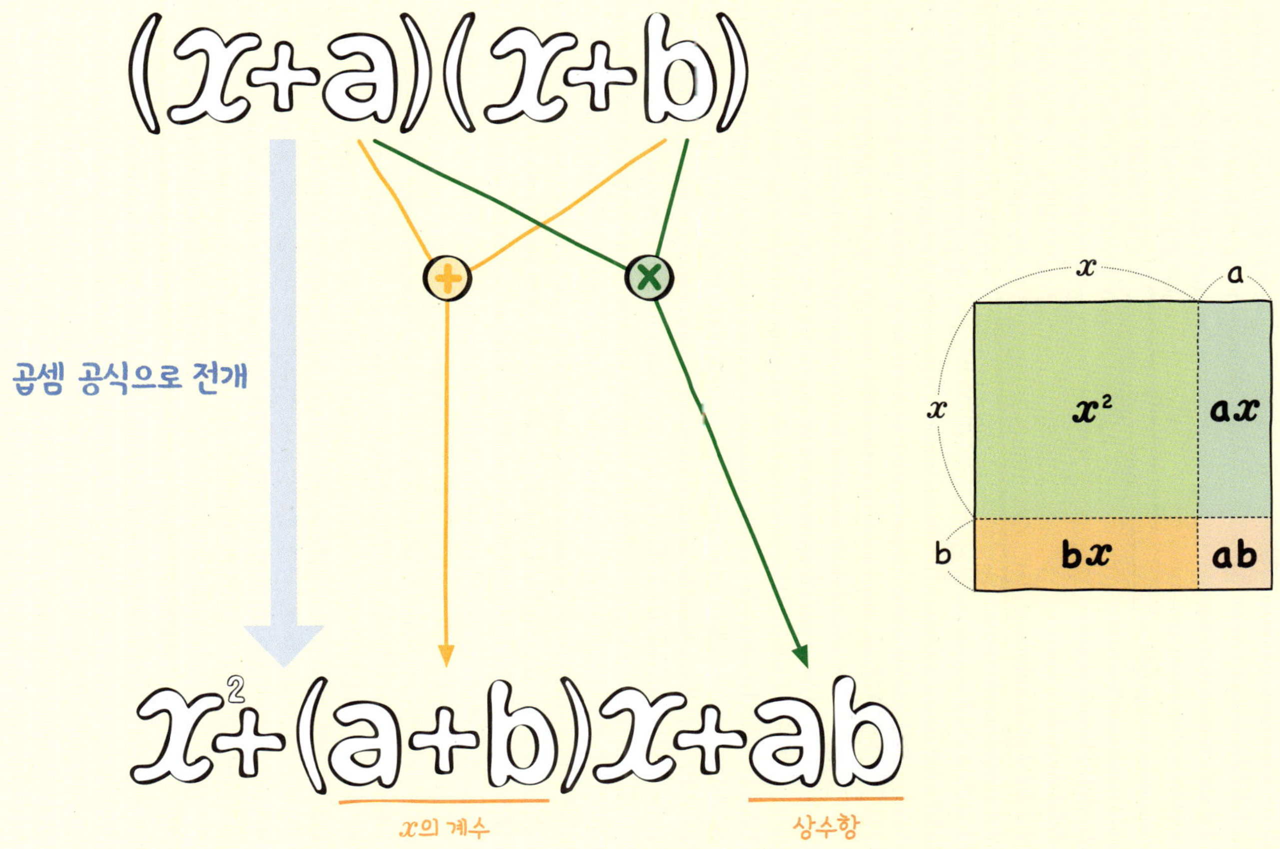

곱셈 공식을 이용하면
x의 계수와 상수항이 어떻게 만들어지는지 알 수 있어.
나중에 이차방정식을 풀 때 큰 도움이 될 거야!

대수의 계산!

식의 계산

5

곱셈 공식을 이용한!
다항식의 곱셈

분배법칙으로 식을 간단히!

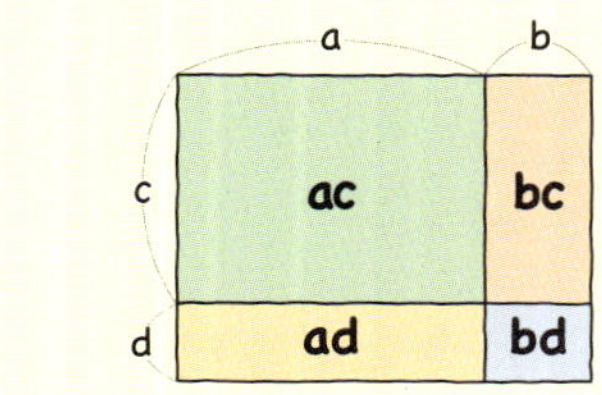

$$(a+b)(c+d)=ac+ad+bc+bd$$

01 다항식과 다항식의 곱셈

다항식끼리의 곱셈을 할 때는 단항식과 다항식의 곱셈에서와 같이 분배법칙을 이용하여 전개하면 하나의 다항식으로 나타낼 수 있어. 이때 전개식에서 동류항이 있으면 동류항끼리 모아서 간단히 정리하면 돼!

곱셈 공식으로 간단히! 더 간단히!

① 합의 제곱

$$(a+b)^2=(a+b)(a+b)$$
$$=a^2+ab+ab+b^2$$
$$=a^2+2ab+b^2$$

② 차의 제곱

$$(a-b)^2=(a-b)(a-b)$$
$$=a^2-ab-ab+b^2$$
$$=a^2-2ab+b^2$$

02 곱셈 공식; 합의 제곱, 차의 제곱

- 합의 제곱: $(a+b)^2=a^2+2ab+b^2$
- 차의 제곱: $(a-b)^2=a^2-2ab+b^2$

분배법칙을 이용해서 전개할 수도 있지만 곱셈 공식을 이용하면 쉽고 빠르게 전개할 수 있어!

곱셈 공식으로 간단히! 더 간단히!

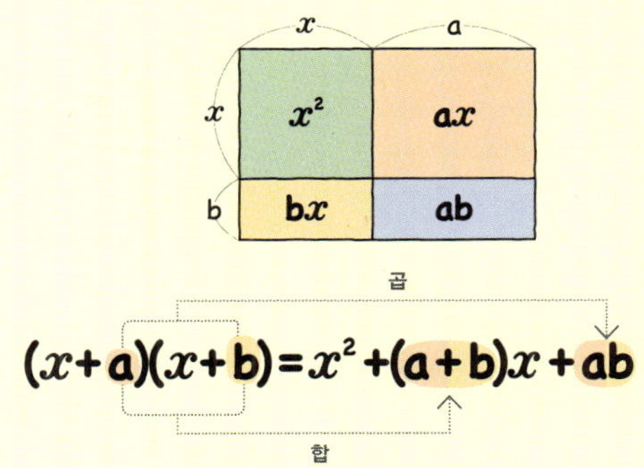

03 곱셈 공식; 합과 차의 곱

· 합과 차의 곱: $(a+b)(a-b)=a^2-b^2$

이 공식은 분모의 유리화를 할 때 아주 유용하게 이용돼! 다음 단원에서 배우게 될 거야!

곱셈 공식으로 간단히! 더 간단히!

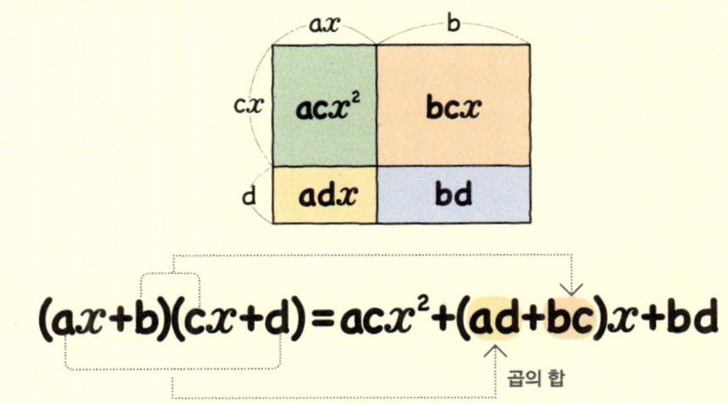

04 곱셈 공식; x의 계수가 1인 두 일차식의 곱

· x의 계수가 1인 두 일차식의 곱:

$$(x+a)(x+b)=x^2+(a+b)x+ab$$

두 일차식의 상수항의 합과 곱은 전개식에서 x의 계수와 상수항임을 기억해!

이 관계를 기억하면 쉽고 빠르게 전개할 수 있어!

곱셈 공식으로 간단히! 더 간단히!

ax   b
cx acx²   bcx
d   adx   bd

$(ax+b)(cx+d)=acx^2+(ad+bc)x+bd$

곱의 합

05 곱셈 공식; x의 계수가 1이 아닌 두 일차식의 곱

· x의 계수가 1이 아닌 두 일차식의 곱:

$$(ax+b)(cx+d)=acx^2+(ad+bc)x+bd$$

전개식에서는 계수와 상수항의 특징을 잘 기억하면 좀 더 빠르고 쉽게 전개할 수 있어!

곱셈 공식으로 간단히! 더 간단히!

① 합의 제곱

$$(a+b)^2=a^2+2ab+b^2$$

② 차의 제곱

$$(a-b)^2=a^2-2ab+b^2$$

③ 합과 차의 곱

$$(a+b)(a-b)=a^2-b^2$$

④ x의 계수가 1인 두 일차식의 곱

$$(x+a)(x+b)=x^2+(a+b)x+ab$$

⑤ x의 계수가 1이 아닌 두 일차식의 곱

$$(ax+b)(cx+d)=acx^2+(ad+bc)x+bd$$

06 곱셈 공식에 관한 종합 문제

곱셈 공식을 배웠으니 공식을 적절하게 잘 이용해 보자! 또 곱셈 공식을 이용해서 미지수의 값도 구해보자! 공식만 알면 모르는 수도 쉽게 찾아낼 수 있어!

01

분배법칙으로 식을 간단히!

다항식과 다항식의 곱셈

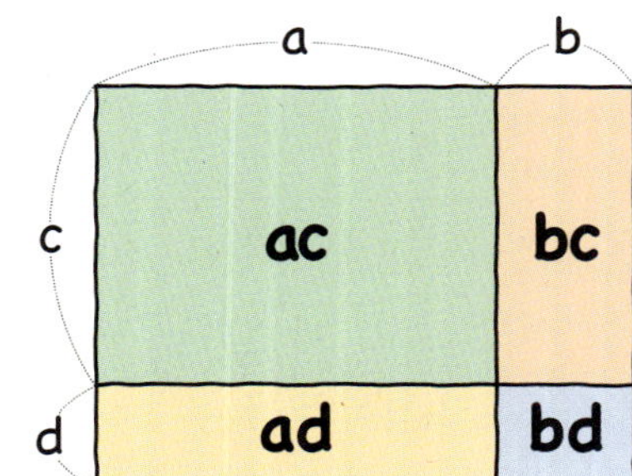

$$(a+b)(c+d)=\underset{①}{ac}+\underset{②}{ad}+\underset{③}{bc}+\underset{④}{bd}$$

- **전개**: 단항식과 다항식의 곱 또는 다항식과 다항식의 곱을 하나의 다항식으로 나타내는 것
  참고 전개하여 얻은 다항식을 전개식이라 한다.
- **다항식의 곱셈**: 분배법칙을 이용하여 전개한 후, 동류항이 있으면 동류항끼리 모아서 간단히 정리한다.

원리확인 다음은 분배법칙을 이용하여 식을 전개하는 과정이다. ☐ 안에 알맞은 것을 써넣으시오.

❶ $x(3x-5)=x\times\boxed{}-x\times\boxed{}$

$\qquad =\boxed{}x^2-\boxed{}x$

❷ $(x+5)(y-3)=xy-\boxed{}+5y-\boxed{}$

❸ $(x+2y)(-3x+y)$

$\qquad =\boxed{}x^2+xy-\boxed{}xy+2y^2$

$\qquad =\boxed{}x^2-\boxed{}xy+2y^2$

● 다음 식을 전개하시오.

1 $3x(x-4)$

2 $(5x+2y)\times(-x)$

3 $7x(x+2y+5)$

4 $-4a(a+b-3c)$

5 $(6x-y+2z)\times 3x$

6 $(2-4a-5b)\times(-a)$

7 $2x(x-3y)-x(3y+5x)$

8 $(9a+b)\times(-2b)-(a+3b-c)\times a$

2nd — (다항식) × (다항식) 전개하기

● 다음 식을 전개하시오.

9 $(x+4)(y+3)=xy+\boxed{}+4y+\boxed{}$

10 $(x-2)(3y+4)$

11 $(3a+1)(b-4)$

12 $(x+y)(3a-b)$

13 $(-2x+5)(4y-2)$

14 $(-a+6)(-2b+5)$

15 $(3a+1)(4a-5)=12a^2-\boxed{}a+\boxed{}a-5$

$=12a^2-\boxed{}a-5$

16 $(b-3)(3b+4)$

17 $(3x-2y)(x-5y)$

18 $(a+5b)(-2a+b)$

19 $(-3x+y)(-2x+7y)$

개념모음문제

20 $(x+2y)(Ax+5y)=4x^2+Bxy+10y^2$일 때, 상수 A, B의 값을 차례대로 구한 것은?

① $A=2$, $B=9$ ② $A=2$, $B=13$
③ $A=4$, $B=9$ ④ $A=4$, $B=13$
⑤ $A=4$, $B=17$

02

곱셈 공식으로 간단히! 더 간단히!

곱셈 공식;
합의 제곱, 차의 제곱

① 합의 제곱

$$(a+b)^2 = (a+b)(a+b)$$
$$= \underset{①}{a^2} + \underset{②}{ab} + \underset{③}{ab} + \underset{④}{b^2}$$
$$= a^2 + 2ab + b^2$$

② 차의 제곱

$$(a-b)^2 = (a-b)(a-b)$$
$$= \underset{①}{a^2} - \underset{②}{ab} - \underset{③}{ab} + \underset{④}{b^2}$$
$$= a^2 - 2ab + b^2$$

- **합의 제곱**
  $(a+b)^2 = a^2 + 2ab + b^2$
  ⓔ $(x+1)^2 = x^2 + 2 \times x \times 1 + 1^2 = x^2 + 2x + 1$
- **차의 제곱**
  $(a-b)^2 = a^2 - 2ab + b^2$
  ⓔ $(x-3)^2 = x^2 - 2 \times x \times 3 + 3^2 = x^2 - 6x + 9$
  주의 $(a+b)^2 \neq a^2 + b^2, \ (a-b)^2 \neq a^2 - b^2$

원리확인 다음은 다항식의 곱을 전개하는 과정이다. □ 안에 알맞은 것을 써넣으시오.

❶ $(a+3b)^2 = a^2 + 2 \times a \times \boxed{} + (3b)^2$
$$= a^2 + \boxed{} + 9b^2$$

❷ $(2x-3y)^2 = (2x)^2 - 2 \times \boxed{} \times 3y + (\boxed{})^2$
$$= 4x^2 - \boxed{} + 9y^2$$

1st ─ 합의 제곱을 이용하여 식 전개하기

● 다음 식을 전개하시오.

1 $(x+2)^2$

2 $(x+6)^2$

3 $(a+7)^2$

4 $(2x+3)^2$

5 $(3y+4)^2$

6 $(4a+1)^2$

7 $(5b+2)^2$

8 $(-x-3)^2$

9 $(x+2y)^2$

10 $(x+3y)^2$

11 $(4x+y)^2$

12 $(2x+3y)^2$

13 $(3x+5y)^2$

14 $(3a+4b)^2$

15 $(2a+7b)^2$

16 $(-6x-y)^2$

2nd ─ 차의 제곱을 이용하여 식 전개하기

● 다음 식을 전개하시오.

17 $(x-4)^2$

18 $(x-7)^2$

19 $(a-8)^2$

20 $(3x-2)^2$

21 $(4y-3)^2$

22 $(5a-1)^2$

23 $(6b-5)^2$

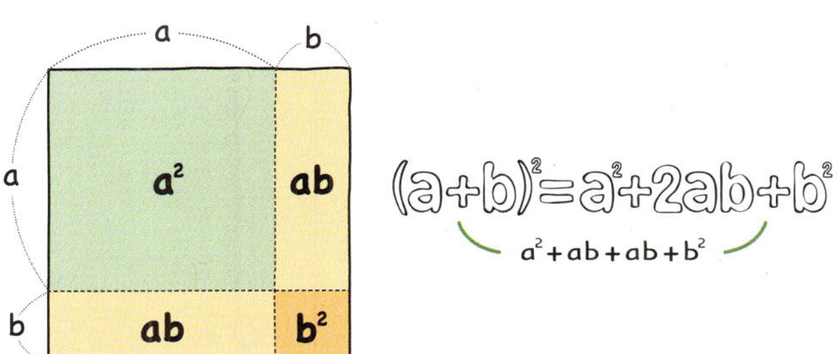

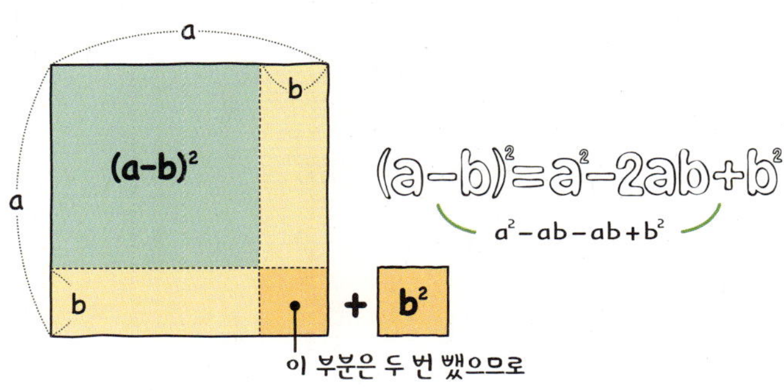

24 $\left(\dfrac{1}{2}x-3\right)^2$

25 $(x-3y)^2$

26 $(2x-6y)^2$

27 $(5x-3y)^2$

28 $(6a-7b)^2$

29 $(7a-4b)^2$

30 $\left(\dfrac{1}{3}x-2y\right)^2$

개념모음문제

31 다음 중 옳지 <u>않은</u> 것은?

① $(x+9)^2=x^2+18x+81$

② $(3a-1)^2=9a^2-6a+1$

③ $\left(x-\dfrac{1}{2}y\right)^2=x^2-xy+\dfrac{1}{4}y^2$

④ $(-a-b)^2=a^2-2ab+b^2$

⑤ $(-3x+2y)^2=9x^2-12xy+4y^2$

3ʳᵈ — 합의 제곱, 차의 제곱을 이용하여 미지수의 값 구하기

● 다음 ☐ 안에 알맞은 양수를 써넣으시오.

32 $\left(x+\boxed{}\right)^2=x^2+12x+36$

제곱해서 36이 되는 양수를 찾아!

33 $\left(x+\boxed{}\right)^2=x^2+14x+49$

34 $\left(x+\boxed{}\right)^2=x^2+16x+\boxed{}$

35 $\left(x+\dfrac{1}{\boxed{}}\right)^2=x^2+x+\dfrac{1}{\boxed{}}$

$2\times1\times\dfrac{1}{\boxed{}}=1$인 ☐를 구해!

36 $\left(x+\dfrac{1}{\boxed{}}\right)^2=x^2+\dfrac{1}{2}x+\dfrac{1}{\boxed{}}$

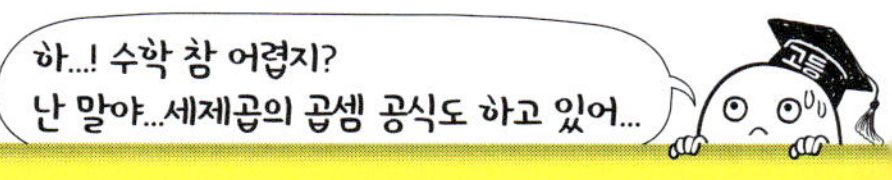

곱셈 공식

중등에서는

$(a+b)^2=a^2+2ab+b^2$

$(a-b)^2=a^2-2ab+b^2$

고등에서는

$(a+b)^3=a^3+3a^2b+3ab^2+b^3$

$(a-b)^3=a^3-3a^2b+3ab^2-b^3$

37 $(\boxed{}x+1)^2=\boxed{}x^2+12x+1$

38 $(3x+\boxed{}y)^2=9x^2+12xy+\boxed{}y^2$

39 $(\boxed{}x+4y)^2=25x^2+\boxed{}xy+16y^2$

40 $(x-\boxed{})^2=x^2-10x+25$

41 $(x-\boxed{})^2=x^2-18x+81$

42 $\left(x-\dfrac{1}{\boxed{}}\right)^2=x^2-\dfrac{1}{3}x+\dfrac{1}{\boxed{}}$

43 $\left(x-\dfrac{1}{\boxed{}}\right)^2=x^2-\dfrac{1}{4}x+\dfrac{1}{\boxed{}}$

44 $(\boxed{}x-3)^2=\boxed{}x^2-30x+9$

45 $(x-\boxed{}y)^2=x^2-4xy+\boxed{}y^2$

46 $(2x-\boxed{}y)^2=4x^2-24xy+\boxed{}y^2$

47 $(\boxed{}x-3y)^2=16x^2-\boxed{}xy+9y^2$

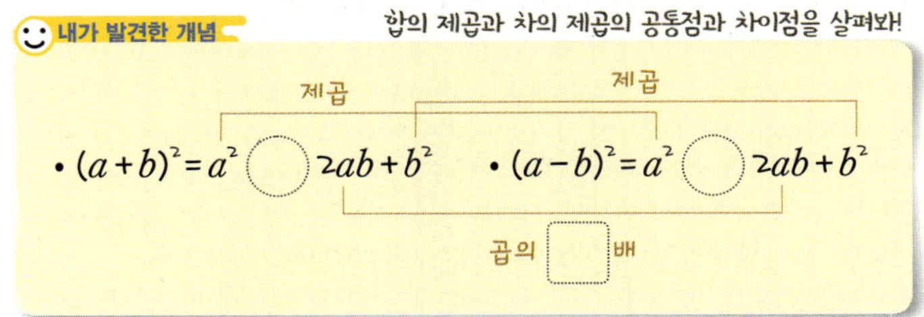

개념모음문제

48 $(4x-A)^2=16x^2-Bx+9$일 때, 상수 A, B에 대하여 $B-A$의 값은? (단, $A>0$)

① 20　　② 21　　③ 22
④ 23　　⑤ 24

03

곱셈 공식으로 간단히! 더 간단히!

곱셈 공식; 합과 차의 곱

$$(a+b)(a-b) = \underset{①}{a^2} - \underset{②}{ab} + \underset{③}{ab} - \underset{④}{b^2}$$
$$= a^2 - b^2$$

- 합과 차의 곱
  $(a+b)(a-b) = a^2 - b^2$
  ⑩ $(x+2)(x-2) = x^2 - 2^2 = x^2 - 4$

원리확인 다음은 다항식의 곱을 전개하는 과정이다. □ 안에 알맞은 것을 써넣으시오.

❶ $(a+b)(a-b) = a^2 - \boxed{}$

❷ $(-a+b)(-a-b) = (\boxed{})^2 - b^2$
$$= \boxed{} - b^2$$

❸ $(a+b)(-a+b) = (a+b)\{-(a-\boxed{})\}$
$$= -(a+b)(a-\boxed{})$$
$$= -(a^2 - \boxed{}^2)$$
$$= -a^2 + \boxed{}$$

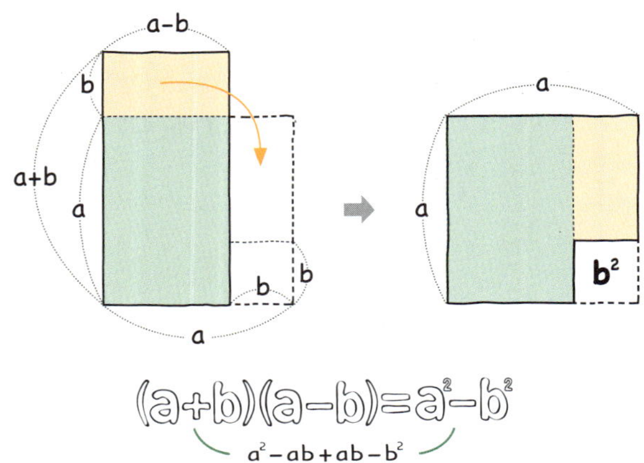

● 다음 식을 전개하시오.

1 $(a+5)(a-5)$

2 $(a+7)(-a+7)$

3 $(-a+3)(-a-3)$

4 $(1+2b)(1-2b)$

5 $(1+3y)(1-3y)$

6 $(x+2y)(x-2y)$

7 $(a-5b)(a+5b)$

8 $(2x+y)(2x-y)$

9 $(7x-y)(7x+y)$

10 $(6a+2b)(6a-2b)$

11 $(-6x+y)(6x+y)$

12 $(7a+4b)(-7a+4b)$

13 $(-8x+3y)(8x+3y)$

14 $(-9a+2b)(9a+2b)$

15 $\left(x+\dfrac{1}{2}y\right)\left(x-\dfrac{1}{2}y\right)$

16 $\left(-y+\dfrac{1}{3}x\right)\left(y+\dfrac{1}{3}x\right)$

17 $\left(-a+\dfrac{1}{4}b\right)\left(-a-\dfrac{1}{4}b\right)$

18 $\left(\dfrac{1}{5}x+y\right)\left(\dfrac{1}{5}x-y\right)$

19 $\left(\dfrac{2}{3}x+\dfrac{1}{2}y\right)\left(\dfrac{2}{3}x-\dfrac{1}{2}y\right)$

20 $\left(\dfrac{3}{4}a-2b\right)\left(-\dfrac{3}{4}a-2b\right)$

☺ **내가 발견한 개념** 합과 차의 곱의 특징을 살펴봐!

• $\underset{\text{합}}{(a+b)}\,\underset{\text{차}}{(a-b)}=\underset{\text{제곱의 차}}{a^2\bigcirc b^2}$

개념모음문제

21 다음 중 옳지 <u>않은</u> 것은?

① $(x+9)(x-9)=x^2-81$

② $(3a+1)(3a-1)=9a^2-1$

③ $\left(3x+\dfrac{1}{2}\right)\left(3x-\dfrac{1}{2}\right)=9x^2-\dfrac{1}{4}$

④ $(-a+8)(a+8)=64-a^2$

⑤ $(-4x+7)(4x+7)=16x^2+49$

곱셈 공식;　x의 계수가 1인 두 일차식의 곱

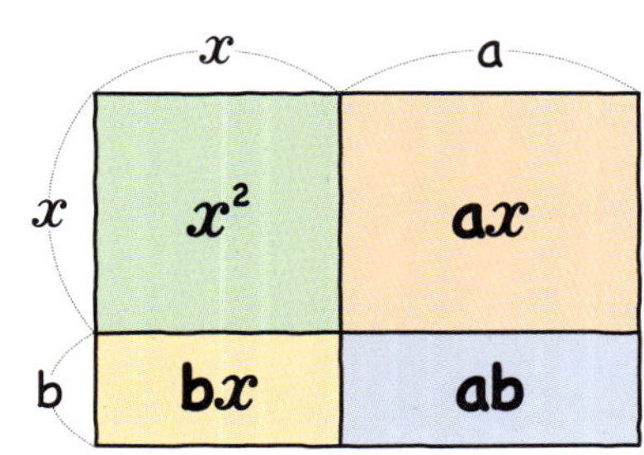

$$(x+a)(x+b)=x^2+(a+b)x+ab$$

곱

합

- x의 계수가 1인 두 일차식의 곱

$$(x+a)(x+b)=x^2+bx+ax+ab$$
$$\qquad\qquad\quad=x^2+(a+b)x+ab$$

예 $(x+1)(x+2)=x^2+(1+2)x+1\times 2$
$$\qquad\qquad\quad=x^2+3x+2$$

원리확인 다음은 다항식의 곱을 전개하는 과정이다. □ 안에 알맞은 수를 써넣으시오.

❶ $(x+1)(x+3)$

$\quad=x^2+(1+\boxed{})x+1\times 3$

$\quad=x^2+\boxed{}x+3$

❷ $(x-2)(x+5)$

$\quad=x^2+\{(\boxed{})+5\}x+(-2)\times 5$

$\quad=x^2+\boxed{}x-10$

❸ $(x-4)(x-5)$

$\quad=x^2+\{(\boxed{})+(-5)\}x+(-4)\times(-5)$

$\quad=x^2-\boxed{}x+20$

1st　x의 계수가 1인 두 일차식의 곱을 이용하여 식 전개하기

● 다음 식을 전개하시오.

1　$(x+2)(x+5)$

2　$(y+4)(y+5)$

3　$(x+6)(x-2)$

4　$(a-9)(a+6)$

5　$(x-7)(x-8)$

6　$(b-10)(b-2)$

7　$(x+3y)(x+y)$

8 $(a+5b)(a+3b)$

9 $(x+8y)(x-3y)$

10 $(a+9b)(a-4b)$

11 $(a-7b)(a+6b)$

12 $(x-6y)(x-4y)$

13 $(x-8y)(x-7y)$

14 $\left(x+\dfrac{1}{2}y\right)\left(x+\dfrac{3}{2}y\right)$

15 $\left(x+\dfrac{1}{4}y\right)\left(x-\dfrac{1}{6}y\right)$

16 $\left(x-\dfrac{1}{3}y\right)\left(x+\dfrac{2}{3}y\right)$

17 $\left(a-\dfrac{1}{2}b\right)\left(a+\dfrac{2}{3}b\right)$

18 $\left(x-\dfrac{1}{5}y\right)\left(x-\dfrac{2}{5}y\right)$

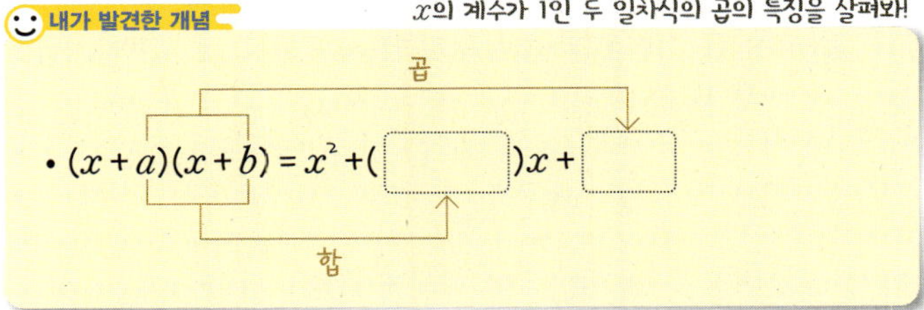

개념모음문제

19 다음 중 오른쪽 그림에서 색칠한 부분의 넓이를 나타낸 것은?

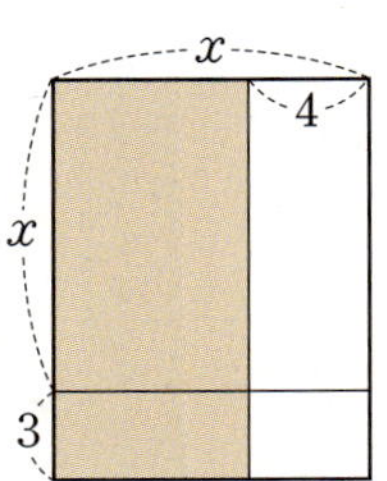

① x^2-7x+7

② $x^2-7x+12$

③ x^2-x-12

④ x^2+x+12

⑤ $x^2+7x+12$

곱셈 공식; x의 계수가 1이 아닌 두 일차식의 곱

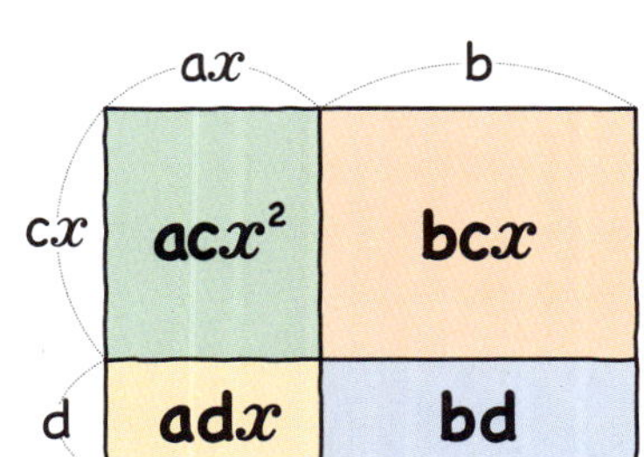

$$(ax+b)(cx+d)=acx^2+(ad+bc)x+bd$$

곱의 합

• x의 계수가 1이 아닌 두 일차식의 곱
$$(ax+b)(cx+d)=acx^2+adx+bcx+bd$$
$$=acx^2+(ad+bc)x+bd$$
㉙ $(2x+4)(3x+1)=(2\times3)x^2+(2\times1+4\times3)x+4\times1$
$$=6x^2+14x+4$$

원리확인 다음은 다항식의 곱을 전개하는 과정이다. □ 안에 알맞은 수를 써넣으시오.

❶ $(3x+2)(x+4)$
$$=(3\times1)x^2+(3\times\boxed{}+2\times1)x+2\times\boxed{}$$
$$=3x^2+\boxed{}x+\boxed{}$$

❷ $(4x+5)(2x-3)$
$$=(4\times2)x^2+\{\boxed{}\times(-3)+5\times2\}x$$
$$+5\times(\boxed{})$$
$$=8x^2-\boxed{}x-\boxed{}$$

❸ $(5x-2)(7x-8)$
$$=(5\times7)x^2+\{\boxed{}\times(-8)+(\boxed{})\times7\}x$$
$$+(-2)\times(\boxed{})$$
$$=35x^2-\boxed{}x+\boxed{}$$

1st x의 계수가 1이 아닌 두 일차식의 곱을 이용하여 식 전개하기

● 다음 식을 전개하시오.

1 $(2x+1)(3x+5)$

2 $(3x+6)(4x-2)$

3 $(7x-4)(2x+5)$

4 $(2a-9)(3a+2)$

5 $(6y-4)(3y-4)$

6 $(4k-1)(2k-3)$

7 $(2x+3y)(x+2y)$

8 $(4a+b)(2a+3b)$

9 $(6x+3y)(x-3y)$

10 $(a-7b)(3a+4b)$

11 $(5x-6y)(x-4y)$

12 $(-3x+2y)(4x-7y)$

13 $(2x+5y)(-x+3y)$

14 $(-4x+4y)(-2x+5y)$

15 $(-x-3y)(-2x-5y)$

16 $(3x+2y)\left(-2x+\dfrac{1}{2}y\right)$

17 $\left(4x-\dfrac{1}{4}y\right)\left(3x+\dfrac{1}{3}y\right)$

18 $\left(4x-\dfrac{1}{2}y\right)\left(2x-\dfrac{1}{6}y\right)$

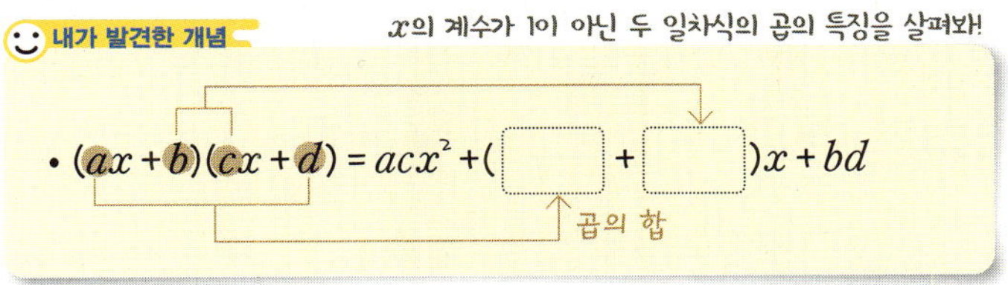

개념모음문제

19 다음 중 오른쪽 그림에서 색칠한 부분의 넓이를 나타낸 것은?

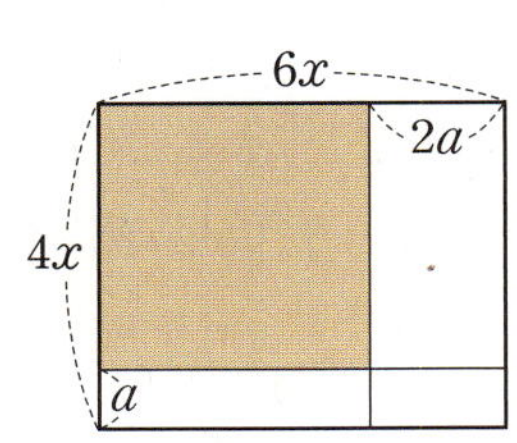

① $24x^2-14ax-2a^2$
② $24x^2-14ax+2a^2$
③ $24x^2-2ax+2a^2$
④ $24x^2+2ax-2a^2$
⑤ $24x^2+14ax+2a^2$

06

곱셈 공식에 관한 종합 문제 

① 합의 제곱

$$(a+b)^2=a^2+2ab+b^2$$

② 차의 제곱

$$(a-b)^2=a^2-2ab+b^2$$

③ 합과 차의 곱

$$(a+b)(a-b)=a^2-b^2$$

④ x의 계수가 1인 두 일차식의 곱

$$(x+a)(x+b)=x^2+(a+b)x+ab$$

⑤ x의 계수가 1이 아닌 두 일차식의 곱

$$(ax+b)(cx+d)=acx^2+(ad+bc)x+bd$$

원리확인 다음 ☐ 안에 알맞은 것을 써넣으시오.

❶ $(a+b)^2=a^2+\boxed{}+b^2$

❷ $(a-b)^2=a^2-\boxed{}+b^2$

❸ $(a+b)(a-b)=\boxed{}$

❹ $(x+a)(x+b)=x^2+(\boxed{})x+ab$

❺ $(ax+b)(cx+d)=acx^2+(\boxed{})x+bd$

1st — 곱셈 공식을 이용하여 식 전개하기

● 다음 식을 전개하시오.

1 $(2x-3)(2x+3)$

2 $(3x+5)(2x+1)$

3 $(k-9)(k+3)$

4 $(6x-1)(x-5)$

5 $(7x+3)^2$

6 $(-2x+9)^2$

7 $(-7t-5)^2$

8 $(x-8)(x-4)$

9 $(2-5x)(2+5x)$

10 $(4x-1)(2x+6)$

11 $(y-3x)^2$

12 $(-y+3x)^2$

13 $(3a+2b)(-2a+6b)$

14 $(8x-y)(-x+6y)$

15 $(3x-y)(3x+y)$

16 $(-5x+2y)(3x+8y)$

2nd — 곱셈 공식을 이용하여 미지수의 값 구하기

● 다음 □ 안에 알맞은 양수를 써넣으시오.

17 $\left(a-\boxed{}\right)^2=a^2-4a+\boxed{}$

18 $\left(3x-\boxed{}\right)\left(\boxed{}x+1\right)=9x^2-1$

19 $\left(4a+\boxed{}b\right)(-4a+5b)=25b^2-\boxed{}a^2$

20 $(x+3)\left(x-\boxed{}\right)=x^2-\boxed{}x-15$

21 $\left(\boxed{}t-2\right)^2=9t^2-\boxed{}t+4$

22 $(3x+2)\left(\boxed{}x-3\right)=21x^2+\boxed{}x-6$

23 $\left(2y-\boxed{}\right)^2=4y^2-12y+\boxed{}$

24 $(x-6)(x-\boxed{})=x^2-8x+\boxed{}$

25 $(5x-1)(6x+\boxed{})=30x^2+4x-\boxed{}$

26 $(\boxed{}x+3)(2x-7)=4x^2-\boxed{}x-21$

27 $\left(x-\dfrac{1}{\boxed{}}\right)^2=x^2-\dfrac{2}{3}x+\dfrac{1}{\boxed{}}$

28 $(5y-\boxed{}x)^2=25y^2-20xy+\boxed{}x^2$

29 $\left(\boxed{}x+\dfrac{1}{2}\right)^2=16x^2+\boxed{}x+\dfrac{1}{4}$

30 $(\boxed{}x-2)(2x+3)=18x^2+\boxed{}x-6$

● 다음 식을 계산하시오.

31 $(3x-5)^2+(3x+1)(3x-1)$

32 $(-3x+2)(2x-4)-(x+7)^2$

33 $(x+5)(x-1)+(2x+3)(2x-3)$

34 $(5x-1)(2x+3)-(x+3)(x+4)$

35 $(-x+8)(x+3)-2(3x+1)(2x+1)$

개념모음문제

36 다음 중 식을 전개할 때, x의 계수가 가장 큰 것은?

① $(2x-3)^2$
② $(3x+2)^2$
③ $(x-4)(2x+1)$
④ $(3x+1)(3x-1)$
⑤ $(4x+2)(2x+3)$

TEST 5. 다항식의 곱셈

1 $(-a+b)(5a+b)$를 전개하면?

① $-5a^2-4ab-b^2$
② $-5a^2-4ab+b^2$
③ $-5a^2+4ab-b^2$
④ $-5a^2+4ab+b^2$
⑤ $5a^2+4ab-b^2$

2 $(x+A)^2=x^2+Bx+25$일 때, 상수 A, B에 대하여 $B-A$의 값은? (단, $A>0$)

① 1　　　② 2　　　③ 3
④ 4　　　⑤ 5

3 $(x-a)(x-7)=x^2+bx+21$일 때, 상수 a, b에 대하여 $a-b$의 값을 구하시오.

4 $(x+3)(x+6)+(2x+1)(2x-1)$을 간단히 하시오.

5 다음 중 옳지 <u>않은</u> 것은?

① $(3x-5)^2=9x^2-30x+25$
② $(x+4)(x-7)=x^2-3x-28$
③ $(x+8)(-x+8)=-x^2+64$
④ $(2x+5)(3x-1)=6x^2+13x-5$
⑤ $(-4x-y)^2=16x^2-8xy+y^2$

6 오른쪽 그림과 같이 가로와 세로의 길이가 각각 $6a$, $5a$인 직사각형에서 가로의 길이를 $2b$만큼 줄이고, 세로의 길이를 b만큼 줄였다. 색칠한 부분의 넓이는?

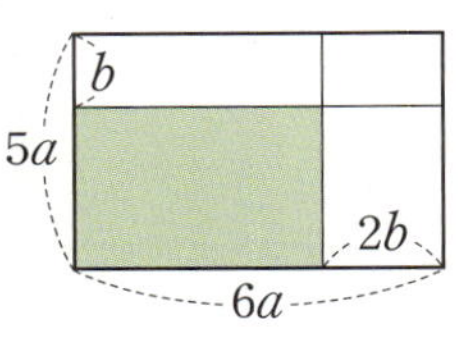

① $30a^2-17ab-2b^2$
② $30a^2-16ab-2b^2$
③ $30a^2-16ab+2b^2$
④ $30a^2-4ab-2b^2$
⑤ $30a^2-4ab+2b^2$

6

곱셈 공식을 이용한 식의 계산

$$101 \times 99 = 100^2 - 1$$

놀라워? 곱셈 공식 때문이야!

복잡한 수의 계산을 간단히!

$$101^2 = (100+1)^2$$

$(a+b)^2 = a^2 + 2ab + b^2$을 이용해!

$$= 100^2 + 2 \times 100 \times 1 + 1^2$$
$$= 10000 + 200 + 1$$
$$= 10201$$

$(a+b)(a-b) = a^2 - b^2$을 이용해!

$$101 \times 99 = (100+1)(100-1)$$
$$= 100^2 - 1$$
$$= 9999$$

01 곱셈 공식을 이용한 수의 계산

곱셈 공식을 이용하면 복잡한 수의 계산도 쉽게 할 수 있어! 초등학교에서 배웠던 세로셈보다는 곱셈 공식으로 풀어보자!

복잡한 수의 계산을 간단히!

$$(\sqrt{3} - \sqrt{2})^2$$

$(a-b)^2 = a^2 - 2ab + b^2$을 이용해!

$$= (\sqrt{3})^2 - 2 \times \sqrt{3} \times \sqrt{2} + (\sqrt{2})^2$$
$$= 3 - 2\sqrt{6} + 2$$
$$= 5 - 2\sqrt{6}$$

$(a+b)(a-b) = a^2 - b^2$을 이용해!

$$(\sqrt{3} + \sqrt{2})(\sqrt{3} - \sqrt{2})$$
$$= (\sqrt{3})^2 - (\sqrt{2})^2$$
$$= 3 - 2$$
$$= 1$$

02 곱셈 공식을 이용한 근호를 포함한 식의 계산

근호가 포함된 식의 계산도 곱셈 공식을 이용해서 간단하게 나타낼 수 있어! 곱셈 공식을 활용하면 근호가 포함된 식의 계산도 쉽게 할 수 있겠지?

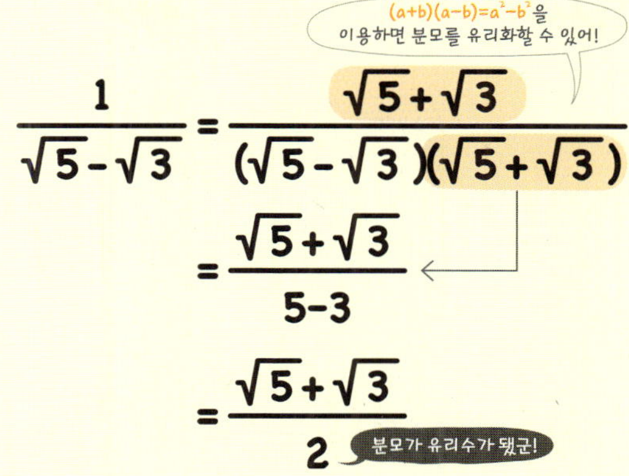

03 곱셈 공식을 이용한 분모의 유리화

근호가 나오면 자주 이용되는 공식이
$(a+b)(a-b)=a^2-b^2$이야. 특히 분모를 유리화할 때 아주 유용하게 쓰이지!
분모가 두 수의 합 또는 차로 되어 있는 무리수일 때는 $(\sqrt{a}+\sqrt{b})(\sqrt{a}-\sqrt{b})=a-b$임을 이용해서 분모를 유리화할 수 있어!

---

04 곱셈 공식의 변형

등식의 성질을 이용해서 곱셈 공식을 변형하면 식의 값을 구할 수 있어. 변형된 식을 외우지 말고 곱셈 공식에서 이항을 이용하여 식을 자유자재로 변형해 봐!

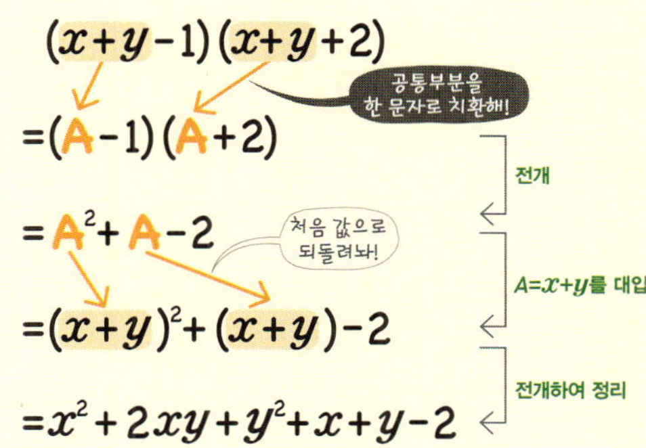

05 복잡한 식의 전개

항이 3개인 두 다항식의 곱셈을 할 때는 일일이 전개하지 않아도 치환과 곱셈 공식을 이용하여 쉽고 간단하게 전개할 수 있어. 이때 중요한 건 두 다항식의 공통부분을 찾고 한 문자로 치환하여 전개하는 거야!

01

곱셈 공식을 이용한 수의 계산

$$101^2=(100+1)^2$$

$(a+b)^2=a^2+2ab+b^2$을 이용해!

$$=100^2+2\times100\times1+1^2$$
$$=10000+200+1$$
$$=10201$$

$(a+b)(a-b)=a^2-b^2$을 이용해!

$$101\times99=(100+1)(100-1)$$
$$=100^2-1$$
$$=9999$$

- 수의 제곱의 계산

  $(a+b)^2=a^2+2ab+b^2$ 또는 $(a-b)^2=a^2-2ab+b^2$을 이용하면 편리하게 계산할 수 있다.

- 두 수의 곱의 계산

  $(a+b)(a-b)=a^2-b^2$ 또는 $(x+a)(x+b)=x^2+(a+b)x+ab$를 이용하면 편리하게 계산할 수 있다.

원리확인 다음 □ 안에 알맞은 수를 써넣으시오.

❶ $103^2=(100+3)^2$
$$=100^2+2\times100\times\boxed{}+\boxed{}^2$$
$$=\boxed{}$$

❷ $103\times97=(100+\boxed{})(100-\boxed{})$
$$=100^2-\boxed{}^2$$
$$=\boxed{}$$

❸ $91\times92=(90+1)(\boxed{}+\boxed{})$
$$=\boxed{}^2+3\times90+\boxed{}$$
$$=\boxed{}$$

1st ― 수의 제곱 계산하기

● 다음 수를 곱셈 공식을 이용하여 계산하시오.

1 51^2

2 105^2

3 302^2

4 10.1^2

5 49^2

6 98^2

7 199^2

8 9.7^2

2nd — 두 수의 곱 계산하기

● 다음 수를 곱셈 공식을 이용하여 계산하시오.

9 71×69

10 32×28

11 2.7×3.3

12 101×102

13 53×52

14 69×68

15 20.1×20.3

16 9.9×9.6

개념모음문제

17   곱셈 공식을 이용하여 $98 \times 102 - 99^2$을 계산하면?

① 191   ② 193   ③ 195
④ 197   ⑤ 199

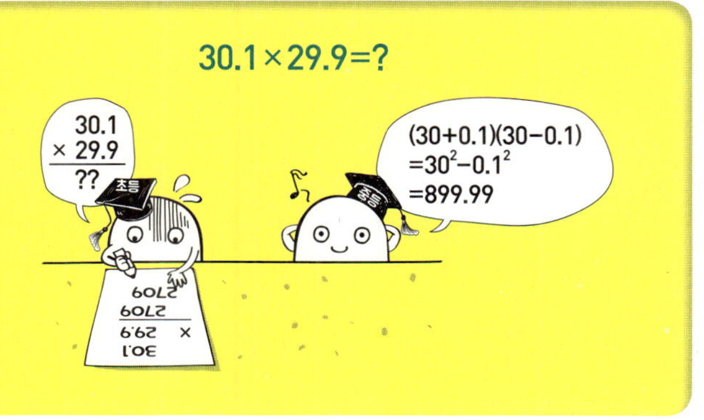

02

복잡한 수의 계산을 간단히!

곱셈 공식을 이용한 근호를 포함한 식의 계산

$$(\sqrt{3}-\sqrt{2})^2$$

$(a-b)^2=a^2-2ab+b^2$을 이용해!

$$=(\sqrt{3})^2-2\times\sqrt{3}\times\sqrt{2}+(\sqrt{2})^2$$
$$=3-2\sqrt{6}+2$$
$$=5-2\sqrt{6}$$

$(a+b)(a-b)=a^2-b^2$을 이용해!

$$(\sqrt{3}+\sqrt{2})(\sqrt{3}-\sqrt{2})$$
$$=(\sqrt{3})^2-(\sqrt{2})^2$$
$$=3-2$$
$$=1$$

• 근호를 포함한 식의 계산

$\sqrt{}$ 를 포함한 식의 곱셈도 다항식의 곱셈과 같은 방법으로 계산할 수 있다.

$a>0$, $b>0$일 때,

① $(\sqrt{a}+\sqrt{b})^2=(\sqrt{a})^2+2\sqrt{a}\sqrt{b}+(\sqrt{b})^2$
$\qquad\qquad=a+2\sqrt{ab}+b$

② $(\sqrt{a}-\sqrt{b})^2=(\sqrt{a})^2-2\sqrt{a}\sqrt{b}+(\sqrt{b})^2$
$\qquad\qquad=a-2\sqrt{ab}+b$

③ $(\sqrt{a}+\sqrt{b})(\sqrt{a}-\sqrt{b})=(\sqrt{a})^2-(\sqrt{b})^2$
$\qquad\qquad\qquad=a-b$

원리확인 다음 □ 안에 알맞은 수를 써넣으시오.

❶ $(\sqrt{5}-\sqrt{3})^2=\boxed{}-2\sqrt{\boxed{}}+3$
$\qquad\qquad=\boxed{}-2\sqrt{\boxed{}}$

❷ $(\sqrt{6}+\sqrt{2})(\sqrt{6}-\sqrt{2})=(\sqrt{6})^2-(\boxed{})^2$
$\qquad\qquad\qquad=\boxed{}$

1st — 근호를 포함한 식 계산하기

● 다음을 계산하시오.

1 $(\sqrt{3}+\sqrt{10})^2$

2 $(\sqrt{7}+\sqrt{5})^2$

3 $(\sqrt{6}+1)^2$

4 $(\sqrt{10}+2)^2$

5 $(3+2\sqrt{3})^2$

6 $(3\sqrt{2}+5)^2$

7 $(\sqrt{5}-\sqrt{3})^2$

8 $(\sqrt{7}-\sqrt{2})^2$

9 $(\sqrt{3}-5)^2$

10 $(6-\sqrt{2})^2$

11 $(7-3\sqrt{3})^2$

12 $(2\sqrt{5}-1)^2$

13 $(\sqrt{7}-\sqrt{5})(\sqrt{7}+\sqrt{5})$

14 $(\sqrt{10}-3)(\sqrt{10}+3)$

15 $(1+\sqrt{7})(1-\sqrt{7})$

16 $(2\sqrt{2}+5)(2\sqrt{2}-5)$

17 $(-6+\sqrt{17})(-6-\sqrt{17})$

개념모음문제
18 $(\sqrt{5}+2)^2-(\sqrt{3}+2)(\sqrt{3}-2)$ 를 계산하면?

① $8-4\sqrt{5}$ ② $-8+6\sqrt{15}$
③ $14-4\sqrt{3}$ ④ $8+4\sqrt{5}$
⑤ $10+4\sqrt{5}$

03

곱셈 공식을 이용한 분모의 유리화

$$\frac{1}{\sqrt{5}-\sqrt{3}} = \frac{\sqrt{5}+\sqrt{3}}{(\sqrt{5}-\sqrt{3})(\sqrt{5}+\sqrt{3})}$$

$$= \frac{\sqrt{5}+\sqrt{3}}{5-3}$$

$$= \frac{\sqrt{5}+\sqrt{3}}{2}$$

분모가 유리수가 됐군!

- 분모가 두 수의 합 또는 차로 되어 있는 무리수일 때, 다음과 같은 순서로 분모를 유리화한다.
  (ⅰ) 분모가 $\sqrt{a}+\sqrt{b}$일 때는 $\sqrt{a}-\sqrt{b}$를, $\sqrt{a}-\sqrt{b}$일 때는 $\sqrt{a}+\sqrt{b}$를 분모와 분자에 각각 곱한다.
  (ⅱ) 곱셈 공식 $(x+y)(x-y)=x^2-y^2$을 이용하여 분모를 유리화한다.
  (ⅲ) 분자는 분배법칙을 이용하여 간단히 한다.

원리확인 다음은 분모를 유리화하는 과정이다. □ 안에 알맞은 수를 써넣으시오.

❶ $\dfrac{4}{\sqrt{6}-\sqrt{2}} = \dfrac{4(\boxed{})}{(\sqrt{6}-\sqrt{2})(\boxed{})}$

$$= \boxed{}$$

❷ $\dfrac{1+\sqrt{3}}{1-\sqrt{3}} = \dfrac{(1+\sqrt{3})(\boxed{})}{(1-\sqrt{3})(\boxed{})}$

$$= \frac{\boxed{}}{\boxed{}}$$

$$= \boxed{}$$

1st — 곱셈 공식을 이용하여 분모의 유리화하기

● 다음 수의 분모를 유리화하시오.

1 $\dfrac{1}{\sqrt{2}+1}$

2 $\dfrac{3}{\sqrt{5}+2}$

3 $\dfrac{1}{\sqrt{15}-3}$

4 $\dfrac{1}{3-2\sqrt{2}}$

5 $\dfrac{2}{4-3\sqrt{2}}$

$$\frac{1}{a+\sqrt{b}}$$

$$= \frac{1}{a+\sqrt{b}} \times \frac{a-\sqrt{b}}{a-\sqrt{b}}$$

$$= \frac{a-\sqrt{b}}{a^2-b}$$

6 $\dfrac{1}{\sqrt{7}+\sqrt{5}}$

7 $\dfrac{8}{\sqrt{10}+\sqrt{2}}$

8 $\dfrac{1}{4\sqrt{2}+\sqrt{31}}$

9 $\dfrac{1}{\sqrt{13}+2\sqrt{3}}$

10 $\dfrac{2}{\sqrt{5}-\sqrt{3}}$

11 $\dfrac{1}{\sqrt{19}-3\sqrt{2}}$

12 $\dfrac{3+\sqrt{7}}{3-\sqrt{7}}$

13 $\dfrac{4-\sqrt{15}}{4+\sqrt{15}}$

14 $\dfrac{\sqrt{3}+\sqrt{2}}{\sqrt{3}-\sqrt{2}}$

15 $\dfrac{\sqrt{6}-\sqrt{2}}{\sqrt{6}+\sqrt{2}}$

😊 **내가 발견한 개념**　　분모를 유리화할 때 분모, 분자에 곱해야 할 수는?

〈분모〉　　　〈곱해야 할 수〉

- $\sqrt{a}\ \boxed{+}\ \sqrt{b}$　→　$\sqrt{a}\ \bigcirc\ \sqrt{b}$
- $\sqrt{a}\ \boxed{-}\ \sqrt{b}$　→　$\sqrt{a}\ \bigcirc\ \sqrt{b}$
- $a\ \boxed{+}\ \sqrt{b}$　→　$a\ \bigcirc\ \sqrt{b}$
- $a\ \boxed{-}\ \sqrt{b}$　→　$a\ \bigcirc\ \sqrt{b}$

개념모음문제

16 $x=3+2\sqrt{2}$이고 x의 역수를 y라 할 때, $x+y$의 값은?

① -6　　　② $-4\sqrt{2}$　　　③ $6-4\sqrt{2}$
④ $4\sqrt{2}$　　　⑤ 6

곱셈 공식을 자유자재로 변형!

곱셈 공식의 변형

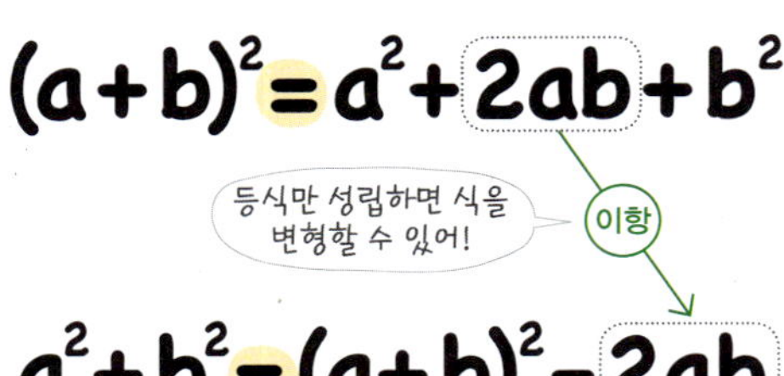

- **곱셈 공식의 변형**

  ① $a^2+b^2=(a+b)^2-2ab$

  ② $a^2+b^2=(a-b)^2+2ab$

  ③ $(a+b)^2=(a-b)^2+4ab$

  ④ $(a-b)^2=(a+b)^2-4ab$

  ⑤ $a^2+\dfrac{1}{a^2}=\left(a+\dfrac{1}{a}\right)^2-2$

  ⑥ $a^2+\dfrac{1}{a^2}=\left(a-\dfrac{1}{a}\right)^2+2$

  ⑦ $\left(a+\dfrac{1}{a}\right)^2=\left(a-\dfrac{1}{a}\right)^2+4$

  ⑧ $\left(a-\dfrac{1}{a}\right)^2=\left(a+\dfrac{1}{a}\right)^2-4$

원리확인 다음은 곱셈 공식의 변형 공식이 성립함을 보이는 과정이다. □ 안에 알맞은 것을 써넣으시오.

❶ $(a+b)^2=a^2+\boxed{}+b^2$에서

   이항

   $a^2+b^2=(a+b)^2-\boxed{}$

❷ $(a-b)^2=a^2-\boxed{}+b^2$에서

   이항

   $a^2+b^2=(a-b)^2+\boxed{}$

❸ $(a-b)^2+4ab=a^2-\boxed{}+b^2+4ab$

   $=a^2+\boxed{}+b^2$

   $=\left(\boxed{}\right)^2$

❹ $(a+b)^2-4ab=a^2+\boxed{}+b^2-4ab$

   $=a^2-\boxed{}+b^2$

   $=\left(\boxed{}\right)^2$

❺ $\left(a+\dfrac{1}{a}\right)^2=a^2+\boxed{}+\dfrac{1}{a^2}$이므로

   $a^2+\dfrac{1}{a^2}=\left(a+\dfrac{1}{a}\right)^2-\boxed{}$

❻ $\left(a-\dfrac{1}{a}\right)^2=a^2-\boxed{}+\dfrac{1}{a^2}$이므로

   $a^2+\dfrac{1}{a^2}=\left(a-\dfrac{1}{a}\right)^2+\boxed{}$

❼ $\left(a-\dfrac{1}{a}\right)^2+4=a^2-\boxed{}+\dfrac{1}{a^2}+4$

   $\phantom{\left(a-\dfrac{1}{a}\right)^2+4}=a^2+\boxed{}+\dfrac{1}{a^2}$

   $\phantom{\left(a-\dfrac{1}{a}\right)^2+4}=\left(\boxed{}\right)^2$

❽ $\left(a+\dfrac{1}{a}\right)^2-4=a^2+\boxed{}+\dfrac{1}{a^2}-4$

   $\phantom{\left(a+\dfrac{1}{a}\right)^2-4}=a^2-\boxed{}+\dfrac{1}{a^2}$

   $\phantom{\left(a+\dfrac{1}{a}\right)^2-4}=\left(\boxed{}\right)^2$

1st — 합과 곱으로 식의 값 구하기 (1)

● 다음 주어진 조건에 대하여 □ 안에 알맞은 것을 써넣으시오.

$$x+y=5,\ xy=6$$

1 $\quad x^2+y^2=(x+y)^2-\boxed{}$

$\qquad\qquad =25-\boxed{}$

$\qquad\qquad =\boxed{}$

2 $\quad (x-y)^2=(x+y)^2-\boxed{}$

$\qquad\qquad =25-\boxed{}$

$\qquad\qquad =\boxed{}$

$$x-y=-4,\ xy=3$$

3 $\quad x^2+y^2=(x-y)^2+\boxed{}$

$\qquad\qquad =16+\boxed{}$

$\qquad\qquad =\boxed{}$

4 $\quad (x+y)^2=(x-y)^2+\boxed{}$

$\qquad\qquad =16+\boxed{}$

$\qquad\qquad =\boxed{}$

😊 **내가 발견한 개념**　　두 식의 합과 곱 또는 차와 곱을 알 때 구할 수 있는 식은?

- 두 식의 합과 곱을 알 때,

$$(a+b)^2-2ab=a^2+\boxed{}$$

$$(a+b)^2-4ab=(a-\boxed{})^2$$

- 두 식의 차와 곱을 알 때,

$$(a-b)^2+2ab=\boxed{}+b^2$$

$$(a-b)^2+4ab=(\boxed{}+b)^2$$

● 다음 식의 값을 구하시오.

5 $\quad x+y=4,\ xy=3$일 때, x^2+y^2

6 $\quad x+y=2,\ xy=-1$일 때, x^2+y^2

7 $\quad x+y=-3,\ xy=-2$일 때, x^2+y^2

8 $\quad x+y=7,\ xy=5$일 때, $(x-y)^2$

9 $\quad x+y=-4,\ xy=-2$일 때, $(x-y)^2$

10 $\quad x+y=2,\ xy=-5$일 때, $(x-y)^2$

11 $\quad x-y=4,\ xy=-3$일 때, x^2+y^2

12 $x-y=-6$, $xy=2$일 때, x^2+y^2

13 $x-y=-2$, $xy=1$일 때, x^2+y^2

14 $x-y=1$, $xy=7$일 때, $(x+y)^2$

15 $x-y=3$, $xy=-2$일 때, $(x+y)^2$

16 $x-y=4$, $xy=-3$일 때, $(x+y)^2$

[개념모음문제]
17 $x+y=2$, $xy=-8$일 때, $\dfrac{y}{x}+\dfrac{x}{y}$의 값은?

① $-\dfrac{9}{2}$ ② $-\dfrac{5}{2}$ ③ $-\dfrac{1}{2}$

④ $\dfrac{3}{2}$ ⑤ $\dfrac{7}{2}$

● 다음 주어진 조건에 대하여 ☐ 안에 알맞은 수를 써넣으시오.

$$x+\frac{1}{x}=7$$

18 $x^2+\dfrac{1}{x^2}=\left(x+\dfrac{1}{x}\right)^2-\boxed{}$

$\qquad = 7^2-\boxed{}$

$\qquad = \boxed{}$

19 $\left(x-\dfrac{1}{x}\right)^2=\left(x+\dfrac{1}{x}\right)^2-\boxed{}$

$\qquad = 7^2-\boxed{}$

$\qquad = \boxed{}$

$$x-\frac{1}{x}=5$$

20 $x^2+\dfrac{1}{x^2}=\left(x-\dfrac{1}{x}\right)^2+\boxed{}$

$\qquad = 5^2+\boxed{}$

$\qquad = \boxed{}$

21 $\left(x+\dfrac{1}{x}\right)^2=\left(x-\dfrac{1}{x}\right)^2+\boxed{}$

$\qquad = 5^2+\boxed{}$

$\qquad = \boxed{}$

● 다음 식의 값을 구하시오.

22 $x + \dfrac{1}{x} = 5$일 때, $x^2 + \dfrac{1}{x^2}$

23 $x - \dfrac{1}{x} = 3$일 때, $x^2 + \dfrac{1}{x^2}$

24 $x + \dfrac{1}{x} = 5$일 때, $\left(x - \dfrac{1}{x}\right)^2$

25 $x - \dfrac{1}{x} = 3$일 때, $\left(x + \dfrac{1}{x}\right)^2$

26 $a + \dfrac{1}{a} = 6$일 때, $a^2 + \dfrac{1}{a^2}$

27 $a - \dfrac{1}{a} = 2$일 때, $a^2 + \dfrac{1}{a^2}$

28 $a + \dfrac{1}{a} = 6$일 때, $\left(a - \dfrac{1}{a}\right)^2$

29 $a - \dfrac{1}{a} = 2$일 때, $\left(a + \dfrac{1}{a}\right)^2$

개념모음문제

30 $x - \dfrac{1}{x} = 8$일 때, $x^2 - 4x + \dfrac{4}{x} + \dfrac{1}{x^2}$의 값은?

① 28 ② 30 ③ 32

④ 34 ⑤ 36

05 복잡한 식의 전개

$$(x+y-1)(x+y+2)$$

$$=(A-1)(A+2)$$

전개

$$=A^2+A-2$$

$A=x+y$를 대입

$$=(x+y)^2+(x+y)-2$$

전개하여 정리

$$=x^2+2xy+y^2+x+y-2$$

• **복잡한 다항식의 곱셈**

주어진 식에 공통부분이 있는 경우 공통부분을 한 문자로 바꾸어 전개하면 편리하다.

(ⅰ) 공통부분을 한 문자로 바꾼 후 전개한다.

(ⅱ) 바꾼 문자를 다시 원래의 식으로 바꾸고 전개한 후 간단히 한다.

주의 치환하는 문자는 식에 나오는 문자와 중복되지 않는 문자로 정한다.

원리확인 다음은 $(a+3b-2c)(a+3b+2c)$를 전개하는 과정이다. □ 안에 알맞은 것을 써넣으시오.

$$(a+3b-2c)(a+3b+2c)$$

$\boxed{} = A$로 놓기

$$=(A-2c)(A+2c)$$

$$=A^2-\boxed{}$$

$A=\boxed{}$ 를 대입

$$=(\boxed{})^2-4c^2$$

$$=a^2+\boxed{}+9b^2-4c^2$$

● 다음 식을 전개하시오.

1 $(a+b+5)(a+b-5)$

2 $(x-2y-3)(x-2y+3)$

3 $(5x-y+1)(5x-y-1)$

4 $(a-b+1)(a-b+6)$

5 $(a-2b+1)(a+2b+1)$

개념모음문제

6 $(3x+1+\sqrt{6})(3x+1-\sqrt{6})$의 전개식에서 x의 계수와 상수항의 합은?

① -1　　　② 0　　　③ 1

④ $6+\sqrt{6}$　　　⑤ $6+2\sqrt{6}$

TEST 6.곱셈 공식을 이용한 식의 계산

1 103×97을 계산할 때, 가장 편리한 곱셈 공식을 다음 **보기**에서 고르시오. (단, $b > 0$)

> **보기**
> ㄱ. $(a+b)^2 = a^2 + 2ab + b^2$
> ㄴ. $(a-b)^2 = a^2 - 2ab + b^2$
> ㄷ. $(a+b)(a-b) = a^2 - b^2$
> ㄹ. $(x+a)(x+b) = x^2 + (a+b)x + ab$

2 다음 중 옳지 <u>않은</u> 것은?

① $(1+\sqrt{3})^2 = 4 + 2\sqrt{3}$
② $(2-\sqrt{5})^2 = 9 - 4\sqrt{5}$
③ $(\sqrt{11}+4)(\sqrt{11}-4) = -5$
④ $(\sqrt{7}+3)(\sqrt{7}-2) = 1 + \sqrt{7}$
⑤ $(3\sqrt{7}+1)(3\sqrt{7}-2) = 65 - 3\sqrt{7}$

3 $\dfrac{6}{\sqrt{10}-2\sqrt{2}} - \dfrac{10}{\sqrt{10}+2\sqrt{2}} = a\sqrt{2} + b\sqrt{10}$일 때, 유리수 a, b에 대하여 $a - b$의 값을 구하시오.

4 $x - y = 1$, $x^2 + y^2 = 13$일 때, $(x+y)^2$의 값은?

① 21 　　② 22 　　③ 23
④ 24 　　⑤ 25

5 $x^2 - 7x + 1 = 0$일 때, $\left(x - \dfrac{1}{x}\right)^2$의 값을 구하시오.

6 $(x-3y+5)(x+3y+5)$를 전개할 때, x의 계수와 y^2의 계수의 합은?

① -2 　　② -1 　　③ 0
④ 1 　　⑤ 2

곱셈 공식과 인수분해

이차식은 숨어 있는 뿌리(근)로부터 밖으로 자라나지.

그러나 하나의 다항식으로 표현된 이차식에서 뿌리(근)는 바로 보이지 않아.

하지만 다항식을 분해하면 숨어 있는 뿌리(근)를 쉽게 찾을 수 있어!
이때 두 개 이상의 인수의 곱으로 나타내는 것을 인수분해라 해!
즉 곱셈 공식의 반대 과정인거지.

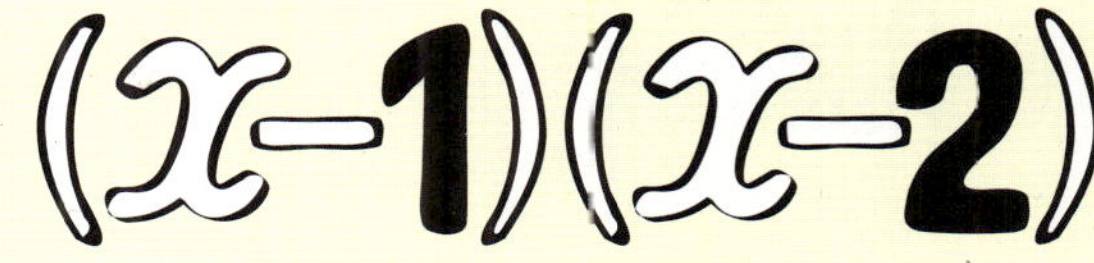

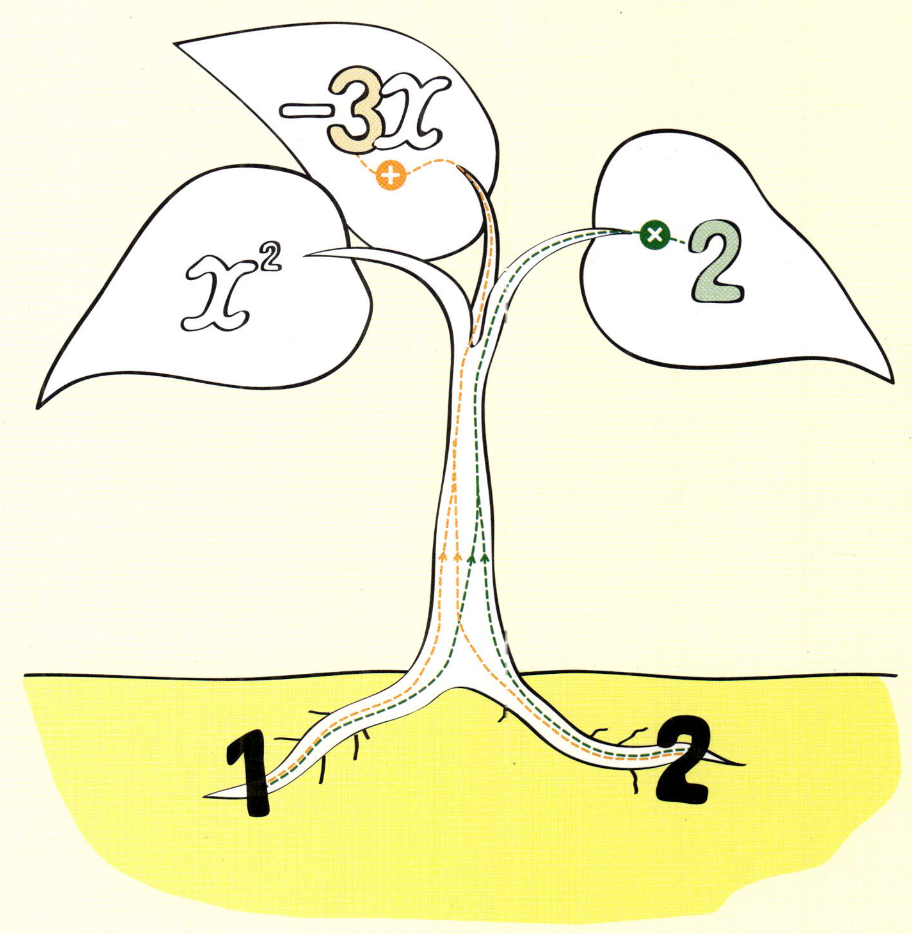

이차식의 값이 0이되게 하는 뿌리(근)를 찾는 것이
이차방정식의 근을 구하는 거야!
이제 목적지(이차방정식)에 거의 다 와 간다!

7

식의 구조가 보이는, 다항식의 인수분해

다항식을 인수의 곱으로 분해!

$$x^2-3x+2 \quad \xrightarrow[\text{인수분해}]{\text{전개}} \quad (x-2)(x-1)$$

우리는 인수! 곱셈으로 연결되지!

01 인수분해

두 다항식의 곱셈을 한 다항식으로 나타내는 것을 전개라 하지. 그럼 반대로 한 다항식을 두 다항식의 곱으로 나타내는 것을 인수분해라 해! 이때 곱해진 각각의 식을 처음 다항식의 인수라 하지!

공통인수로 묶어봐!

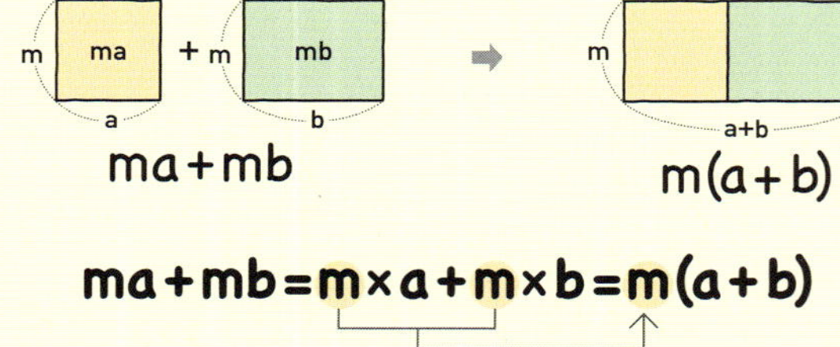

$$ma+mb=m\times a+m\times b=m(a+b)$$

공통인수

02 공통인수를 이용한 인수분해

다항식의 각 항에 공통으로 들어 있는 인수를 공통인수라 해! 다항식의 각 항에 공통인수가 있을 때 분배법칙을 이용해서 공통인수로 묶어내어 인수분해할 수 있어!

곱셈 공식을 반대로!

① $a^2+2ab+b^2=(a+b)^2$

$$x^2+4x+2^2=(x+2)^2$$

$2\times x \times 2$

② $a^2-2ab+b^2=(a-b)^2$

$$x^2-4x+2^2=(x-2)^2$$

$-2\times x \times 2$

03 완전제곱식을 이용한 인수분해

곱셈 공식의 합의 제곱과 차의 제곱의 반대를 기억해! 즉 $a^2+2ab+b^2=(a+b)^2$, $a^2-2ab+b^2=(a-b)^2$ 이야!

04 완전제곱식 만들기

다항식의 제곱으로 된 식 또는 이 식에 상수를 곱한 식을 완전제곱식이라 해! 특히 x^2의 계수가 1인 이차식이 완전제곱식이 될 조건을 잘 기억해!

조금 어렵다 느낄 수 있지만 완전제곱식의 구조를 잘 파악해서 이해하려 노력해 봐! 할 수 있어!

05 합과 차의 곱을 이용한 인수분해

곱셈 공식의 합과 차의 곱의 반대를 기억해!
즉 $a^2-b^2=(a+b)(a-b)$야!

06 x^2의 계수가 1인 이차식의 인수분해

곱셈 공식의 x의 계수가 1인 두 일차식의 곱의 반대를 기억해!
즉 $x^2+(a+b)x+ab=(x+a)(x+b)$야!

07 x^2의 계수가 1이 아닌 이차식의 인수분해

곱셈 공식의 x의 계수가 1이 아닌 두 일차식의 곱의 반대를 기억해!
즉 $acx^2+(ad+bc)x+bd=(ax+b)(cx+d)$야!

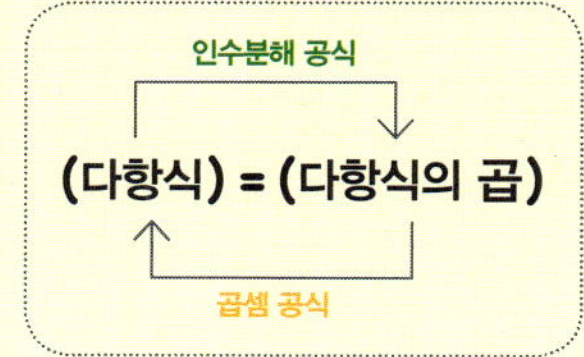

08 인수분해 공식 종합

인수분해를 배웠으니 공식을 적절하게 잘 이용해 보자!

01

다항식을 인수의 곱으로 분해!

인수분해

$$x^2-3x+2$$

전개 ↑   ↓ 인수분해

$$(x-2)(x-1)$$

- **인수분해**

① 인수: 하나의 다항식을 두 개 이상의 다항식의 곱으로 나타낼 때, 곱해진 각각의 식을 처음 다항식의 인수라 한다.

② 인수분해: 하나의 다항식을 두 개 이상의 인수의 곱으로 나타내는 것을 다항식을 인수분해한다 한다.

참고 모든 다항식에서 1과 자기 자신도 그 다항식의 인수이다.

1st — 인수분해의 뜻 이해하기

● 다음은 어떤 다항식을 인수분해한 것인지 구하시오.

1 $2(a-b)$

2 $3x(x+1)$

3 $(a+2)^2$

4 $(2x-1)^2$

5 $(x+2)(x-2)$

6 $(4a+1)(4a-1)$

7 $(x+2)(x-5)$

8 $(2a-3)(3a+5)$

9 $(x+2y)(2x-3y)$

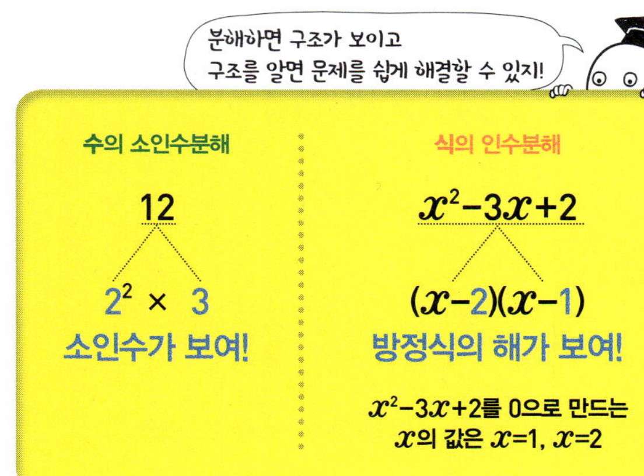

● 다음 중 주어진 식의 인수를 모두 찾아 ○를 하시오.

10 $x(x+3)$

$$x, \quad x^2, \quad 3x, \quad x+3$$

11 $(a+1)(a-1)$

$$a, \quad a+1, \quad a-1, \quad a^2+1$$

12 $x^2(x+3y)$

$$x, \quad x^2, \quad 3y, \quad x+3y, \quad x(x+3y)$$

13 $ab(a+2c)$

$$a, \quad b, \quad 2c, \quad ab, \quad a+2c,$$
$$a(b+2c), \quad b(a+2c)$$

14 $2(x-3)(x+5)$

$$x-3, \quad x+3, \quad (x-3)(x+5), \quad x^2$$
$$2(x-3), \quad 2x+10, \quad x^2-15$$

15 $3(x-y)(x+y)$

$$x, \quad x-y, \quad x+y, \quad 3(x-y), \quad y(x+y),$$
$$3x+3y, \quad 3x^2-y^2, \quad 3x^2+3xy$$

[개념모음문제]

16 다음 식에 대한 설명 중 옳지 <u>않은</u> 것은?

$$x^2+5xy \; \overset{㉠}{\underset{㉡}{\rightleftarrows}} \; x(x+5y)$$

① ㉠의 과정을 인수분해라 한다.

② ㉡의 과정을 전개라 한다.

③ x는 x^2과 $5xy$의 인수이다.

④ ㉡의 과정에서 분배법칙이 이용된다.

⑤ x, $5y$, $x+5y$는 모두 x^2+5xy의 인수이다.

02

공통인수를 이용한 인수분해

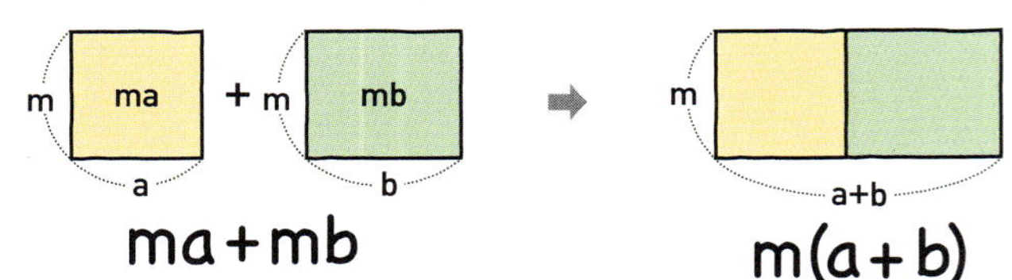

$$ma+mb=\boldsymbol{m}\times a+\boldsymbol{m}\times b=\boldsymbol{m}(a+b)$$

공통인수

- **공통인수**: 다항식의 각 항에 공통으로 들어 있는 인수
- **공통인수를 이용한 인수분해**: 다항식의 각 항에 공통인수가 있을 때는 분배법칙을 이용하여 공통인수로 묶어 내어 인수분해한다.

$$ma+mb=\boldsymbol{m}\times a+\boldsymbol{m}\times b=\boldsymbol{m}(a+b)$$

공통인수

참고 2개 이상의 다항식에 대해서도 각 식에 공통으로 포함되어 있는 인수를 공통인수라 한다.

주의 다항식을 인수분해할 때는 공통인수를 모두 묶어 내야 한다.
$$4x^2-8x=x(4x-8) \ (\times)$$
$$4x^2-8x=4(x^2-2x) \ (\times)$$
$$4x^2-8x=4x(x-2) \ (\bigcirc)$$

1st — 공통인수를 이용하여 인수분해하기

● 다음 식에서 공통인수를 찾아 인수분해하시오.

1 $ax+2bx=\boxed{}(a+2b)$

두 항에 x가 공통으로 들어 있네!

2 $xy-xyz$

3 $xy+7xz$

4 $2a^2+a$

5 $-3x^2-24x=\boxed{}(x+8)$

공통으로 곱해진 정수 계수까지 모두 묶어내야 해!

6 x^2+x^5

7 $4xy+12y^2$

8 $15a^2b+3ab^2$

9 $8x^2y-20xy^2$

10 $-5a^2x+15a^3y$

● 다음 식을 인수분해하시오.

11 $x^3y + xy^2 - xy = \boxed{}\,(x^2 + y - \boxed{}\,)$

공통인수를 제외하고 남는 것이 없으면 1을 써!

12 $ax + ayz - az$

13 $7a^2 + 21ab + 14a$

14 $6x^2y - 18xy + 12x$

15 $2a^2 + 6ab - 4ac$

16 $ax^2 + bxy + cxz$

17 $a^3b^2 + a^2b - ab^2$

18 $x(x-2) + 5(x-2)$
$$= \boxed{} \times (x-2) + \boxed{} \times (x-2)$$
$$= (\,\boxed{}\,)(x-2)$$

19 $7(a+b) - (a+b)b$

20 $a(3x-5) + b(3x-5)$

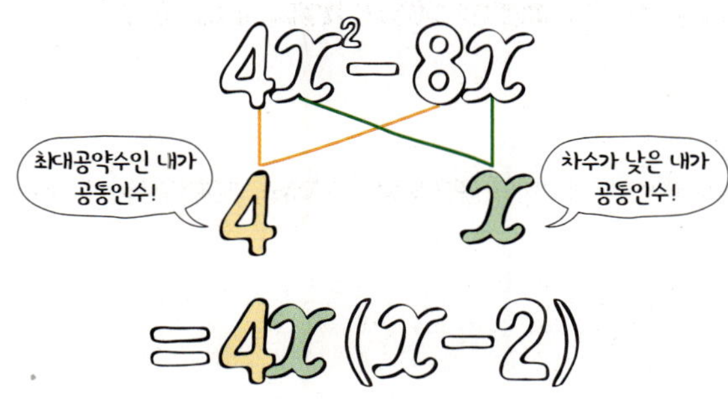

21 $x(x-4) + (4-x)$

개념모음문제
22 두 다항식 $x^2 + 3xy$, $xy + 3y^2$의 공통인수는?

① x ② y ③ $x - 3y$
④ $x + 3y$ ⑤ $xy(x + 3y)$

완전제곱식을 이용한 인수분해

① $a^2+2ab+b^2=(a+b)^2$

$\downarrow$

$x^2+4x+2^2=(x+2)^2$

$2\times x \times 2$

② $a^2-2ab+b^2=(a-b)^2$

$\downarrow$

$x^2-4x+2^2=(x-2)^2$

$-2\times x \times 2$

- 완전제곱식

　다항식의 제곱으로 된 식 또는 이 식에 상수를 곱한 식

　예 $(a+1)^2,\ (x-y)^2,\ 2(a-b)^2,\ -3(2x+5y)^2$

- 완전제곱식을 이용한 인수분해

　① $a^2+2ab+b^2=(a+b)^2$

　② $a^2-2ab+b^2=(a-b)^2$

원리확인 다음은 주어진 다항식을 인수분해하는 과정이다. □ 안에 알맞은 것을 써넣으시오.

❶ x^2+6x+9

$=x^2+2\times x \times \boxed{}+\boxed{}^2$

$=(x+\boxed{})^2$

❷ $4x^2-4x+1$

$=(2x)^2-2\times\boxed{}\times\boxed{}+\boxed{}^2$

$=(2x-\boxed{})^2$

❸ $9x^2-12xy+4y^2$

$=(3x)^2-2\times\boxed{}\times\boxed{}+(\boxed{})^2$

$=(\boxed{}-\boxed{})^2$

1st 완전제곱식을 이용하여 인수분해하기

● 다음 식을 인수분해하시오.

1　a^2+4a+4

2　$x^2+16x+64$

3　$a^2+14a+49$

4　$x^2+12x+36$

5　$4x^2+4x+1$

6　$9a^2+6a+1$

7　$81y^2+36y+4$

8 $x^2+6xy+9y^2$

9 $4a^2+20ab+25b^2$

10 $x^2-8x+16$

11 $a^2-10a+25$

12 $x^2-18x+81$

13 $b^2-20b+100$

14 $16x^2-8x+1$

15 $25x^2-10x+1$

16 $9x^2-12x+4$

17 $x^2-4xy+4y^2$

18 $9x^2-24xy+16y^2$

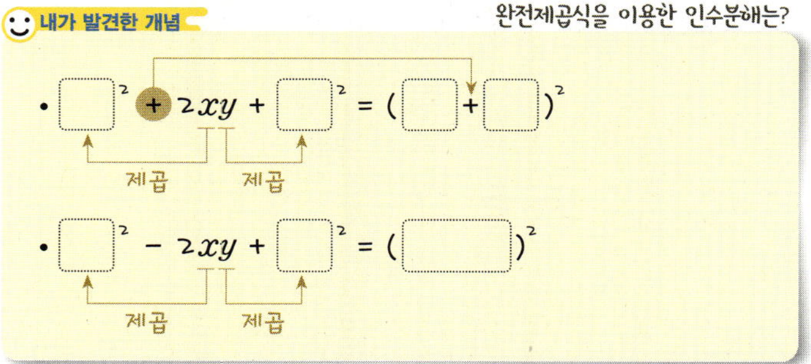

[개념모음문제]

19 다음 중 인수분해한 것이 옳지 <u>않은</u> 것은?

① $x^2-14x+49=(x-7)^2$

② $a^2+10a+25=(a+5)^2$

③ $4a^2-12a+9=(2a-3)^2$

④ $4x^2+28xy+49y^2=(4x+7y)^2$

⑤ $x^2-x+\dfrac{1}{4}=\left(x-\dfrac{1}{2}\right)^2$

제곱으로 된 식을 만들어!

완전제곱식 만들기

①
$$a^2 + 2ab + b^2 = (a+b)^2$$

2b의 절반의 제곱 $\Rightarrow \left(\dfrac{2b}{2}\right)^2 = b^2$

②
$$a^2 \pm 2ab + b^2 = (a \pm b)^2$$

b^2의 제곱근의 2배 $\Rightarrow 2 \times (\pm\sqrt{b^2}) = \pm 2b$

• 다항식 $x^2 + ax + b\,(b>0)$가 완전제곱식이 될 조건

① 상수항은 x의 계수의 $\dfrac{1}{2}$의 제곱이어야 한다.

$$x^2 + ax + \blacksquare = \left(x + \frac{a}{2}\right)^2 \longrightarrow \blacksquare = \left(\frac{a}{2}\right)^2$$
$$\underset{x^2+ax+\left(\frac{a}{2}\right)^2}{}$$

② x의 계수가 상수항의 제곱근의 2배이어야 한다.

$$x^2 + \bullet x + b = (x \pm \sqrt{b})^2 \longrightarrow \bullet = \pm 2\sqrt{b}$$
$$\underset{x^2 \pm 2\sqrt{b}\,x + b}{}$$

원리확인 다음은 주어진 식이 완전제곱식이 되도록 하는 A의 값을 구하는 과정이다. □ 안에 알맞은 것을 써넣으시오.

❶ $x^2 + \underset{2\times x \times 4}{\underline{8x}} + A \rightarrow A = 4^2 = \boxed{}$

❷ $x^2 + Ax + \underset{(\pm 5)^2}{\underline{25}} \rightarrow A = \underset{2배}{2 \times (\pm 5)} = \boxed{}$

❸ $\underset{(3x)^2}{\underline{9x^2}} - \underset{2\times 3x \times \bullet}{\underline{42x}} + A$

$\rightarrow \bullet = \boxed{}$ 이므로 $A = \bullet^2 = \boxed{}$

❹ $\underset{\bullet^2}{\underline{25x^2}} + \underset{\pm 2 \times \bullet \times \blacktriangle}{\underline{Ax}} + \underset{\blacktriangle^2}{\underline{4}}$

$\rightarrow \bullet = \boxed{},\ \blacktriangle = \boxed{}$ 이므로

$Ax = \pm 2 \times \bullet \times \blacktriangle = \boxed{}$

따라서 $A = \boxed{}$

❺ $\underset{(8x)^2}{\underline{64x^2}} - \underset{2 \times 8x \times \bullet}{\underline{48xy}} + \underset{제곱}{\underline{Ay^2}}$

$\rightarrow \bullet = \boxed{}$ 이므로 $Ay^2 = \boxed{}\,y^2$

따라서 $A = \boxed{}$

❻ $\underset{\bullet^2}{\underline{81x^2}} + \underset{\pm 2 \times \bullet \times \blacktriangle}{\underline{Axy}} + \underset{\blacktriangle^2}{\underline{4y^2}}$

$\rightarrow \bullet = \boxed{},\ \blacktriangle = \boxed{}$ 이므로

$Axy = \pm 2 \times \bullet \times \blacktriangle = \boxed{}$

따라서 $A = \boxed{}$

완전제곱식은 정사각형 만들기!

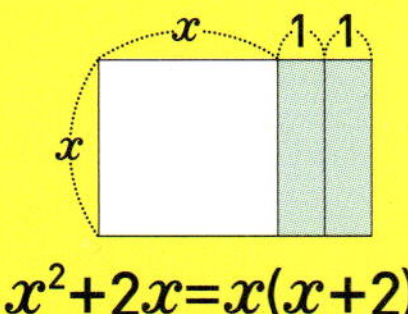

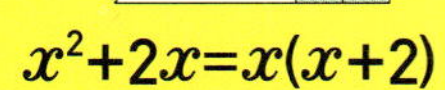

$$x^2 + 2x = x(x+2)$$

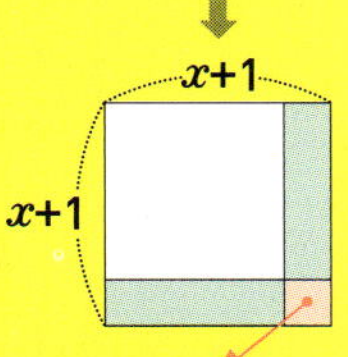

$$x^2 + 2x + 1 = (x+1)^2$$

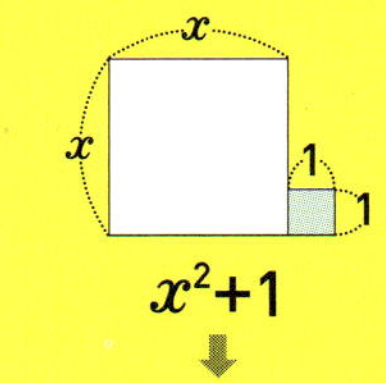

$$x^2 + 1$$

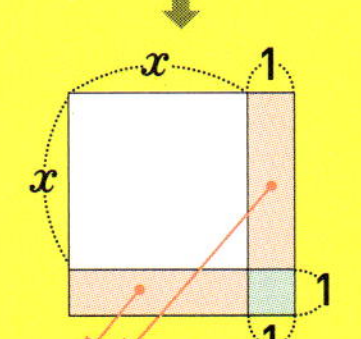

$$x^2 + 2x + 1 = (x+1)^2$$

1st — 완전제곱식 만들기

● 다음 식이 완전제곱식이 되도록 □ 안에 알맞은 수를 써넣으시오.

1 $x^2 + 4x + \boxed{}$

> x^2의 계수가 1인 이차식이 완전제곱식이 되기 위한 조건
> → (상수항) = $\left\{\dfrac{x\text{의 계수}}{2}\right\}^2$

2 $x^2 + 16x + \boxed{}$

3 $x^2 - 12x + \boxed{}$

4 $x^2 - 10xy + \boxed{}y^2$

5 $x^2 + 18xy + \boxed{}y^2$

6 $4x^2 - 12xy + \boxed{}y^2$

x^2의 계수가 1이 아님에 주의해!

7 $49x^2 + 28xy + \boxed{}y^2$

8 $x^2 + \boxed{}x + 49$

> x^2의 계수가 1인 이차식이 완전제곱식이 되기 위한 조건
> → (x의 계수) = $\pm 2\sqrt{\text{(상수항)}}$

9 $x^2 + \boxed{}x + \dfrac{1}{9}$

10 $x^2 + \boxed{}xy + 36y^2$

11 $x^2 + \boxed{}xy + 4y^2$

12 $16x^2 + \boxed{}xy + 25y^2$

x^2의 계수가 1이 아님에 주의해!

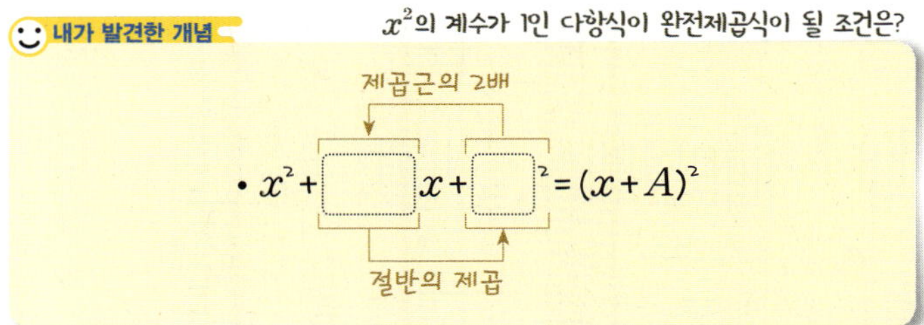

개념모음문제

13 두 다항식 $x^2 + 6x + a$, $4x^2 - 28x + b$가 모두 완전제곱식이 될 때, 상수 a, b에 대하여 $a+b$의 값은?

① 56 ② 58 ③ 60
④ 62 ⑤ 64

05

합과 차의 곱을 이용한 인수분해

$$a^2-b^2=(a+b)(a-b)$$

$$\downarrow$$

$$x^2-2^2=(x+2)(x-2)$$

- $a^2-b^2=(a+b)(a-b)$
- 예) $x^2-1=x^2-1^2=(x+1)(x-1)$
  $4a^2-25=(2a)^2-5^2=(2a+5)(2a-5)$

원리확인 다음은 주어진 다항식을 인수분해하는 과정이다. □ 안에 알맞은 것을 써넣으시오.

❶ $x^2-16=x^2-\boxed{}^{\,2}$

  $=(x+\boxed{})(x-\boxed{})$

❷ $9x^2-4=(3x)^2-\boxed{}^{\,2}$

  $=(\boxed{})(3x-\boxed{})$

❸ $x^2-121y^2=x^2-(\boxed{})^2$

  $=(x+11y)(\boxed{})$

❹ $4x^2-81y^2=(2x)^2-(\boxed{})^2$

  $=(2x+\boxed{})(2x-\boxed{})$

1st — 합과 차의 곱을 이용하여 인수분해하기

- 다음 식을 인수분해하시오.

1. x^2-49

2. a^2-25

3. $9a^2-1$

4. $64x^2-1$

5. x^2-16y^2

6. $49a^2-4b^2$

7. $36x^2-25y^2$

8 $81a^2 - 100b^2$

9 $5x^2 - 45$
인수분해할 때, 공통인수가 있으면 먼저 공통인수로 묶어!

10 $2x^2 - 32y^2$

11 $75x^2 - 3y^2$

12 $48 - 3x^2$

b²−a²꼴의 인수분해
[방법 1] $b^2 - a^2 = (b+a)(b-a)$
[방법 2] $-(a^2 - b^2) = -(a+b)(a-b)$
→ 어느 방법으로 인수분해를 해도 그 결과는 같다.
즉 $48 - 3x^2 = -3x^2 + 48$
$= -3(x^2 - 16)$
$= -3(x^2 - 4^2)$
$= -3(x+4)(x-4)$

13 $-4x^2 + 25$

14 $-5x^2 + 80y^2$

15 $x^2 - \dfrac{1}{25}$

16 $4a^2 - \dfrac{9}{49}$

17 $\dfrac{1}{64} - x^2$

18 $4a^2 - \dfrac{4}{25}$

☺ **내가 발견한 개념**   합과 차의 곱을 이용한 인수분해는?

$\bullet\ x^2 - y^2 = (\boxed{} + \boxed{})(\boxed{} - \boxed{})$
제곱의 차   합   차

개념모음문제
19 $64x^2 - 49y^2 = (ax + by)(ax - by)$일 때, 자연수 a, b에 대하여 ab의 값은?

① 35　　　② 42　　　③ 56
④ 63　　　⑤ 72

x^2의 계수가 1인 이차식의 인수분해

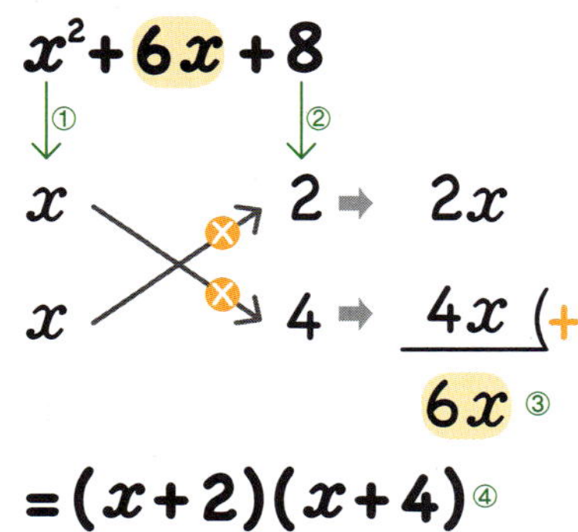

$$x^2+(a+b)x+ab$$

$$= (x+a)(x+b) \text{④}$$

$$x^2+6x+8$$

$$=(x+2)(x+4) \text{④}$$

- x^2의 계수가 1인 이차식 $x^2+(a+b)x+ab$를 인수분해하는 방법

(ⅰ) 곱해서 상수항, 즉 ab가 되는 두 정수를 모두 찾는다.

(ⅱ) (ⅰ)의 두 정수 중 합이 x의 계수, 즉 $a+b$인 두 정수 a, b를 찾는다.

(ⅲ) (ⅱ)의 a, b를 상수항으로 하는 두 일차식의 곱, 즉 $(x+a)(x+b)$의 꼴로 나타낸다.

원리확인　다음은 다항식을 인수분해하는 과정이다. □ 안에 알맞은 수를 써넣으시오.

❶　x^2+x-6

곱이 -6인 두 정수	두 정수의 합
$1,\ -6$	-5
$-1,\ \square$	$\square$
$2,\ -3$	-1
$-2,\ \square$	1

→ 위의 표에서 곱이 -6인 두 정수 중 합이 $\square$ 인 두 수는 -2와 $\square$ 이므로

$$x^2+x-6=(x-2)(x+\square)$$

과 같이 인수분해할 수 있다.

❷　$x^2+9x+18$

곱이 18인 두 정수	두 정수의 합
$1,\ 18$	$\square$
$-1,\ \square$	$\square$
$2,\ 9$	$\square$
$-2,\ \square$	$\square$
$3,\ 6$	$\square$
$-3,\ \square$	

→ 위의 표에서 곱이 18인 두 정수 중 합이 $\square$ 인 두 수는 $\square$ 과 $\square$ 이므로

$$x^2+9x+18=(x+3)(x+\square)$$

과 같이 인수분해할 수 있다.

1st — x^2의 계수가 1인 이차식을 인수분해하기

● 곱과 합이 다음과 같은 두 정수를 구하시오.

1 곱이 8, 합이 6

2 곱이 -6, 합이 1

3 곱이 15, 합이 -8

4 곱이 -14, 합이 -5

5 곱이 20, 합이 9

6 곱이 -4, 합이 3

7 곱이 30, 합이 -11

● 다음은 주어진 다항식을 인수분해하는 과정이다. □ 안에 알맞은 것을 써넣으시오.

8 $x^2 + 4x + 3$

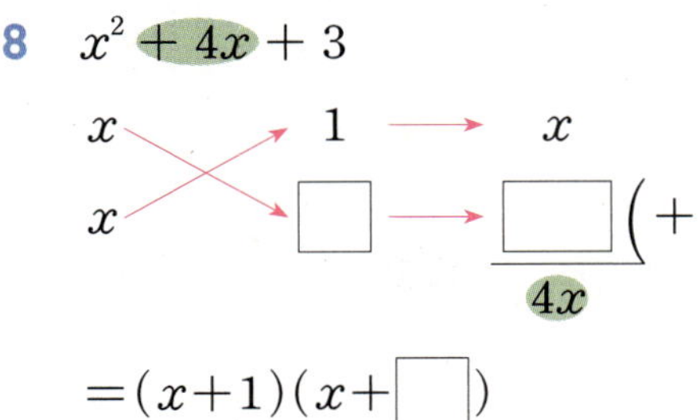

$$= (x+1)(x+\square)$$

9 $x^2 - x - 42$

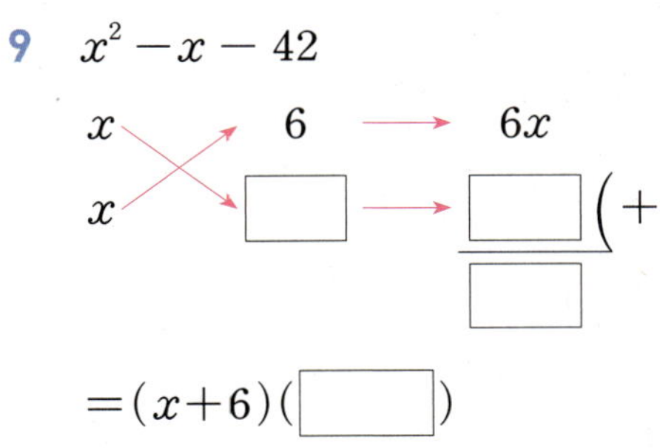

$$= (x+6)(\square)$$

10 $x^2 - 10x + 16$

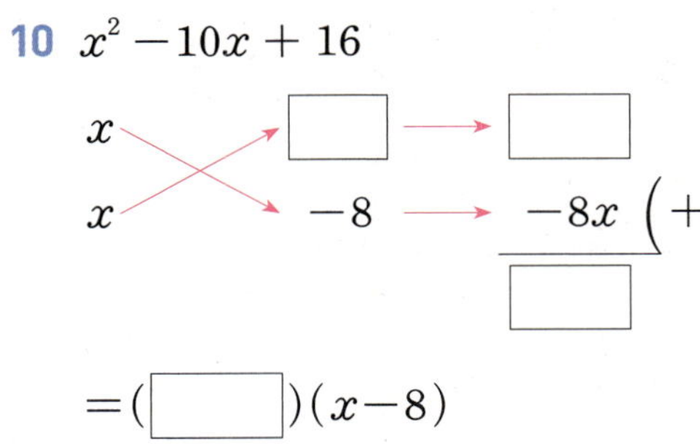

$$= (\square)(x-8)$$

11 $x^2 + 3xy - 10y^2$

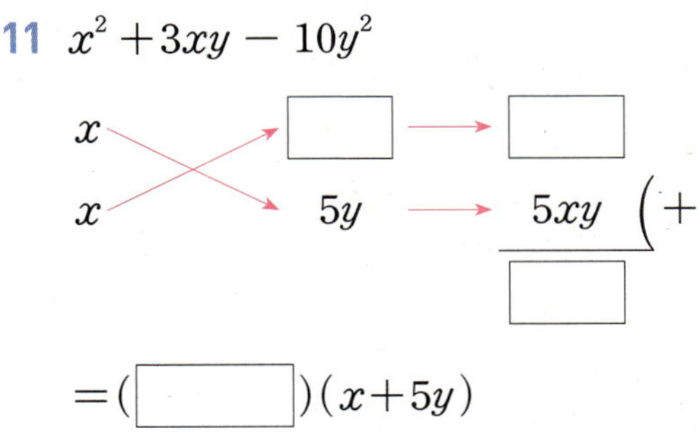

$$= (\square)(x+5y)$$

● 다음 식을 인수분해하시오.

12 $x^2+12x+32$

13 $x^2+2x-35$

14 $x^2-9x+18$

15 x^2+5x+6

16 $x^2+15x+26$

17 $x^2+11x-12$

18 $x^2-12x+35$

19 $x^2-5x-14$

20 $x^2+11x+30$

21 $x^2-10x+21$

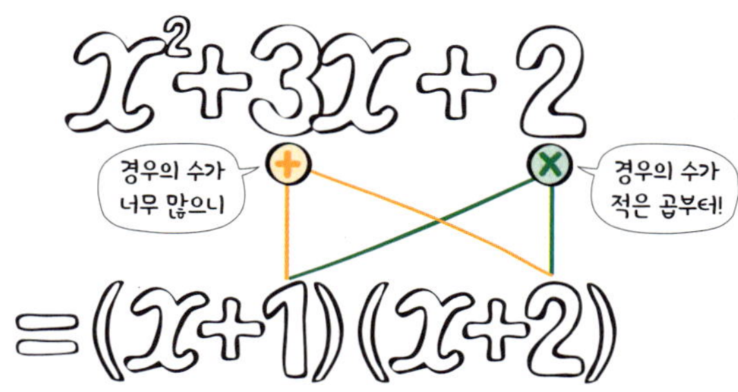

22 $x^2+15x+36$

23 $x^2-6x-40$

24 $x^2-12x+20$

25 x^2-7x+6

26 x^2-x-30

27 $x^2+13x+40$

28 x^2+6x-7

29 $x^2+14x+13$

30 $x^2+xy-20y^2$

31 $x^2-7xy+12y^2$

32 $x^2+8xy-20y^2$

33 $x^2+8xy+7y^2$

34 $x^2-3xy+2y^2$

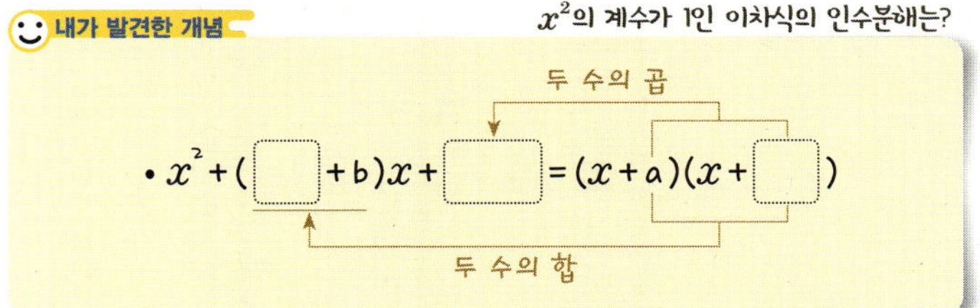

개념모음문제

35 다항식 $x^2+3x-18$이 x의 계수가 1인 두 일차식의 곱으로 인수분해될 때, 두 일차식의 합은?

① $2x-9$ ② $2x-3$
③ $2x+3$ ④ $2x+9$
⑤ $2x+11$

x^2의 계수가 1이 아닌 이차식의 인수분해

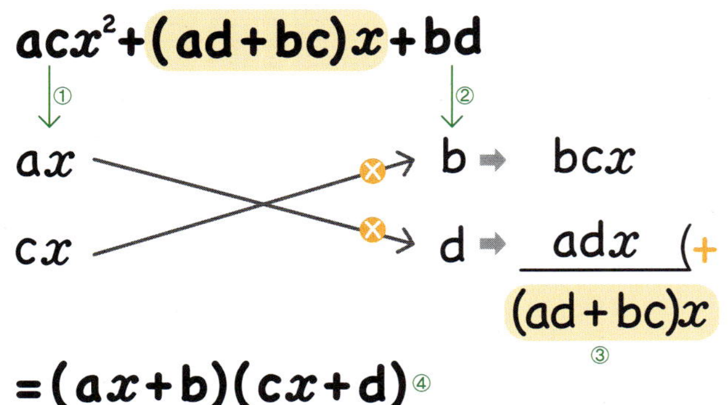

$$acx^2+(ad+bc)x+bd$$

$$=(ax+b)(cx+d)$$

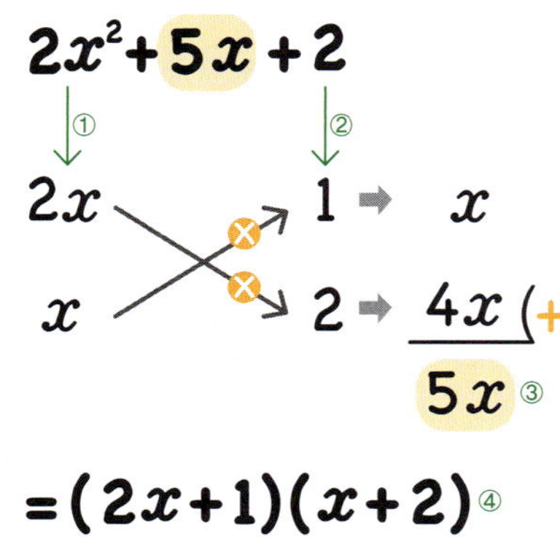

$$2x^2+5x+2$$

$$=(2x+1)(x+2)$$

• x^2의 계수가 1이 아닌 이차식 $acx^2+(ad+bc)x+bd$를 인수분해하는 방법

(ⅰ) 곱하여 x^2의 계수가 되는 두 수 a, c를 세로로 나열한다.

(ⅱ) 곱하여 상수항이 되는 두 수 b, d를 세로로 나열한다.

(ⅲ) (ⅰ), (ⅱ)의 수를 대각선끼리 곱하여 합한 것이 x의 계수가 되는 a, b, c, d를 찾는다.

(ⅳ) $(ax+b)(cx+d)$의 꼴로 나타낸다.

 다음은 다항식을 인수분해하는 과정이다. □ 안에 알맞은 것을 써넣으시오.

❶ $7x^2-4x-3$

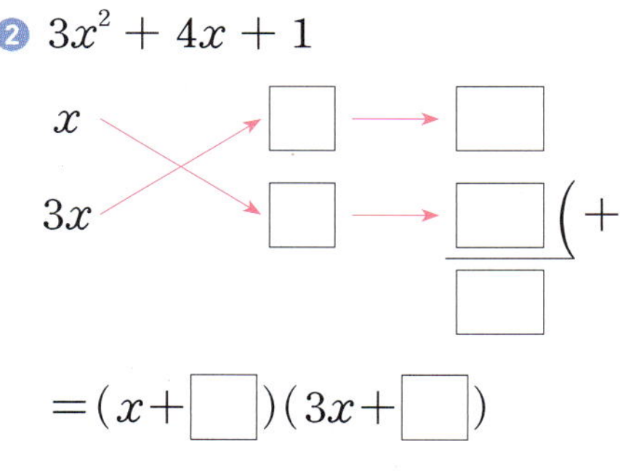

$$=(x-1)(7x+\boxed{})$$

❷ $3x^2+4x+1$

$$=(x+\boxed{})(3x+\boxed{})$$

❸ $2x^2+7xy+6y^2$

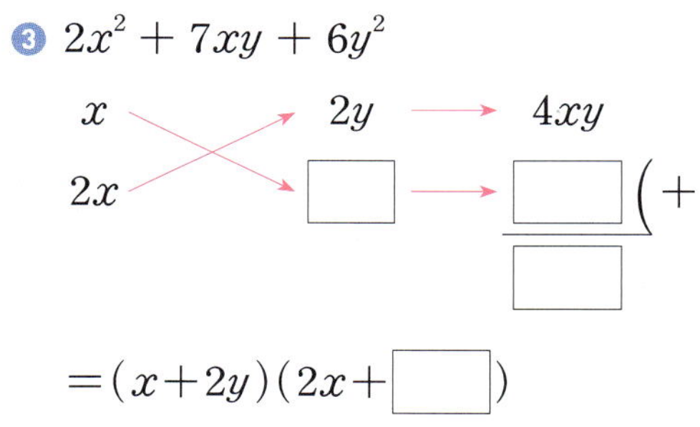

$$=(x+2y)(2x+\boxed{})$$

❹ $3x^2+xy-10y^2$

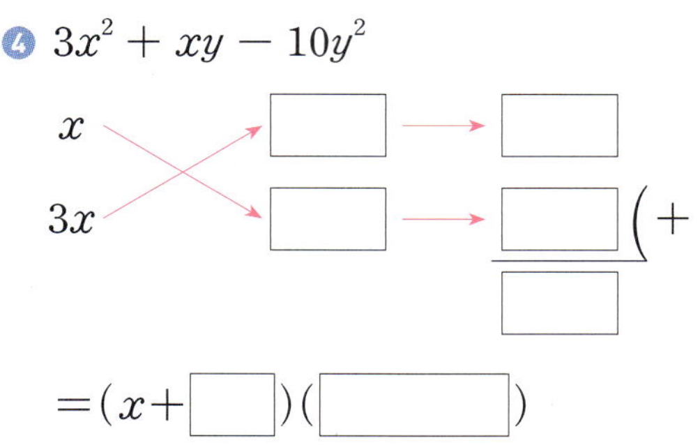

$$=(x+\boxed{})(\boxed{})$$

1st — x^2의 계수가 1이 아닌 이차식을 인수분해하기

● 다음은 주어진 다항식을 인수분해하는 과정이다. □ 안에 알맞은 것을 써넣고, 다항식을 인수분해하시오.

1 $2x^2 + 5x + 3$

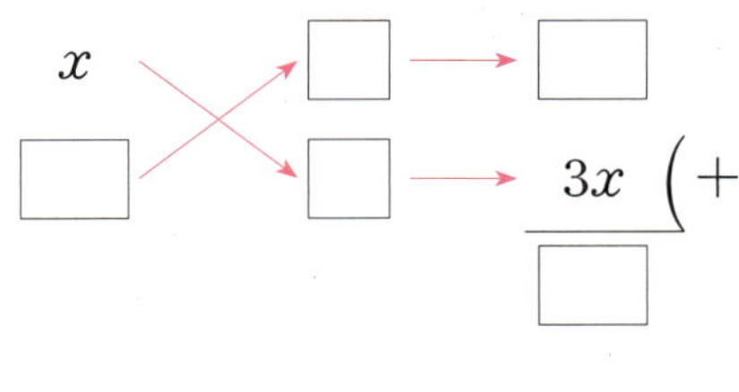

$$= \underline{\hspace{4cm}}$$

2 $4x^2 + 4x - 3$

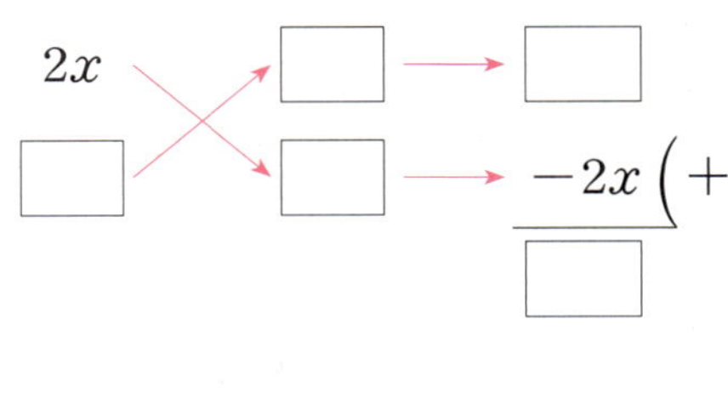

$$= \underline{\hspace{4cm}}$$

3 $3x^2 - 16x + 5$

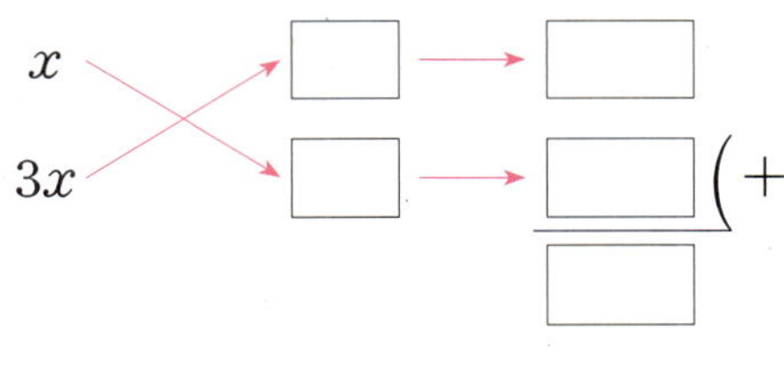

$$= \underline{\hspace{4cm}}$$

4 $6x^2 + 5x - 4$

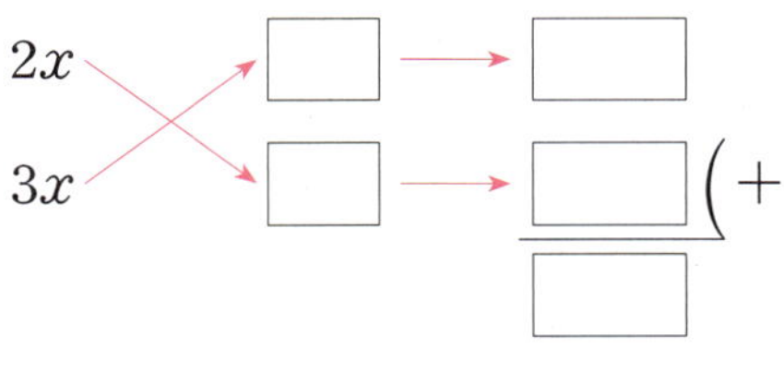

$$= \underline{\hspace{4cm}}$$

● 다음 식을 인수분해하시오.

5 $11x^2 - 32x - 3$

6 $4x^2 + 31x - 8$

7 $10x^2 - 9x - 7$

8 $15x^2 + x - 2$

9 $3x^2 + 16x + 5$

10 $2x^2 - x - 15$

11 $8x^2 - 14x + 3$

12 $3x^2 - 8x + 5$

13 $8x^2 + 6x + 1$

14 $3x^2 - 4x - 15$

15 $18x^2 - 15x + 2$

16 $5x^2 - 7x + 2$

17 $6x^2 - 5x - 4$

18 $14x^2 - 19x - 3$

● 다음은 주어진 다항식을 인수분해하는 과정이다. □ 안에 알맞은 것을 써넣고, 다항식을 인수분해하시오.

19 $2x^2 - 7xy + 3y^2$

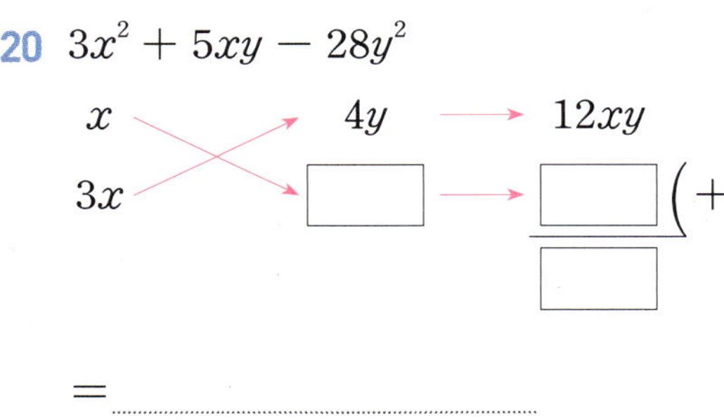

$=$ _______________

20 $3x^2 + 5xy - 28y^2$

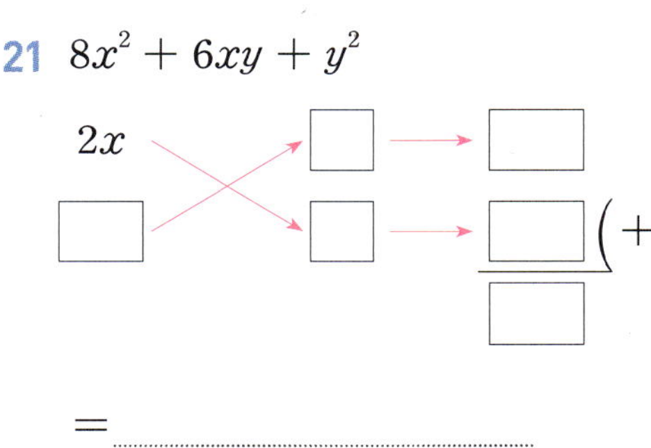

$=$ _______________

21 $8x^2 + 6xy + y^2$

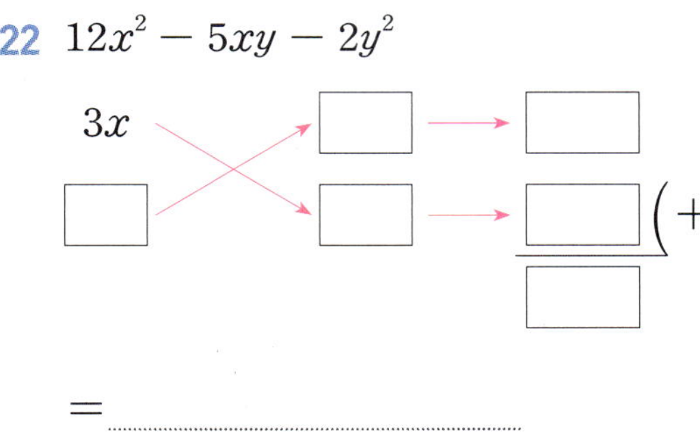

$=$ _______________

22 $12x^2 - 5xy - 2y^2$

$=$ _______________

● 다음 식을 인수분해하시오.

23 $2x^2 - xy - 15y^2$

24 $15x^2 - 8xy + y^2$

25 $12x^2 - 7xy - 10y^2$

26 $8x^2 - 14xy + 3y^2$

27 $10x^2 + 19xy + 6y^2$

28 $2x^2 + 17xy + 8y^2$

29 $3x^2 + 2xy - 5y^2$

30 $35x^2 + 8xy - 3y^2$

31 $10x^2 - 31xy - 14y^2$

32 $5x^2 + 13xy + 6y^2$

33 $7x^2 - 11xy + 4y^2$

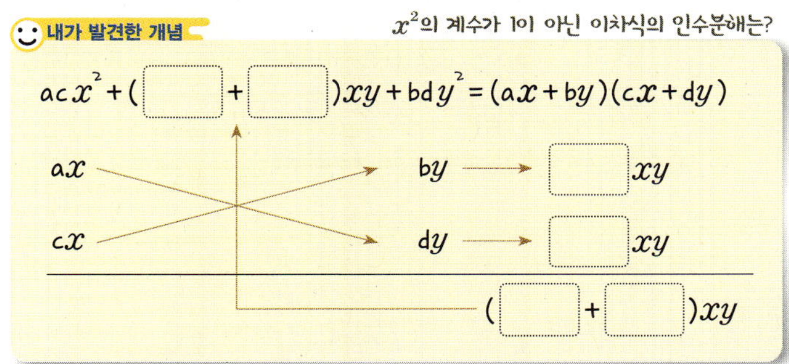

개념모음문제

34 다음 중 $18x^2 + 9x - 5$의 인수를 모두 고르면?

(정답 2개)

① $3x - 1$　　② $3x + 1$　　③ $6x - 5$

④ $6x - 1$　　⑤ $6x + 5$

인수분해 공식 종합

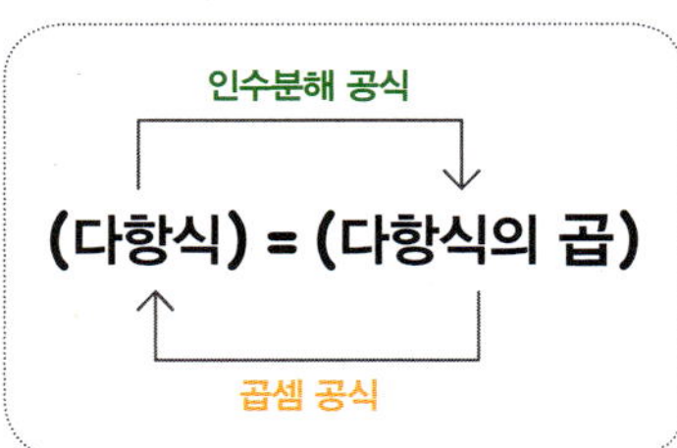

① $a^2+2ab+b^2=(a+b)^2,$
　$a^2-2ab+b^2=(a-b)^2$

② $a^2-b^2=(a+b)(a-b)$

③ $x^2+(a+b)x+ab=(x+a)(x+b)$

④ $acx^2+(ad+bc)x+bd=(ax+b)(cx+d)$

- 다음의 인수분해 공식을 이용하여 여러 가지 인수분해 관련 문항을 해결할 수 있다.
  ① $a^2+2ab+b^2=(a+b)^2,\ a^2-2ab+b^2=(a-b)^2$
  ② $a^2-b^2=(a+b)(a-b)$
  ③ $x^2+(a+b)x+ab=(x+a)(x+b)$
  ④ $acx^2+(ad+bc)x+bd=(ax+b)(cx+d)$

1st — 인수분해 공식 연습하기

● 다음 식을 인수분해하시오.

1　x^2-64

2　$x^2+22x+121$

3　$2x^2-5xy-7y^2$

4　$x^2+14x+48$

5　$x^2-5xy-24y^2$

6　$4x^2-20x+25$

7　$81x^2-y^2$

8　$15x^2+7x-2$

9　$3x^2-8xy+4y^2$

[개념모음문제]

10　다음 다항식 중 $x-3$을 인수로 갖지 <u>않는</u> 것은?

① x^2-9　　　　② x^2-x-6
③ x^2-6x+9　　④ $3x^2-8x-3$
⑤ $5x^2+14x-3$

TEST 7.다항식의 인수분해

1 다음 중 $x^2(3x+4)$의 인수가 <u>아닌</u> 것은?

① x ② $3x+4$ ③ x^2
④ $3x^3$ ⑤ $x(3x+4)$

2 다음 식을 인수분해하시오.

$$x^2-xy+6x$$

3 다음 식이 모두 완전제곱식으로 인수분해될 때, 다음 중 양수 A의 값이 가장 큰 것은?

① x^2-4x+A ② $x^2+Ax+49$
③ $x^2+10x+A$ ④ $9x^2+Ax+4$
⑤ $64x^2-Ax+9$

4 다음 중 인수분해한 것이 옳지 <u>않은</u> 것은?

① $x^2-100=(x+10)(x-10)$
② $\dfrac{1}{36}x^2-49=\left(\dfrac{1}{6}x+7\right)\left(\dfrac{1}{6}x-7\right)$
③ $4x^2-81y^2=4(x+9y)(x-9y)$
④ $27a^2-48b^2=3(3a+4b)(3a-4b)$
⑤ $-a^2+\dfrac{1}{121}=\left(\dfrac{1}{11}+a\right)\left(\dfrac{1}{11}-a\right)$

5 $x^2-12x+27$은 x의 계수가 1인 두 일차식의 곱으로 나타낼 수 있다. 두 일차식의 합을 구하시오.

6 $6x^2+x-35=(ax+5)(bx-c)$일 때, 자연수 a, b, c에 대하여 $a-b+c$의 값은?

① -12 ② -8 ③ 6
④ 8 ⑤ 12

8

식의 구조가 보이는,
여러 가지 인수분해

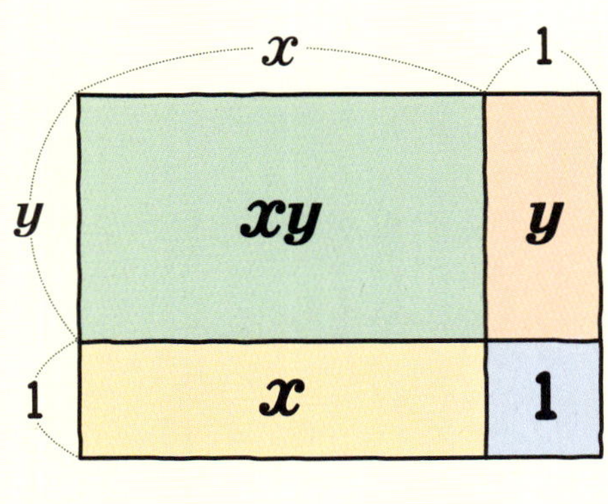

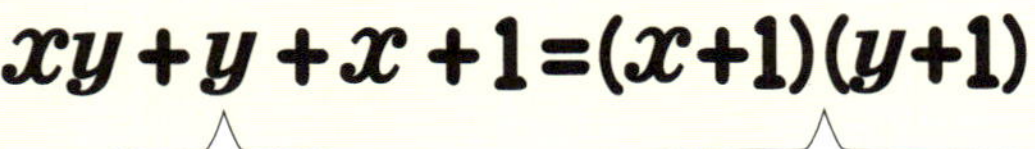

$$xy + y + x + 1 = (x+1)(y+1)$$

공통인수끼리 묶어봐!

① 공통인수가 있는 경우

$$x^3 + 2x^2 + x$$
$$= x(x^2 + 2x + 1)$$ 공통인수로 묶기
$$= x(x+1)^2$$ 인수분해

② 공통부분이 있는 경우

$$(x+1)^2 + 3(x+1) + 2$$
$$= A^2 + 3A + 2$$ $x+1=A$로 치환
$$= (A+1)(A+2)$$ 인수분해
$$= (x+1+1)(x+1+2)$$ A대신 $x+1$을 대입
$$= (x+2)(x+3)$$ 동류항끼리 정리

공통인수끼리 묶어봐!

① 두 항씩 묶기

$$xy + x + y + 1$$
$$= x(y+1) + (y+1)$$ 공통인수로 묶기
$$= (x+1)(y+1)$$ 인수분해

② $A^2 - B^2$ 꼴로 변형하기

$$x^2 + 2x + 1 - y^2$$
$$= (x+1)^2 - y^2$$ 완전제곱식으로 인수분해
$$= \underset{A+B}{(x+1+y)} \, \underset{A-B}{(x+1-y)}$$ 인수분해

01 복잡한 식의 인수분해 (1)

공통인수가 있는 다항식의 인수분해는 공통인수를 묶은 후 인수분해 공식을 이용하면 돼! 또한 공통부분이 있는 다항식의 인수분해는 공통부분을 치환한 다음 인수분해 공식을 이용하면 돼!

02 복잡한 식의 인수분해 (2)

항이 4개인 식의 인수분해는 공통인수가 드러나도록 2개씩 항을 묶어 인수분해하면 돼! 이때 3개의 항과 1개의 항으로 묶어 $A^2 - B^2$의 꼴로 나타낼 수 있으면 $A^2 - B^2$ 꼴로 변형한 후 인수분해 하면 돼!

① 공통인수를 이용

$$13 \times 17 - 13 \times 7$$
$$= 13(17-7) \quad \leftarrow \quad ma+mb=m(a+b)$$
$$= 13 \times 10$$
$$= 130$$

② 완전제곱식을 이용

$$19^2 + 2 \times 19 \times 11 + 11^2$$
$$= (19+11)^2 \quad \leftarrow \quad a^2+2ab+b^2=(a+b)^2$$
$$= 30^2$$
$$= 900$$

③ 합과 차의 곱을 이용

$$25^2 - 15^2$$
$$= (25+15)(25-15) \quad \leftarrow \quad a^2-b^2=(a+b)(a-b)$$
$$= 40 \times 10$$
$$= 400$$

03 인수분해 공식의 활용

인수분해 공식을 이용해서 복잡한 수의 계산을 해보자! 쉽고 편리하게 할 수 있어!

넓이가 x^2+3x+2인 직사각형

$$x^2+3x+2=(x+2)(x+1)$$

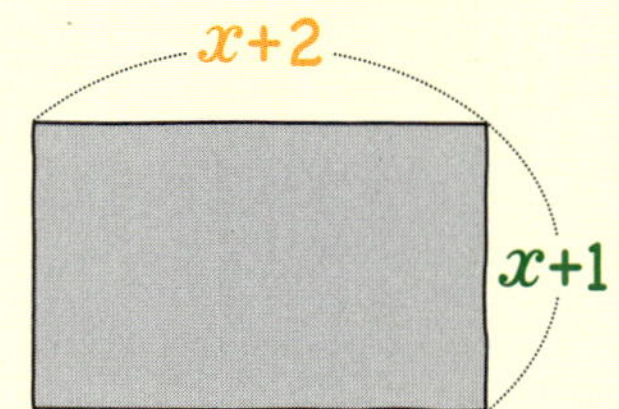

04 도형에 활용

도형의 넓이가 다항식으로 주어진 경우에 인수분해 공식을 이용해서 도형의 변의 길이 또는 도형의 넓이를 구할 수 있어!

01

공통인수끼리 묶어봐!

복잡한 식의 인수분해(1)

① 공통인수가 있는 경우

$$x^3 + 2x^2 + x$$
$$= x(x^2 + 2x + 1)$$
$$= x(x+1)^2$$

공통인수로 묶기
인수분해

② 공통부분이 있는 경우

$$(x+1)^2 + 3(x+1) + 2$$
$$= A^2 + 3A + 2$$
$$= (A+1)(A+2)$$
$$= (x+1+1)(x+1+2)$$
$$= (x+2)(x+3)$$

$x+1 = A$로 치환
인수분해
A대신 $x+1$을 대입
동류항끼리 정리

- **공통인수가 있는 다항식의 인수분해**: 공통인수가 있으면 공통인수로 묶은 후 인수분해 공식을 이용한다.
- **공통부분이 있는 다항식의 인수분해**: 공통부분이 있는 다항식은 치환을 이용하여 다음과 같은 순서로 인수분해한다.
  - (i) 공통부분을 한 문자로 치환한다.
  - (ii) 인수분해 공식을 이용하여 (i)에서 얻은 식을 인수분해한다.
  - (iii) 치환된 문자에 원래의 식을 대입하여 정리한다.

원리확인 다음은 주어진 다항식을 인수분해하는 과정이다. □ 안에 알맞은 것을 써넣으시오.

❶ $2x^3 + 4x^2 - 6x = \boxed{}(x^2 + 2x - 3)$
$$= \boxed{}(x + \boxed{})(x - \boxed{})$$

❷ $(x-3)^2 + 4(x-3) + 4$에서 $x-3 = A$로 놓으면
$$(주어진 식) = A^2 + 4A + 4$$
$$= (A + \boxed{})^2$$
$$= (\boxed{})^2$$

● 다음 식을 인수분해하시오.

1 $5x^3 - 20x$

2 $8x^3 - 4x^2 - 4x$

3 $x^2y - 6xy + 9y$

4 $x^3 + 7x^2y + 10xy^2$

5 $y(x-1) + 3(1-x)$

개념모음문제

6 $(x-2)^2 - (3x-5)(x-2) = (x-2)(ax+b)$
일 때, 상수 a, b에 대하여 $a+b$의 값은?

① -5 　② -1 　③ 0
④ 1 　⑤ 5

2nd — 공통부분이 있는 다항식 인수분해하기

● 다음 식을 인수분해하시오.

7 $(x+2)^2-2(x+2)+1$

$= A^2-2\boxed{}+1$ $x+2=A$로 치환

$= (\boxed{}-1)^2$ 인수분해

$= (x+\boxed{})^2$ $A=x+2$를 대입

8 $(x+9)^2-64$

9 $(a-2)^2-3(a-2)-10$

10 $6(x+1)^2+7(x+1)-3$

11 $2(3x-1)^2+3(3x-1)-20$

12 $(2x+y)(2x+y-1)-2$

13 $(3a+1)^2-(a-2)^2$

$= A^2-B^2$ $3a+1=A,\ a-2=B$로 치환

$= (A+B)(\boxed{})$ 인수분해

$= (\boxed{}+a-2)(\boxed{}-a+2)$ $A=3a+1,\ B=a-2$를 대입

$= (\boxed{})(2a+3)$

14 $(x+5)^2-2(x+5)(y-4)-3(y-4)^2$

15 $2(x-3)^2-9(x-3)(2y+1)-5(2y+1)^2$

16 $(x+y)^2+7(x+y)(2x-y)+12(2x-y)^2$

개념모음문제

17 다음 중 다항식 $(3x-2y)(3x-2y+1)-30$의 인수를 모두 고르면? (정답 2개)

① $3x-2y-6$ ② $3x-2y-5$

③ $3x-2y+6$ ④ $3x+2y+5$

⑤ $3x+2y+6$

02

공통인수끼리 묶어봐!

복잡한 식의 인수분해(2)

① 두 항씩 묶기

$$xy + x + y + 1$$
$$= x(y+1) + (y+1)$$ ← 공통인수로 묶기
$$= (x+1)(y+1)$$ ← 인수분해

② $A^2 - B^2$ 의 꼴로 변형하기

$$x^2 + 2x + 1 - y^2$$
$$= (x+1)^2 - y^2$$ ← 완전제곱식으로 인수분해
$$= \underset{A+B}{\underbrace{(x+1+y)}}\,\underset{A-B}{\underbrace{(x+1-y)}}$$ ← 인수분해

- **항이 4개인 식의 인수분해**
  ① 공통인수가 드러날 수 있는 경우: 공통인수가 생기도록 2개의 항 씩 묶어 인수분해한다.
  ② $A^2 - B^2$ 의 꼴로 나타낼 수 있는 경우: 3개의 항과 1개의 항으로 묶어 $A^2 - B^2$ 의 꼴로 변형한 후 인수분해한다.

원리확인 다음은 주어진 다항식을 인수분해하는 과정이다. □ 안에 알맞은 것을 써넣으시오.

❶ $xy + 2 - x - 2y = xy - 2y - x + 2$
$$= y(x - \square) - (x - \square)$$
$$= (x - \square)(y - \square)$$

❷ $x^2 + 4x + 4 - y^2 = (x^2 + 4x + 4) - y^2$
$$= (x + \square)^2 - y^2$$
$$= (x + \square + y)(x + \square - y)$$
$$= (x + \square + 2)(x - \square + 2)$$

1st ― 항이 4개인 식 인수분해하기; 2항＋2항

● 다음 식을 인수분해하시오.

1 $a^2 + a + ab + b$

2 $ax + bx + ay + by$

3 $xy + y^2 - 7x - 7y$

4 $x^2y - x + xy^2 - y$

5 $x^2 - y^2 - 5x + 5y$

6 $x^3 - x^2 - x + 1$

7 $x^3+y-x-x^2y$

8 $2a^2+ab-4ac-2bc$

개념모음문제

9 다음 두 다항식의 공통인수는?

$$xy-xz-2y+2z, \quad xy-3x-2y+6$$

① $x+1$ ② $x-2$ ③ $y+1$

④ $y-2$ ⑤ $x-y$

2nd — 항이 4개인 식 인수분해하기; 3항+1항

● 다음 식을 인수분해하시오.

10 $x^2-6x+9-y^2$

11 $a^2+8a+16-4b^2$

12 $a^2+2ab+b^2-4$

13 $x^2+4xy+4y^2-1$

14 $49-x^2+10xy-25y^2$

15 $16-9x^2-y^2+6xy$

16 x^2-y^2-4y-4

17 $a^2-2ab+b^2-9c^2$

개념모음문제

18 다음 중 다항식 $16x^2-9y^2+8x+1$의 인수를 모두 고르면? (정답 2개)

① $4x-3y-1$ ② $4x-3y+1$

③ $4x+3y-1$ ④ $4x+3y+1$

⑤ $4x-5y+1$

공통인수끼리 묶어봐!

인수분해 공식의 활용

① 공통인수를 이용

$$13 \times 17 - 13 \times 7$$

$$= 13 \times (17 - 7)$$ ← $ma+mb=m(a+b)$

$$= 13 \times 10$$

$$= 130$$

② 완전제곱식을 이용

$$19^2 + 2 \times 19 \times 11 + 11^2$$

$$= (19 + 11)^2$$ ← $a^2+2ab+b^2=(a+b)^2$

$$= 30^2$$

$$= 900$$

③ 합과 차의 곱을 이용

$$25^2 - 15^2$$

$$= (25 + 15)(25 - 15)$$ ← $a^2-b^2=(a+b)(a-b)$

$$= 40 \times 10$$

$$= 400$$

- **수의 계산**: 인수분해 공식을 이용할 수 있도록 수의 모양을 바꾸어 계산한다.
  ① 공통인수를 이용하여 계산한다. ➡ $ma+mb=m(a+b)$
  ② 완전제곱식을 이용하여 계산한다. ➡ $a^2\pm2ab+b^2=(a\pm b)^2$
  ③ 합과 차의 곱을 이용하여 계산한다. ➡ $a^2-b^2=(a+b)(a-b)$
  참고 • 복잡한 수를 계산할 때, 주어진 식을 인수분해 공식을 이용하여 정리한 후 계산하면 편리하다.
  • **식의 값**: 주어진 식을 인수분해한 후, 수나 식을 대입하여 식의 값을 구한다.

1st — **공통인수를 이용하여 수 계산하기**

● 공통인수를 이용하여 다음을 계산하시오.

1 $53 \times 65 + 53 \times 35$

$$= 53 \times (\boxed{} + \boxed{})$$

$$= 53 \times \boxed{}$$

$$= \boxed{}$$

2 $76 \times 0.91 + 76 \times 0.09$

3 $3.14 \times 98 + 3.14 \times 2$

4 $35 \times 64 - 35 \times 24$

$$= \boxed{} \times (64 - 24)$$

$$= \boxed{} \times 40$$

$$= \boxed{}$$

5 $227 \times 39 - 127 \times 39$

6 $94 \times 8.5 - 84 \times 8.5$

2nd — 완전제곱식을 이용하여 수 계산하기

● 인수분해 공식을 이용하여 다음을 계산하시오.

7 $96^2 + 2 \times 96 \times 4 + 4^2$

$= (96 + \boxed{})^2$

$= \boxed{}^2$

$= \boxed{}$

8 $29^2 + 2 \times 29 + 1$

9 $48^2 + 4 \times 48 + 4$

10 $93^2 - 2 \times 93 \times 3 + 3^2$

$= (93 - \boxed{})^2$

$= \boxed{}^2$

$= \boxed{}$

11 $62^2 - 4 \times 62 + 4$

12 $105^2 - 10 \times 105 + 25$

3rd — 합과 차의 곱을 이용하여 수 계산하기

● 인수분해 공식을 이용하여 다음을 계산하시오.

13 $52^2 - 48^2$

$= (52 + 48)(\boxed{} - \boxed{})$

$= 100 \times \boxed{}$

$= \boxed{}$

14 $85^2 - 75^2$

15 $68^2 - 67^2$

16 $103^2 - 97^2$

17 $5.8^2 - 4.2^2$

18 $2.9^2 - 2.1^2$

● 인수분해 공식을 이용하여 다음을 계산하시오.

19 $25 \times 16^2 - 25 \times 14^2$

$= 25 \times (16^2 - 14^2)$

$= 25 \times (16+14)(\boxed{} - \boxed{})$

$= 25 \times 30 \times \boxed{}$

$= \boxed{}$

20 $105^2 \times 10 - 95^2 \times 10$

21 $\dfrac{998 \times 997 + 998 \times 3}{999^2 - 1^2}$

22 $\dfrac{98^2 + 4 \times 98 + 4}{52^2 - 48^2}$

개념모음문제

23 인수분해 공식을 이용하여 다음을 계산할 때, $A - B$의 값은?

$$A = \sqrt{99^2 + 2 \times 99 + 1}$$
$$B = 11.5^2 - 2 \times 11.5 \times 6.5 + 6.5^2$$

① 75 ② 80 ③ 85

④ 90 ⑤ 95

● 인수분해 공식을 이용하여 다음 식의 값을 구하시오.

24 $x = 68$일 때, $x^2 + 4x + 4$의 값

$\rightarrow x^2 + 4x + 4 = (x + \boxed{})^2$ ← 인수분해!

$\qquad\qquad = (68 + \boxed{})^2$ ← $x = 68$을 대입!

$\qquad\qquad = \boxed{}^2$

$\qquad\qquad = \boxed{}$

25 $x = 103$일 때, $x^2 - 6x + 9$의 값

26 $x = 17$일 때, $x^2 + 3x$의 값

27 $x = 99$일 때, $x^2 - x - 2$의 값

28 $x = 5 + \sqrt{3}$일 때, $x^2 - 10x + 25$의 값

29 $x = 42$일 때, $x^2 - 64$의 값

30 $x=\sqrt{3}+\sqrt{2}$, $y=\sqrt{3}-\sqrt{2}$일 때, $x^2-2xy+y^2$의 값

$\rightarrow x^2-2xy+y^2$

$\quad =(\boxed{})^2$ ← 인수분해!

$\quad =\{(\sqrt{3}+\sqrt{2})-(\boxed{})\}^2$ ← $x=\sqrt{3}+\sqrt{2}$, $y=\sqrt{3}-\sqrt{2}$를 대입!

$\quad =(\boxed{})^2=\boxed{}$

31 $x=84$, $y=16$일 때, x^2-y^2의 값

32 $x=16$, $y=6$일 때, $x^2+xy-2y^2$의 값

33 $x=88$, $y=12$일 때, $x^2-5xy-6y^2$의 값

34 $x=3+\sqrt{2}$, $y=6-\sqrt{2}$일 때, $4x^2-4xy+y^2$의 값

35 $x=\sqrt{5}-\sqrt{3}$, $y=\sqrt{5}+\sqrt{3}$일 때, x^2-y^2의 값

36 $x+y=5$일 때, $x^2+2xy+y^2-4$의 값

$\rightarrow x^2+2xy+y^2-4$

$\quad =(x+\boxed{})^2-\boxed{}^2$ ← 인수분해!

$\quad =\boxed{}^2-\boxed{}^2$ ← $x+y=5$를 대입!

$\quad =\boxed{}$

37 $x+y=8$, $x-y=2$일 때, x^2-y^2의 값

38 $x-y=4$, $xy=-7$일 때, $3xy^2-3x^2y$의 값

39 $x+y=\sqrt{3}+2$, $x-y=\sqrt{3}-2$일 때, x^2-y^2+4y-4의 값

개념모음문제

40 $x=\dfrac{1}{\sqrt{2}+1}$, $y=\dfrac{1}{\sqrt{2}-1}$일 때, $3x^2-6xy+3y^2$의 값은?

① 6 　　② 8 　　③ 10

④ 12 　　⑤ 14

04 도형에 활용

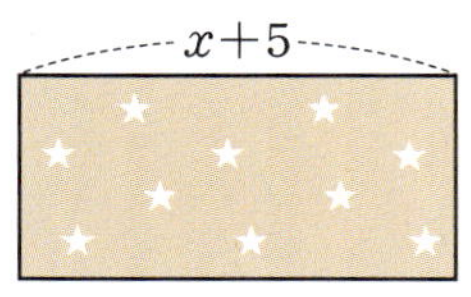

넓이가 x^2+3x+2인 직사각형

$$x^2+3x+2=(x+2)(x+1)$$

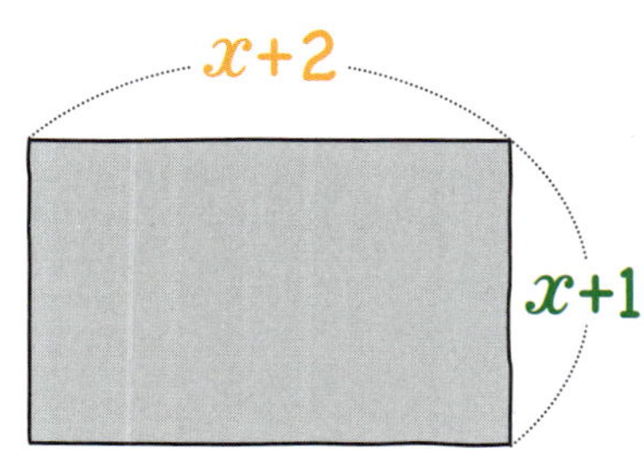

- 도형과 관련된 여러 가지 공식
  ① (정사각형의 넓이) = (한 변의 길이)^2
  ② (직사각형의 넓이) = (가로의 길이) × (세로의 길이)
  ③ (정육면체의 부피) = (한 모서리의 길이)^3
  ④ (원의 둘레의 길이) = 2π × (반지름의 길이)
  ⑤ (원의 넓이) = π × (반지름의 길이)^2

1st 인수분해 공식을 이용하여 실생활 문제 해결하기

1 다음은 넓이가 $x^2+12xy+36y^2$인 정사각형의 한 변의 길이를 구하는 과정이다. 물음에 답하시오.

(1) $x^2+12xy+36y^2$을 인수분해하시오.

(2) 정사각형의 한 변의 길이를 구하시오.

2 다음은 가로의 길이가 $x+5$인 직사각형 모양의 포장지의 넓이가 $x^2+ax-20$일 때, 포장지의 세로의 길이를 구하는 과정이다. 물음에 답하시오.

(1) 다음 식에서 상수 a, b의 값을 각각 구하시오.

$$x^2+ax-20=(x+5)(x+b)$$

(2) 포장지의 세로의 길이를 구하시오.

3 오른쪽 그림과 같이 반지름의 길이가 82.5 m인 원 모양의 광장에 반지름의 길이가 7.5 m인 원 모양의 분수대를 설치한 후, 잔디를 심으려 한다. 잔디를 심을 수 있는 부분의 넓이를 인수분해 공식을 이용하여 구하시오.

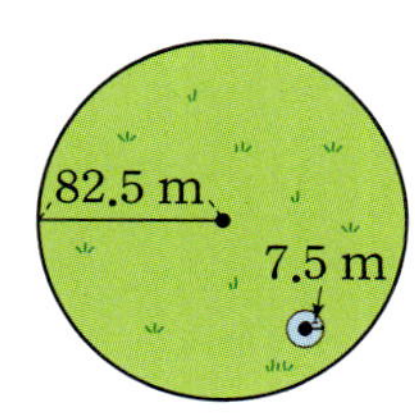

TEST

8. 여러 가지 인수분해

1 다음 **보기**에서 $(3x+4)^2-(5x-1)^2$의 인수인 것만을 있는 대로 고르시오.

> **보기**
> ㄱ. $2x+3$ ㄴ. $8x+3$
> ㄷ. $2x-5$ ㄹ. $(3x+4)(5x-1)$

2 $x^2-ax-bx+ab$가 두 일차식의 곱으로 인수분해될 때, 두 일차식의 합은?

① $2x-a-b$ ② $2x-a+b$
③ $2x+a-b$ ④ $2x+a+b$
⑤ $4x-a-b$

3 다음 식을 인수분해하시오.

$$9x^2-4y^2+20y-25$$

4 인수분해 공식을 이용하여 다음을 계산하시오.

$$\sqrt{26^2-24^2}$$

5 $x=\sqrt{2}+1$, $y=2\sqrt{2}+5$일 때, $4x^2+4xy-3y^2$의 값은 $a+b\sqrt{2}$이다. 유리수 a, b에 대하여 $a-b$의 값은?

① -37 ② -27 ③ 17
④ 27 ⑤ 37

6 다음 두 도형 (가), (나)의 넓이가 같을 때, 도형 (나)의 세로의 길이는?

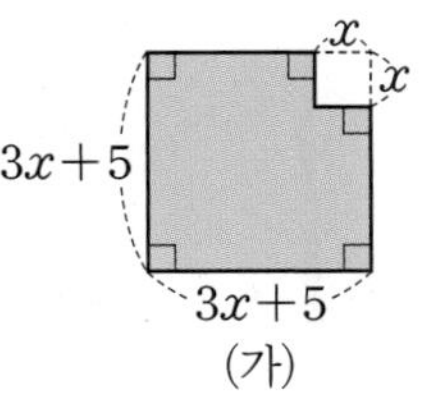

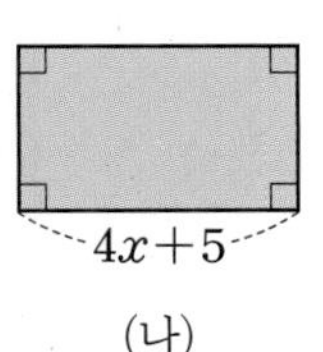

① $2x-5$ ② $2x+5$ ③ $3x$
④ $3x-5$ ⑤ $3x+5$

1 $(2a+3b)(3a-b)$를 전개하면?

① $6a^2+7ab+3b^2$
② $6a^2+7ab-3b^2$
③ $6a^2-7ab-3b^2$
④ $-6a^2+7ab+b^2$
⑤ $-6a^2+7ab-3b^2$

2 다음 중 바르게 전개한 것은?

① $(-x+y)^2=-x^2-2xy+y^2$
② $(-x-y)^2=x^2-2xy+y^2$
③ $\left(2x-\dfrac{1}{x}\right)^2=4x^2-2+\dfrac{1}{x^2}$
④ $\left(x+\dfrac{1}{x}\right)^2=x^2+2+\dfrac{1}{x^2}$
⑤ $(x+y)(x-y)=x^2+y^2$

3 $(3x+4)(2x-3)+2(x-3)(4x-5)$를 간단히 하면 Ax^2+Bx+C일 때, $3A+B+2C$의 값은?

① 41
② 43
③ 45
④ 47
⑤ 49

4 오른쪽 그림에서 색칠한 부분의 넓이는?

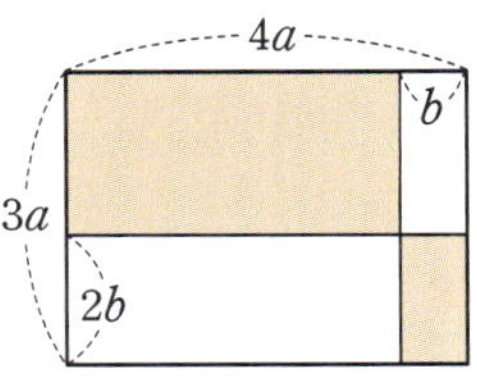

① $8a^2-11ab+2b^2$
② $8a^2-5ab+4b^2$
③ $12a^2-11ab+2b^2$
④ $12a^2-11ab+4b^2$
⑤ $12a^2-5ab+4b^2$

5 곱셈 공식을 이용하여 $\dfrac{2000\times2004+4}{2002}$를 계산하면?

① 2000
② 2001
③ 2002
④ 2003
⑤ 2004

6 $x=4+3\sqrt{2}$이고 x의 역수를 y라 할 때, $x+2y$의 값은?

① $-6\sqrt{2}$
② -8
③ $4-3\sqrt{2}$
④ 8
⑤ $6\sqrt{2}$

7 $(x+2-\sqrt{5})(x-2-\sqrt{5})$의 전개식에서 x의 계수와 상수항의 합은?

① $-2\sqrt{5}$
② $1-2\sqrt{5}$
③ 1
④ $2\sqrt{5}$
⑤ $1+2\sqrt{5}$

8 다음 중 $5xy^2-10xy+5x$의 인수가 <u>아닌</u> 것은?

① x ② $5x$ ③ $y-1$

④ y^2-1 ⑤ $xy-x$

9 다음 중 인수분해한 것이 옳지 <u>않은</u> 것은?

① $x^2+2x-24=(x+6)(x-4)$
② $16x^2-9y^2=(4x+3y)(4x-3y)$
③ $25x^2+20xy+4y^2=(5x+2y)^2$
④ $4x^2+28xy+49y^2=(2x+7y)^2$
⑤ $4x^2+15xy+9y^2=(2x+3y)^2$

10 두 다항식 $4x^2-5xy-6y^2$, $4x^2-xy-3y^2$의 1이 아닌 공통인수를 구하시오.

11 다음 다항식 중 $x+2$를 인수로 갖지 <u>않는</u> 것은?

① x^2+4x+4 ② x^2-4
③ x^2+x-6 ④ x^2-x-6
⑤ $5x^2+13x+6$

12 인수분해 공식을 이용하여 $\sqrt{51^2-45^2}$을 계산하시오.

13 $x^2-5x-1=0$일 때, $x^2+2x-\dfrac{2}{x}+\dfrac{1}{x^2}$의 값은?

① 31 ② 33 ③ 35
④ 37 ⑤ 39

14 다항식 $x(x+2)(x+3)(x+5)+8$을 인수분해하면?

① $(x^2+5x-2)(x^2+5x-4)$
② $(x^2+5x+1)(x^2+5x+8)$
③ $(x^2+5x+2)(x^2+5x+6)$
④ $(x+1)(x+4)(x^2+5x+2)$
⑤ $(x-2)(x+4)(x^2+5x+1)$

15 $x=2+\sqrt{2}$일 때, $(x+1)^2-(x+1)-6$의 값은?

① $2-\sqrt{2}$ ② $1+\sqrt{2}$ ③ $1+3\sqrt{2}$
④ $2+3\sqrt{2}$ ⑤ $2+5\sqrt{2}$

휴…고생했다! 이제 이차방정식의 뿌리를 뽑으러 가자! 

07 x^2의 계수가 1이 아닌 이차식의 인수분해 140쪽

원리확인 ❶ 3, $3x$, $-4x$, 3

❷ 1, $3x$, 1, x, $4x$, 1, 1

❸ $3y$, $3xy$, $7xy$, $3y$

❹ $2y$, $6xy$, $-5y$, $-5xy$, xy, $2y$, $3x-5y$

1 1, $2x$, $2x$, 3, $5x$ $(x+1)(2x+3)$

2 3, $6x$, $2x$, -1, $4x$, $(2x+3)(2x-1)$

3 -5, $-15x$, -1, $-x$, $-16x$, $(x-5)(3x-1)$

4 -1, $-3x$, 4, $8x$, $5x$, $(2x-1)(3x+4)$

5 $(11x+1)(x-3)$ **6** $(x+8)(4x-1)$

7 $(2x+1)(5x-7)$ **8** $(3x-1)(5x+2)$

9 $(x+5)(3x+1)$ **10** $(x-3)(2x+5)$

11 $(2x-3)(4x-1)$ **12** $(x-1)(3x-5)$

13 $(2x+1)(4x+1)$ **14** $(x-3)(3x+5)$

15 $(3x-2)(6x-1)$ **16** $(x-1)(5x-2)$

17 $(2x+1)(3x-4)$ **18** $(2x-3)(7x+1)$

19 $-y$, $-xy$, $-7xy$, $(x-3y)(2x-y)$

20 $-7y$, $-7xy$, $5xy$, $(x+4y)(3x-7y)$

21 y, $4xy$, $4x$, y, $2xy$, $6xy$, $(2x+y)(4x+y)$

22 $-2y$, $-8xy$, $4x$, y, $3xy$, $-5xy$, $(3x-2y)(4x+y)$

23 $(x-3y)(2x+5y)$ **24** $(3x-y)(5x-y)$

25 $(3x+2y)(4x-5y)$ **26** $(4x-y)(2x-3y)$

27 $(2x+3y)(5x+2y)$ **28** $(x+8y)(2x+y)$

29 $(x-y)(3x+5y)$ **30** $(5x-y)(7x+3y)$

31 $(2x-7y)(5x+2y)$ **32** $(x+2y)(5x+3y)$

33 $(x-y)(7x-4y)$

☺ ad, bc, bc, ad, ad, bc

34 ①, ⑤

08 인수분해 공식 종합 144쪽

1 $(x+8)(x-8)$ **2** $(x+11)^2$

3 $(x+y)(2x-7y)$ **4** $(x+6)(x+8)$

5 $(x+3y)(x-8y)$ **6** $(2x-5)^2$

7 $(9x+y)(9x-y)$ **8** $(3x+2)(5x-1)$

9 $(x-2y)(3x-2y)$ **10** ⑤

1 ④ **2** $x(x-y+6)$ **3** ⑤

4 ③ **5** $2x-12$ **6** ③

8 여러 가지 인수분해

01 복잡한 식의 인수분해 (1) 148쪽

원리확인 ❶ $2x$, $2x$, 3, 1 ❷ 2, $x-1$

1 $5x(x+2)(x-2)$ **2** $4x(2x+1)(x-1)$

3 $y(x-3)^2$ **4** $x(x+2y)(x+5y)$

5 $(x-1)(y-3)$ **6** ④

7 (A, A, 1) **8** $(x+17)(x+1)$

9 $a(a-7)$ **10** $(2x+5)(3x+2)$

11 $3(x+1)(6x-7)$

12 $(2x+y-2)(2x+y+1)$

13 ($A-B$, $3a+1$, $3a+1$, $4a-1$)

14 $(x-3y+17)(x+y+1)$

15 $(2x+2y-5)(x-10y-8)$

16 $3(3x-y)(7x-2y)$

17 ②, ③

02 복잡한 식의 인수분해 (2) 150쪽

원리확인 ❶ 2, 2, 2, 1 ❷ 2, 2, 2, y, y

1 $(a+1)(a+b)$ **2** $(a+b)(x+y)$

3 $(x+y)(y-7)$ **4** $(xy-1)(x+y)$

5 $(x-y)(x+y-5)$ **6** $(x-1)^2(x+1)$

7 $(x-y)(x+1)(x-1)$

8 $(2a+b)(a-2c)$ **9** ②

10 $(x+y-3)(x-y-3)$

11 $(a+2b+4)(a-2b+4)$

12 $(a+b+2)(a+b-2)$

13 $(x+2y+1)(x+2y-1)$

14 $(7+x-5y)(7-x+5y)$

15 $(4+3x-y)(4-3x+y)$

16 $(x+y+2)(x-y-2)$

17 $(a-b+3c)(a-b-3c)$

18 ②, ④

03 인수분해 공식의 활용 152쪽

1 (65, 35, 100, 5300)

2 76 **3** 314

4 (35, 35, 1400)

5 3900 **6** 85

7 (4, 100, 10000)

8 900 **9** 2500

10 (3, 90, 8100)

11 3600 **12** 10000

13 (52, 48, 4, 400)

14 1600 **15** 135

16 1200 **17** 16

18 4

19 (16, 14, 2, 1500)

20 20000 **21** 1

22 25

23 ① **24** (2, 2, 70, 4900)

25 10000 **26** 340

27 9700 **28** 3

29 1700

30 ($x-y$, $\sqrt{3}-\sqrt{2}$, $2\sqrt{2}$, 8)

31 6800 **32** 280

33 1600 **34** 18

35 $-4\sqrt{15}$ **36** (y, 2, 5, 2, 21)

37 16 **38** 84

39 3 **40** ④

04 도형에 활용 156쪽

1 (1) $(x+6y)^2$ (2) $x+6y$

2 (1) $a=1$, $b=-4$ (2) $x-4$

3 $6750\pi \ \mathrm{m}^2$

1 ㄴ, ㄷ **2** ①

3 $(3x+2y-5)(3x-2y+5)$

4 10 **5** ② **6** ②

대단원

1 ② **2** ④ **3** ②

4 ④ **5** ③ **6** ⑤

7 ② **8** ④ **9** ⑤

10 $4x+3y$ **11** ③ **12** 24

13 ④ **14** ④ **15** ⑤

빠른 정답

01 제곱근의 뜻
12쪽

원리확인 ❶ $25, 25, 5, -5$

❷ $\dfrac{1}{25}, \dfrac{1}{25}, \dfrac{1}{5}, -\dfrac{1}{5}$

❸ $0.09, 0.09, 0.3, -0.3$

❹ $0.64, 0.64, 0.8, -0.8$

1 ($\mathscr{l}$ $1, 1, 1, -1$) 2 $4, -4$
3 $6, -6$ 4 $7, -7$ 5 $9, -9$
6 $10, -10$ 7 $11, -11$ 8 $13, -13$
9 $\dfrac{1}{2}, -\dfrac{1}{2}$ 10 $\dfrac{3}{4}, -\dfrac{3}{4}$ 11 $\dfrac{2}{5}, -\dfrac{2}{5}$
12 $\dfrac{7}{6}, -\dfrac{7}{6}$ 13 $0.2, -0.2$ 14 $0.4, -0.4$
15 $0.9, -0.9$ 16 $1.1, -1.1$
17 ($\mathscr{l}$ $4, 2, -2$) 18 $8, -8$
19 $12, -12$ 20 $\dfrac{2}{3}, -\dfrac{2}{3}$ 21 $\dfrac{5}{4}, -\dfrac{5}{4}$
22 $\dfrac{9}{11}, -\dfrac{9}{11}$ 23 $0.6, -0.6$ 24 $1.3, -1.3$
25 $7, -7$ 26 $12, -12$ 27 $\dfrac{2}{3}, -\dfrac{2}{3}$
28 $0.2, -0.2$ 29 $3, -3$ 30 $\dfrac{7}{5}, -\dfrac{7}{5}$
31 $0.4, -0.4$ 32 2 33 2
34 2 35 1 36 0
37 0 38 0 ☺ $x, a, 2, 1$
39 ○ 40 ○ 41 ×
42 ○ 43 × 44 ×
45 ③, ⑤

02 제곱근의 표현
16쪽

1 ($\mathscr{l}$ $5, 5$) 2 $\sqrt{8}, -\sqrt{8}$
3 $\sqrt{10}, -\sqrt{10}$ 4 $\sqrt{12}, -\sqrt{12}$
5 $\sqrt{15}, -\sqrt{15}$ 6 $\sqrt{24}, -\sqrt{24}$
7 $\sqrt{\dfrac{1}{12}}, -\sqrt{\dfrac{1}{12}}$ 8 $\sqrt{\dfrac{3}{10}}, -\sqrt{\dfrac{3}{10}}$
9 $\sqrt{\dfrac{3}{25}}, -\sqrt{\dfrac{3}{25}}$ 10 $\sqrt{1.4}, -\sqrt{1.4}$
11 $\sqrt{0.18}, -\sqrt{0.18}$ 12 $\sqrt{2.36}, -\sqrt{2.36}$
13 ($\mathscr{l}$ $\sqrt{3}, -\sqrt{3}, \pm\sqrt{3}$)
14 $\pm\sqrt{7}$ 15 $\pm\sqrt{11}$
16 $\pm\sqrt{19}$ 17 $\pm\sqrt{\dfrac{3}{7}}$
18 $\pm\sqrt{\dfrac{11}{5}}$ 19 $\pm\sqrt{0.7}$
20 $\pm\sqrt{3.4}$ 21 ($\mathscr{l}$ $2, 2$)
22 $\pm\sqrt{13}, \sqrt{13}$ 23 $\pm\sqrt{14}, \sqrt{14}$
24 $\pm\sqrt{23}, \sqrt{23}$ 25 $\pm\sqrt{\dfrac{3}{8}}, \sqrt{\dfrac{3}{8}}$
26 $\pm\sqrt{5.5}, \sqrt{5.5}$ 27 $\sqrt{8}$
28 $\sqrt{13}$ 29 $-\sqrt{52}$
30 $\pm\sqrt{\dfrac{5}{18}}$ 31 $\sqrt{\dfrac{3}{19}}$
32 $-\sqrt{2.9}$ 33 $\pm\sqrt{2.41}$
☺ 양, $\sqrt{a}, -\sqrt{a}, \sqrt{a}$ 34 ($\mathscr{l}$ 2)
35 3 36 1 37 6 38 9

39 $\dfrac{7}{10}$ 40 $\dfrac{1}{11}$ 41 0.5 42 ($\mathscr{l}$ -4)
43 -8 44 -5 45 $-\dfrac{3}{4}$ 46 $-\dfrac{12}{7}$
47 -1.4 48 -1.5 49 ①, ③

03 제곱근의 성질
20쪽

원리확인 ❶ 3 ❷ $3, 3$ ❸ 3 ❹ $3, 3$

1 2 2 7 3 -11 4 $\dfrac{1}{2}$
5 $\dfrac{1}{3}$ 6 0.4 7 -1.6 8 2
9 $\dfrac{5}{3}$ 10 -7 11 $\dfrac{4}{7}$ 12 9
13 15 14 -1.2 15 2 16 6
17 7 18 9 19 -4 20 -5
21 -12 22 $\dfrac{3}{2}$ 23 $\dfrac{15}{7}$ 24 $-\dfrac{2}{5}$
25 $-\dfrac{11}{4}$ 26 0.3 27 -0.8 28 -1.1
29 11 30 8 31 4 32 4
33 7 34 0 35 17 36 1
37 -0.5 38 3 39 $\dfrac{3}{2}$ 40 24
41 -45 42 4 43 0.12 44 4
45 25 46 2 47 -70 48 ⑤

04 $\sqrt{A^2}$의 성질
24쪽

1 $>, 2a$ 2 $>, 3a$ 3 $>, 7a$
4 $<, 4a$ 5 $<, 5a$ 6 $<, -2a$
7 $<, -15a$ 8 $>, -11a$ 9 $>, 6a$
10 $>, 9a$ 11 $9a$ 12 $7a$
13 $8a$ 14 $-16a$ 15 a
16 $21a$ 17 $20a$ 18 a
19 a 20 $3a$ 21 $12a$
22 $-2a$ 23 $3a$ 24 $15a$
25 $-9a$ 26 $-7a$ 27 $-8a$
28 $16a$ 29 $-17a$ 30 $-21a$
31 $-20a$ 32 a 33 $2a$
34 0 35 $-13a$ 36 $-a$
37 ⑤ 38 $>, x-1$
39 $<, x-1, -x+1$ 40 $>, y+1$
41 $<, y-2, -y+2$ 42 $>, x+3$
43 $<, y+5, -y-5$ 44 $a-2$
45 $-a-3$ 46 $a+5$ 47 $a-1$
48 $4-a$ 49 ③

05 제곱수를 이용하여 근호 없애기
28쪽

1 5 2 2 3 6 4 15
5 14 6 35 7 35 8 3
9 6 10 2 11 3 12 3

13 11 14 15 15 7 16 30
17 6 18 5 19 15 20 ④
21 2 22 5 23 21 24 55
25 42 26 3 27 5 28 7
29 11 30 3 31 14 32 ④
33 2 34 6 35 5 36 3
37 3 38 10 39 11 40 9
41 1 42 9 43 1 44 ③
45 $1, 4$ 46 $4, 7$ 47 $1, 6, 9$
48 $5, 10, 13$ 49 $4, 11, 16, 19$
50 $6, 13, 18, 21$ 51 $1, 10, 17, 22, 25$
52 $5, 14, 21, 26, 29$ 53 $1, 12, 21, 28, 33, 36$
54 $6, 17, 26, 33, 38, 41$
55 $8, 19, 28, 35, 40, 43$
56 ④

TEST 1. 제곱근
33쪽

1 ①, ③ 2 ④ 3 ⑤
4 ③ 5 ③ 6 38

01 제곱근의 대소 관계
36쪽

1 $<$ 2 $>$ 3 $<$ 4 $>$
5 $>$ 6 $<$ 7 $>$ 8 $<$
9 $<$ 10 $>$ 11 $<$ 12 $>$
13 $>$ 14 $<$ 15 $<$ 16 $>$
17 $<$ 18 $>$ 19 $>$ 20 $<$
21 $>$ 22 $>$ 23 ④

02 제곱근을 포함한 부등식
38쪽

1 $1, 2$ 2 $1, 2, 3, 4, 5, 6$
3 $1, 2, 3, 4, 5, 6, 7$ 4 $1, 2, 3, 4$
5 $1, 2, 3, 4, 5, 6, 7, 8$ 6 $1, 2, 3$
7 $1, 2, 3, 4$ 8 $1, 2, 3, 4$
9 $1, 2, 3, 4, 5, 6, 7, 8$
10 $1, 2, 3, \cdots, 13, 14, 15$
11 3 12 6 13 4 14 7
15 23 16 15 17 8 18 5
19 11 20 1 21 1 22 2
23 ②

9 $28-10\sqrt{3}$ 10 $38-12\sqrt{2}$
11 $76-42\sqrt{3}$ 12 $21-4\sqrt{5}$
13 2 14 1 15 -6
16 -17 17 19 18 ⑤

원리확인 ❶ $\sqrt{6}+\sqrt{2}$, $\sqrt{6}+\sqrt{2}$, $\sqrt{6}+\sqrt{2}$
❷ $1+\sqrt{3}$, $1+\sqrt{3}$, $4+2\sqrt{3}$, -2, $-2-\sqrt{3}$

1 $\sqrt{2}-1$ 2 $3\sqrt{5}-6$ 3 $\dfrac{\sqrt{15}+3}{6}$
4 $3+2\sqrt{2}$ 5 $-4-3\sqrt{2}$ 6 $\dfrac{\sqrt{7}-\sqrt{5}}{2}$
7 $\sqrt{10}-\sqrt{2}$ 8 $4\sqrt{2}-\sqrt{31}$ 9 $\sqrt{13}-2\sqrt{3}$
10 $\sqrt{5}+\sqrt{3}$ 11 $\sqrt{19}+3\sqrt{2}$ 12 $8+3\sqrt{7}$
13 $31-8\sqrt{15}$ 14 $5+2\sqrt{6}$ 15 $2-\sqrt{3}$
☺ $-$, $+$, $-$, $+$ 16 ⑤

원리확인 ❶ $2ab$, $2ab$ ❷ $2ab$, $2ab$
❸ $2ab$, $2ab$, $a+b$ ❹ $2ab$, $2ab$, $a-b$
❺ 2, 2 ❻ 2, 2 ❼ 2, 2, $a+\dfrac{1}{a}$
❽ 2, 2, $a-\dfrac{1}{a}$

1 $2xy$, 12, 13 2 $4xy$, 24, 1
3 $2xy$, 6, 22 4 $4xy$, 12, 28
☺ b^2, b, a^2, a 5 10 6 6
7 13 8 29 9 24 10 24
11 10 12 40 13 6 14 29
15 1 16 4 17 ② 18 2, 2, 47
19 4, 4, 45 20 2, 2, 27 21 4, 4, 29 22 23
23 11 24 21 25 13 26 34
27 6 28 32 29 8
☺ x, x, x, 2, 2 30 ④

원리확인 $a+3b$, $4c^2$, $a+3b$, $a+3b$, $6ab$

1 $a^2+2ab+b^2-25$ 2 $x^2-4xy+4y^2-9$
3 $25x^2-10xy+y^2-1$
4 $a^2-2ab+b^2+7a-7b+6$
5 $a^2+2a+1-4b^2$ 6 ③

1 ㄷ 2 ⑤ 3 18
4 ⑤ 5 45 6 ④

7 다항식의 인수분해

1 $2a-2b$ 2 $3x^2+3x$
3 a^2+4a+4 4 $4x^2-4x+1$
5 x^2-4 6 $16a^2-1$
7 $x^2-3x-10$ 8 $6a^2+a-15$
9 $2x^2+xy-6y^2$ 10 x, $x+3$에 ○
11 $a+1$, $a-1$에 ○
12 x, x^2, $x+3y$, $x(x+3y)$에 ○
13 a, b, ab, $a+2c$, $b(a+2c)$에 ○
14 $x-3$, $(x-3)(x+5)$, $2(x-3)$,
　$2x+10$에 ○
15 $x-y$, $x+y$, $3(x-y)$, $3x+3y$에 ○
16 ⑤

1 ($\diagup$ x) 2 $xy(1-z)$
3 $x(y+7z)$ 4 $a(2a+1)$
5 ($\diagup$ $-3x$) 6 $x^2(1+x^3)$
7 $4y(x+3y)$ 8 $3ab(5a+b)$
9 $4xy(2x-5y)$ 10 $-5a^2(x-3ay)$
11 ($\diagup$ xy, 1) 12 $a(x+yz-z)$
13 $7a(a+3b+2)$ 14 $6x(xy-3y+2)$
15 $2a(a+3b-2c)$ 16 $x(ax+by+cz)$
17 $ab(a^2b+a-b)$ 18 ($\diagup$ x, 5, $x+5$)
19 $(a+b)(7-b)$ 20 $(a+b)(3x-5)$
21 $(x-1)(x-4)$ 22 ④

원리확인 ❶ 3, 3, 3 ❷ $2x$, 1, 1, 1
❸ $3x$, $2y$, $2y$, $3x$, $2y$

1 $(a+2)^2$ 2 $(x+8)^2$ 3 $(a+7)^2$
4 $(x+6)^2$ 5 $(2x+1)^2$ 6 $(3a+1)^2$
7 $(9y+2)^2$ 8 $(x+5y)^2$ 9 $(2a+5b)^2$
10 $(x-4)^2$ 11 $(a-5)^2$ 12 $(x-9)^2$
13 $(b-10)^2$ 14 $(4x-1)^2$ 15 $(5x-1)^2$
16 $(3x-2)^2$ 17 $(x-2y)^2$ 18 $(3x-4y)^2$
☺ x, y, x, y, x, y, $x-y$ 19 ④

원리확인 ❶ 16 ❷ ±10 ❸ 7, 49
❹ $5x$, 2, $\pm20x$, ±20 ❺ $3y$, 9, 9
❻ $9x$, $2y$, $\pm36xy$, ±36

1 4 2 64 3 36 4 25
5 81 6 9 7 4 8 ±14
9 $\pm\dfrac{2}{3}$ 10 ±12 11 ±4 12 ±40
☺ $2A$, A 13 ②

원리확인 ❶ 4, 4, 4 ❷ 2, $3x+2$, 2
❸ $11y$, $x-11y$ ❹ $9y$, $9y$, $9y$

1 $(x+7)(x-7)$ 2 $(a+5)(a-5)$
3 $(3a+1)(3a-1)$ 4 $(8x+1)(8x-1)$
5 $(x+4y)(x-4y)$ 6 $(7a+2b)(7a-2b)$
7 $(6x+5y)(6x-5y)$
8 $(9a+10b)(9a-10b)$
9 $5(x+3)(x-3)$ 10 $2(x+4y)(x-4y)$
11 $3(5x+y)(5x-y)$ 12 $3(4+x)(4-x)$
13 $-(2x+5)(2x-5)$
14 $-5(x+4y)(x-4y)$
15 $\left(x+\dfrac{1}{5}\right)\left(x-\dfrac{1}{5}\right)$ 16 $\left(2a+\dfrac{3}{7}\right)\left(2a-\dfrac{3}{7}\right)$
17 $\left(\dfrac{1}{8}+x\right)\left(\dfrac{1}{8}-x\right)$ 18 $4\left(a+\dfrac{1}{5}\right)\left(a-\dfrac{1}{5}\right)$
☺ x, y, x, y 19 ③

원리확인 ❶ 6, 5, 3, 1, 3, 3
❷ 19, -18, -19, 11, -9, -11, 9, -6, -9,
　9, 3, 6, 6

1 2, 4 2 -2, 3
3 -3, -5 4 2, -7
5 4, 5 6 -1, 4
7 -5, -6 8 3, $3x$, 3
9 -7, $-7x$, $-x$, $x-7$
10 -2, $-2x$, $-10x$, $x-2$
11 $-2y$, $-2xy$, $3xy$, $x-2y$
12 $(x+4)(x+8)$ 13 $(x-5)(x+7)$
14 $(x-3)(x-6)$ 15 $(x+2)(x+3)$
16 $(x+2)(x+13)$ 17 $(x-1)(x+12)$
18 $(x-5)(x-7)$ 19 $(x+2)(x-7)$
20 $(x+5)(x+6)$ 21 $(x-3)(x-7)$
22 $(x+3)(x+12)$ 23 $(x+4)(x-10)$
24 $(x-2)(x-10)$ 25 $(x-1)(x-6)$
26 $(x+5)(x-6)$ 27 $(x+5)(x+8)$
28 $(x+7)(x-1)$ 29 $(x+1)(x+13)$
30 $(x-4y)(x+5y)$ 31 $(x-3y)(x-4y)$
32 $(x-2y)(x+10y)$ 33 $(x+y)(x+7y)$
34 $(x-y)(x-2y)$ ☺ a, ab, b
35 ③

5 다항식의 곱셈

01 다항식과 다항식의 곱셈 92쪽

원리확인 ❶ $3x$, 5, 3, 5 ❷ $3x$, 15

❸ -3, 6, -3, 5

1 $3x^2-12x$

2 $-5x^2-2xy$

3 $7x^2+14xy+35x$

4 $-4a^2-4ab+12ac$

5 $18x^2-3xy+6xz$

6 $4a^2+5ab-2a$

7 $-3x^2-9xy$

8 $-a^2-21ab-2b^2+ac$

9 ($\mathscr{D}$ $3x$, 12)

10 $3xy+4x-6y-8$

11 $3ab-12a+b-4$

12 $3ax-bx+3ay-by$

13 $-8xy+4x+20y-10$

14 $2ab-5a-12b+30$

15 ($\mathscr{D}$ 15, 4, 11)

16 $3b^2-5b-12$

17 $3x^2-17xy+10y^2$

18 $-2a^2-9ab+5b^2$

19 $6x^2-23xy+7y^2$

20 ④

02 곱셈 공식; 합의 제곱, 차의 제곱 94쪽

원리확인 ❶ $3b$, $6ab$ ❷ $2x$, $3y$, $12xy$

1 x^2+4x+4 　　2 $x^2+12x+36$

3 $a^2+14a+49$ 　　4 $4x^2+12x+9$

5 $9y^2+24y+16$ 　　6 $16a^2+8a+1$

7 $25b^2+20b+4$ 　　8 x^2+6x+9

9 $x^2+4xy+4y^2$ 　　10 $x^2+6xy+9y^2$

11 $16x^2+8xy+y^2$ 　　12 $4x^2+12xy+9y^2$

13 $9x^2+30xy+25y^2$ 　　14 $9a^2+24ab+16b^2$

15 $4a^2+28ab+49b^2$ 　　16 $36x^2+12xy+y^2$

17 $x^2-8x+16$ 　　18 $z^2-14x+49$

19 $a^2-16a+64$ 　　20 $9x^2-12x+4$

21 $16y^2-24y+9$ 　　22 $25a^2-10a+1$

23 $36b^2-60b+25$ 　　24 $\frac{1}{4}x^2-3x+9$

25 $x^2-6xy+9y^2$ 　　26 $4x^2-24xy+36y^2$

27 $25x^2-30xy+9y^2$ 　　28 $36a^2-84ab+49b^2$

29 $49a^2-56ab+16b^2$ 　　30 $\frac{1}{9}x^2-\frac{4}{3}xy+4y^2$

31 ④ 　　32 6 　　33 7

34 8, 64 　　35 2, 4 　　36 4, 16

37 6, 36 　　38 2, 4 　　39 5, 40

40 5 　　41 9 　　42 6, 36

43 8, 64 　　44 5, 25 　　45 2, 4

46 6, 36 　　47 4, 24 　　:) +, −, 2

48 ②

03 곱셈 공식; 합과 차의 곱 98쪽

원리확인 ❶ b^2 ❷ $-a$, a^2 ❸ b, b, b, b^2

1 a^2-25 　　2 $49-a^2$ 　　3 a^2-9

4 $1-4b^2$ 　　5 $1-9y^2$ 　　6 x^2-4y^2

7 a^2-25b^2 　　8 $4x^2-y^2$ 　　9 $49x^2-y^2$

10 $36a^2-4b^2$ 　　11 y^2-36x^2 　　12 $16b^2-49a^2$

13 $9y^2-64x^2$ 　　14 $4b^2-81a^2$ 　　15 $x^2-\frac{1}{4}y^2$

16 $\frac{1}{9}x^2-y^2$ 　　17 $a^2-\frac{1}{16}b^2$ 　　18 $\frac{1}{25}x^2-y^2$

19 $\frac{4}{9}x^2-\frac{1}{4}y^2$ 　　20 $-\frac{9}{16}a^2+\frac{1}{4}b^2$

:) − 　　21 ⑤

04 곱셈 공식; x의 계수가 1인 두 일차식의 곱 100쪽

원리확인 ❶ 3, 4 ❷ -2, 3 ❸ -4, 9

1 $x^2+7x+10$ 　　2 $y^2+9y+20$

3 $x^2+4x-12$ 　　4 $a^2-3a-54$

5 $x^2-15x+56$ 　　6 $b^2-12b+20$

7 $x^2+4xy+3y^2$ 　　8 $a^2+8ab+15b^2$

9 $x^2+5xy-24y^2$ 　　10 $a^2-5ab-36b^2$

11 $a^2-ab-42b^2$ 　　12 $x^2-10xy+24y^2$

13 $x^2-15xy+56y^2$ 　　14 $x^2-2xy+\frac{3}{4}y^2$

15 $x^2+\frac{1}{12}xy-\frac{1}{24}y^2$ 　　16 $x^2-\frac{1}{3}xy-\frac{2}{9}y^2$

17 $a^2+\frac{1}{6}ab-\frac{1}{3}b^2$ 　　18 $x^2-\frac{3}{5}xy+\frac{2}{25}y^2$

:) $a+b$, ab 　　19 ③

05 곱셈 공식; x의 계수가 1이 아닌 두 일차식의 곱 102쪽

원리확인 ❶ 4, 4, 14, 8 ❷ 4, -3, 2, 15

❸ 5, -2, -8, 54, 16

1 $6x^2+13x+5$ 　　2 $12x^2+18x-12$

3 $14x^2+27x-20$ 　　4 $6a^2-23a-18$

5 $18y^2-36y+16$ 　　6 $8k^2-14k+3$

7 $2x^2+7xy+6y^2$ 　　8 $8a^2+14ab+3b^2$

9 $6x^2-15xy-9y^2$ 　　10 $3a^2-17ab-28b^2$

11 $5x^2-26xy+24y^2$

12 $-12x^2+29xy-14y^2$

13 $-2x^2+xy+15y^2$ 　　14 $8x^2-28xy+20y^2$

15 $2x^2+11xy+15y^2$ 　　16 $-6x^2-\frac{5}{2}xy+y^2$

17 $12x^2+\frac{7}{12}xy-\frac{1}{12}y^2$

18 $8x^2-\frac{5}{3}xy+\frac{1}{12}y^2$

:) ad, bc 　　19 ②

06 곱셈 공식에 관한 종합 문제 104쪽

원리확인 ❶ $2ab$ ❷ $2ab$ ❸ a^2-b^2

❹ $a+b$ ❺ $ad+bc$

1 $4x^2-9$ 　　2 $6x^2+13x+5$

3 $k^2-6k-27$ 　　4 $6x^2-31x+5$

5 $49x^2+42x+9$ 　　6 $4x^2-36x+81$

7 $49t^2+70t+25$ 　　8 $x^2-12x+32$

9 $4-25x^2$ 　　10 $8x^2+22x-6$

11 $y^2-6xy+9x^2$ 　　12 $9x^2-6xy+y^2$

13 $-6a^2+14ab+12b^2$ 　　14 $-8x^2+49xy-6y^2$

15 $9x^2-y^2$

16 $-15x^2-34xy+16y^2$

17 2, 4 　　18 1, 3 　　19 5, 16 　　20 5, 2

21 3, 12 　　22 7, 5 　　23 3, 9 　　24 2, 12

25 2, 2 　　26 2, 8 　　27 3, 9 　　28 2, 4

29 4, 4 　　30 9, 23 　　31 $18x^2-30x+24$

32 $-7x^2+2x-57$ 　　33 $5x^2+4x-14$

34 $9x^2+6x-15$ 　　35 $-13x^2-5x+22$

36 ⑤

TEST 5. 다항식의 곱셈 107쪽

1 ④ 　　2 ⑤ 　　3 13

4 $5x^2+9x+17$ 　　5 ⑤ 　　6 ③

6 곱셈 공식을 이용한 식의 계산

01 곱셈 공식을 이용한 수의 계산 110쪽

원리확인 ❶ 3, 3, 10609 ❷ 3, 3, 3, 9991

❸ 90, 2, 90, 2, 8372

1 2601 　　2 11025 　　3 91204 　　4 102.01

5 2401 　　6 9604 　　7 39601 　　8 94.09

9 4899 　　10 896 　　11 8.91 　　12 10302

13 2756 　　14 4692 　　15 408.03 　　16 95.04

17 ③

02 곱셈 공식을 이용한 근호를 포함한 식의 계산 112쪽

원리확인 ❶ 5, 15, 8, 15 ❷ $\sqrt{2}$, 4

1 $13+2\sqrt{30}$ 　　2 $12+2\sqrt{35}$

3 $7+2\sqrt{6}$ 　　4 $14+4\sqrt{10}$

5 $21+12\sqrt{3}$ 　　6 $43+30\sqrt{2}$

7 $8-2\sqrt{15}$ 　　8 $9-2\sqrt{14}$

20 100, 10, 0.5477
21 100, 10, 0.1732
22 10000, 100, 0.05477
23 100, 10, 14.14
24 100, 10, 44.72
25 10000, 100, 141.4
26 100, 10, 0.4472
27 100, 10, 0.1414
28 10000, 100, 0.04472
29 22.36　　30 70.71　　31 223.6
32 0.7071　　33 0.2236　　34 0.07071
35 ④

TEST 3. 근호를 포함한 식의 곱셈과 나눗셈　67쪽

1 ④　　2 ②, ③　　3 25
4 ⑤　　5 ③　　6 $\sqrt{6}$ cm

---

4 근호를 포함한 식의 덧셈과 뺄셈

01 제곱근의 덧셈과 뺄셈 (1)　70쪽

원리확인 ❶ 2, 6, 3　❷ 3, 8, 2　❸ 4, 2, 2
❹ 5, 2, 5

1 $7\sqrt{2}$　2 $8\sqrt{3}$　3 $8\sqrt{5}$　4 $\dfrac{5\sqrt{2}}{3}$
5 $2\sqrt{3}$　6 $\dfrac{6\sqrt{5}}{5}$　7 $10\sqrt{3}$　8 $\sqrt{3}$
9 $3\sqrt{2}$　10 $2\sqrt{7}$　11 $6\sqrt{5}$　12 $\sqrt{2}$
13 $\sqrt{3}$　14 $\dfrac{4\sqrt{5}}{9}$　15 $-7\sqrt{7}$　16 $8\sqrt{3}$
17 $4\sqrt{5}$　18 $\sqrt{2}$　19 $7\sqrt{6}$　20 $\dfrac{4\sqrt{2}}{5}$
☺ n, n, n, l　21 ④

02 제곱근의 덧셈과 뺄셈 (2)　72쪽

원리확인 ❶ 2, 2, 2, 2, 4, 2, 6, 2
❷ 2, 2, 2, 5, 3, 2, 2, 2

1 $5\sqrt{2}$　2 $5\sqrt{3}$　3 $3\sqrt{5}$　4 $\sqrt{2}$
5 $\sqrt{3}$　6 $-\sqrt{6}$　7 $\sqrt{2}$　8 $-3\sqrt{3}$
9 $-\sqrt{2}+5\sqrt{5}$　10 $-3\sqrt{3}+3\sqrt{7}$
11 $2\sqrt{3}+4\sqrt{5}$　12 $-\sqrt{15}+2\sqrt{6}$
13 $7\sqrt{5}+2\sqrt{10}$　14 $3\sqrt{2}+3\sqrt{11}$
15 $\sqrt{2}+6\sqrt{6}$　16 $3\sqrt{3}-8\sqrt{2}$
17 $4\sqrt{5}-5\sqrt{2}$　18 $-\sqrt{5}-5\sqrt{3}$
19 $2\sqrt{7}+7\sqrt{3}$　20 ③

---

03 근호를 포함한 식의 계산; 분배법칙　74쪽

원리확인 ❶ $\sqrt{3}, \sqrt{3}, \sqrt{6}, \sqrt{21}$
❷ $\sqrt{3}, \sqrt{3}, 3, 3, \sqrt{5}, \sqrt{2}$

1 (✐ $2, \sqrt{6}$)　2 $3\sqrt{10}+\sqrt{35}$
3 $-\sqrt{15}-\sqrt{6}$　4 $-2\sqrt{15}-6\sqrt{2}$
5 (✐ $\sqrt{10}, \sqrt{15}$)　6 $\sqrt{30}-\sqrt{15}$
7 (✐ $\sqrt{10}, 2\sqrt{3}$)　8 $2\sqrt{6}+\sqrt{21}$
9 $2\sqrt{10}+5\sqrt{2}$　10 (✐ $\sqrt{15}, \sqrt{35}$)
11 $4\sqrt{3}-3\sqrt{2}$　12 $10\sqrt{2}-2\sqrt{15}$
13 (✐ $2, 2, \sqrt{5}, \sqrt{3}$)　14 $\sqrt{5}+2$
15 $\sqrt{6}+1$　16 $\sqrt{2}-\sqrt{3}$
17 $2-\sqrt{7}$　18 ③

04 근호를 포함한 식의 계산; 분모의 유리화　76쪽

원리확인 ❶ 2, 2, 2, 2, 2, 1, 3, 2
❷ 3, 3, 45, 9, 3, 5, 3, 3, 5, 1

1 $1+\dfrac{\sqrt{2}}{2}$　2 $\dfrac{\sqrt{6}-\sqrt{2}}{2}$
3 $1+\dfrac{2\sqrt{3}}{3}$　4 $\dfrac{\sqrt{15}-\sqrt{3}}{3}$
5 $\dfrac{\sqrt{2}}{2}+\dfrac{\sqrt{10}}{5}$　6 $\dfrac{\sqrt{5}}{5}+\dfrac{\sqrt{15}}{3}$
7 $\dfrac{\sqrt{2}-\sqrt{10}}{2}$　8 $\dfrac{\sqrt{3}-\sqrt{6}}{3}$
9 $\sqrt{2}-\dfrac{\sqrt{6}}{2}$　10 $\dfrac{\sqrt{5}-\sqrt{30}}{5}$
11 $\dfrac{\sqrt{6}}{2}-\dfrac{\sqrt{3}}{3}$　12 $\dfrac{10\sqrt{11}-\sqrt{22}}{11}$
13 (✐ $\sqrt{2}, \sqrt{2}, 2, 3, 3, 5$)
14 $\dfrac{10\sqrt{6}}{3}$　15 $\dfrac{3\sqrt{10}}{4}$
16 $-2\sqrt{21}$　17 $\dfrac{103\sqrt{30}}{30}$
18 ①

05 근호를 포함한 식의 혼합 계산　78쪽

1 $5\sqrt{2}$　2 $2\sqrt{3}$
3 $\dfrac{2\sqrt{6}}{3}$　4 $-2\sqrt{5}$
5 $\sqrt{6}+4\sqrt{2}$　6 $2\sqrt{5}+\sqrt{10}$
7 $2+4\sqrt{15}$　8 $\sqrt{2}$
9 $2\sqrt{6}-3\sqrt{2}$　10 $5\sqrt{2}$
11 ①　12 (✐ -2)
13 -3　14 -1
15 3　16 (✐ $3, 1$)
17 6　18 -3
19 -9　☺ b
20 ①

---

06 무리수의 정수 부분과 소수 부분　80쪽

원리확인 ❶ 16, 4, 3, 3　❷ 25, 5, 4, 4
❸ 25, 36, 5, 6, 5, 5　❹ 3, -3, 3, 4, 3, 3, 3
❺ 4, -4, 3, 4, 3, 3, 4

1 정수 부분 : 2, 소수 부분 : $\sqrt{5}-2$
2 정수 부분 : 1, 소수 부분 : $\sqrt{3}-1$
3 정수 부분 : 3, 소수 부분 : $\sqrt{11}-3$
4 정수 부분 : 6, 소수 부분 : $\sqrt{43}-6$
5 정수 부분 : 9, 소수 부분 : $\sqrt{99}-9$
6 정수 부분 : 10, 소수 부분 : $\sqrt{120}-10$
☺ n, n
7 정수 부분 : 2, 소수 부분 : $\sqrt{3}-1$
8 정수 부분 : 1, 소수 부분 : $\sqrt{5}-2$
9 정수 부분 : 1, 소수 부분 : $2-\sqrt{2}$
10 정수 부분 : 0, 소수 부분 : $3-\sqrt{6}$
11 정수 부분 : 3, 소수 부분 : $3-\sqrt{7}$
12 ④

07 실수의 대소 관계　82쪽

원리확인 $\sqrt{5}, \sqrt{5}, <, <, <$

1 >　2 >　3 <　4 >
5 <　6 >　7 >　8 <
9 ③

TEST 4. 근호를 포함한 식의 덧셈과 뺄셈　83쪽

1 $6\sqrt{3}$　2 ①　3 ③
4 -4　5 $3\sqrt{13}-6$　6 ③

대단원 TEST Ⅰ. 실수와 그 연산　84쪽

1 ②　2 ③　3 ②
4 ③　5 ②　6 ③
7 $2+\sqrt{13}$　8 ②, ⑤　9 ④
10 ②　11 $\sqrt{14}$ cm　12 ④
13 ⑤　14 ④　15 ④

수학은 개념이다!

디딤돌의 중학 수학 시리즈는
여러분의 수학 자신감을 높여 줍니다.

개념 이해
디딤돌수학 개념연산

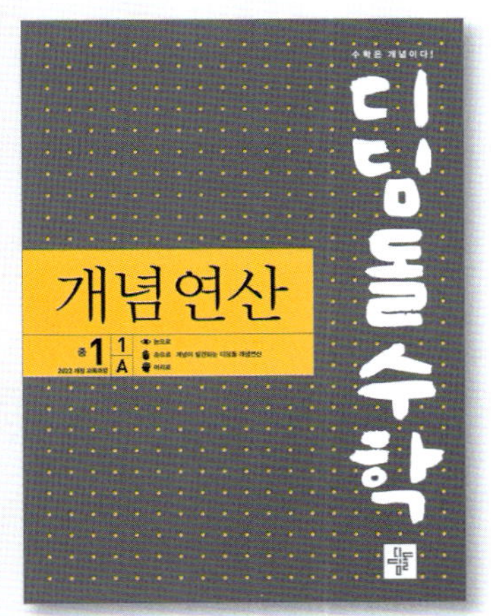

다양한 이미지와 단계별 접근을 통해
개념이 쉽게 이해되는 교재

개념 적용
디딤돌수학 개념기본

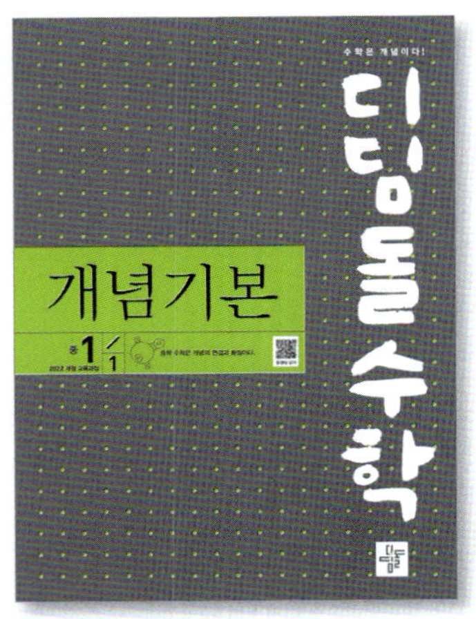

개념 이해, 개념 적용, 개념 완성으로
개념에 강해질 수 있는 교재

개념 응용
최상위수학 라이트

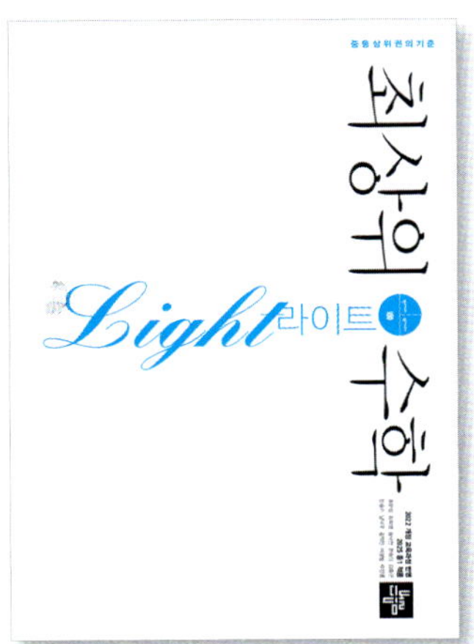

개념을 다양하게 응용하여
문제해결력을 키워주는 교재

개념 완성

디딤돌수학 개념연산과 개념기본은 동일한 학습 흐름으로 구성되어 있습니다.
연계 학습이 가능한 개념연산과 개념기본을 통해
중학 수학 개념을 완성할 수 있습니다.

디딤돌수학

개념연산

중3 1A

2022 개정 교육과정

정답과 풀이

디딤돌

1 제곱근

01

본문 12쪽

제곱근의 뜻

원리확인

❶ 25, 25, 5, -5 ❷ $\dfrac{1}{25}$, $\dfrac{1}{25}$, $\dfrac{1}{5}$, $-\dfrac{1}{5}$

❸ 0.09, 0.09, 0.3, -0.3 ❹ 0.64, 0.64, 0.8, -0.8

1 ($\diagdown$ 1, 1, 1, -1) **2** 4, -4

3 6, -6 **4** 7, -7 **5** 9, -9

6 10, -10 **7** 11, -11 **8** 13, -13

9 $\dfrac{1}{2}$, $-\dfrac{1}{2}$ **10** $\dfrac{3}{4}$, $-\dfrac{3}{4}$ **11** $\dfrac{2}{5}$, $-\dfrac{2}{5}$

12 $\dfrac{7}{6}$, $-\dfrac{7}{6}$ **13** 0.2, -0.2 **14** 0.4, -0.4

15 0.9, -0.9 **16** 1.1, -1.1 **17** ($\diagdown$ 4, 2, -2)

18 8, -8 **19** 12, -12 **20** $\dfrac{2}{3}$, $-\dfrac{2}{3}$

21 $\dfrac{5}{4}$, $-\dfrac{5}{4}$ **22** $\dfrac{9}{11}$, $-\dfrac{9}{11}$ **23** 0.6, -0.6

24 1.3, -1.3 **25** 7, -7 **26** 12, -12

27 $\dfrac{2}{3}$, $-\dfrac{2}{3}$ **28** 0.2, -0.2 **29** 3, -3

30 $\dfrac{7}{5}$, $-\dfrac{7}{5}$ **31** 0.4, -0.4 **32** 2

33 2 **34** 2 **35** 1

36 0 **37** 0 **38** 0

☺ x, a, 2, 1 **39** ◯ **40** ◯

41 ✕ **42** ◯ **43** ✕

44 ✕ **45** ③, ⑤

41 -25의 제곱근은 없다.

42 144의 제곱근은 12, -12의 2개이므로 두 제곱근의 합은
$12+(-12)=0$

44 양수의 제곱근은 2개, 0의 제곱근은 1개, 음수의 제곱근
은 없다.

45 ① 4의 제곱근은 2, -2이다.

② -4는 16의 음의 제곱근이다.

③ 0의 제곱근은 0의 1개이다.

④ 49의 제곱근은 7, -7의 2개이고, 두 수의 합은 0이
다.

⑤ $(-10)^2=100$이므로 100의 양의 제곱근은 10이다.

따라서 옳은 것은 ③, ⑤이다.

02

본문 16쪽

제곱근의 표현

1 ($\diagdown$ 5, 5) **2** $\sqrt{8}$, $-\sqrt{8}$

3 $\sqrt{10}$, $-\sqrt{10}$ **4** $\sqrt{12}$, $-\sqrt{12}$

5 $\sqrt{15}$, $-\sqrt{15}$ **6** $\sqrt{24}$, $-\sqrt{24}$

7 $\sqrt{\dfrac{1}{12}}$, $-\sqrt{\dfrac{1}{12}}$ **8** $\sqrt{\dfrac{3}{10}}$, $-\sqrt{\dfrac{3}{10}}$

9 $\sqrt{\dfrac{3}{25}}$, $-\sqrt{\dfrac{3}{25}}$ **10** $\sqrt{1.4}$, $-\sqrt{1.4}$

11 $\sqrt{0.18}$, $-\sqrt{0.18}$ **12** $\sqrt{2.36}$, $-\sqrt{2.36}$

13 ($\diagdown$ $\sqrt{3}$, $-\sqrt{3}$, $\pm\sqrt{3}$)

14 $\pm\sqrt{7}$ **15** $\pm\sqrt{11}$ **16** $\pm\sqrt{19}$

17 $\pm\sqrt{\dfrac{3}{7}}$ **18** $\pm\sqrt{\dfrac{11}{5}}$ **19** $\pm\sqrt{0.7}$

20 $\pm\sqrt{3.4}$ **21** ($\diagdown$ 2, 2) **22** $\pm\sqrt{13}$, $\sqrt{13}$

23 $\pm\sqrt{14}$, $\sqrt{14}$ **24** $\pm\sqrt{23}$, $\sqrt{23}$ **25** $\pm\sqrt{\dfrac{3}{8}}$, $\sqrt{\dfrac{3}{8}}$

26 $\pm\sqrt{5.5}$, $\sqrt{5.5}$ **27** $\sqrt{8}$ **28** $\sqrt{13}$

29 $-\sqrt{52}$ **30** $\pm\sqrt{\dfrac{5}{18}}$ **31** $\sqrt{\dfrac{3}{19}}$

32 $-\sqrt{2.9}$ **33** $\pm\sqrt{2.41}$

☺ 양, $\sqrt{a}$, $-\sqrt{a}$, $\sqrt{a}$ **34** ($\diagdown$ 2)

35 3 **36** 1 **37** 6

38 9 **39** $\dfrac{7}{10}$ **40** $\dfrac{1}{11}$

41 0.5 **42** ($\diagdown$ -4) **43** -8

44 -5 **45** $-\dfrac{3}{4}$ **46** $-\dfrac{12}{7}$

47 -1.4 **48** -1.5 **49** ①, ③

49 ① 16의 제곱근은 $\pm\sqrt{16}=\pm 4$
　② 10의 제곱근은 $\pm\sqrt{10}$이다.
　③ 제곱근 25는 $\sqrt{25}=5$
　④ $\sqrt{64}=8$의 제곱근은 $\pm\sqrt{8}$이다.
　⑤ $\sqrt{121}=11$의 제곱근은 $\pm\sqrt{11}$이다.
　따라서 옳은 것은 ①, ③이다.

제곱근의 성질

원리확인

❶ 3　　❷ 3, 3　　❸ 3　　❹ 3, 3

1 2	**2** 7	**3** -11	**4** $\dfrac{1}{2}$
5 $\dfrac{1}{3}$	**6** 0.4	**7** -1.6	**8** 2
9 $\dfrac{5}{3}$	**10** -7	**11** $\dfrac{4}{7}$	**12** 9
13 15	**14** -1.2	**15** 2	**16** 6
17 7	**18** 9	**19** -4	**20** -5
21 -12	**22** $\dfrac{3}{2}$	**23** $\dfrac{15}{7}$	**24** $-\dfrac{2}{5}$
25 $-\dfrac{11}{4}$	**26** 0.3	**27** -0.8	**28** -1.1
29 11	**30** 8	**31** 4	**32** 4
33 7	**34** 0	**35** 17	**36** 1
37 -0.5	**38** 3	**39** $\dfrac{3}{2}$	**40** 24
41 -45	**42** 4	**43** 0.12	**44** 4
45 25	**46** 2	**47** -70	**48** ⑤

29 $\sqrt{(-4)^2}+\sqrt{7^2}=4+7=11$

30 $(\sqrt{3})^2+\sqrt{(-5)^2}=3+5=8$

31 $-(\sqrt{6})^2+(-\sqrt{10})^2=-6+10=4$

32 $\sqrt{8^2}-\sqrt{(-4)^2}=8-4=4$

33 $\sqrt{(-9)^2}-\sqrt{2^2}=9-2=7$

34 $(\sqrt{12})^2-(-\sqrt{12})^2=12-12=0$

35 $\sqrt{81}+\sqrt{64}=9+8=17$

36 $-\sqrt{121}+\sqrt{144}=-11+12=1$

37 $-\sqrt{0.81}+\sqrt{(0.4)^2}=-0.9+0.4=-0.5$

38 $\sqrt{100}-\sqrt{49}=10-7=3$

39 $\sqrt{\left(\dfrac{9}{4}\right)^2}-\sqrt{\left(\dfrac{3}{4}\right)^2}=\dfrac{9}{4}-\dfrac{3}{4}=\dfrac{6}{4}=\dfrac{3}{2}$

40 $\sqrt{3^2}\times\sqrt{8^2}=3\times 8=24$

41 $-\sqrt{(-5)^2}\times\sqrt{9^2}=-5\times 9=-45$

42 $\sqrt{36}\times\left(-\sqrt{\dfrac{2}{3}}\right)^2=6\times\dfrac{2}{3}=4$

43 $\sqrt{1.44}\times\sqrt{(0.1)^2}=1.2\times 0.1=0.12$

44 $(-\sqrt{16})^2\div(-\sqrt{4})^2=16\div 4=4$

45 $\sqrt{15^2}\div\sqrt{\left(\dfrac{3}{5}\right)^2}=15\div\dfrac{3}{5}=15\times\dfrac{5}{3}=25$

46 $\sqrt{400}\div(-\sqrt{10})^2=20\div 10=2$

47 $-\sqrt{49}\div(-\sqrt{0.1})^2=-7\div 0.1=-7\div\dfrac{1}{10}$
$$=-7\times 10=-70$$

48 ①, ②, ③, ④ 5　⑤ -5
　따라서 그 값이 나머지 넷과 다른 하나는 ⑤이다.

$\sqrt{A^2}$의 성질

1 $>,\ 2a$	**2** $>,\ 3a$	**3** $>,\ 7a$
4 $<,\ 4a$	**5** $<,\ 5a$	**6** $<,\ -2a$
7 $<,\ -15a$	**8** $>,\ -11a$	**9** $>,\ 6a$

10 $>, 9a$	**11** $9a$	**12** $7a$
13 $8a$	**14** $-16a$	**15** a
16 $21a$	**17** $20a$	**18** a
19 a	**20** $3a$	**21** $12a$
22 $-2a$	**23** $3a$	**24** $15a$
25 $-9a$	**26** $-7a$	**27** $-8a$
28 $16a$	**29** $-17a$	**30** $-21a$
31 $-20a$	**32** a	**33** $2a$
34 0	**35** $-13a$	**36** $-a$
37 ⑤	**38** $>, x-1$	

39 $<, x-1, -x+1$ **40** $>, y+1$

41 $<, y-2, -y+2$ **42** $>, x+3$

43 $<, y+5, -y-5$ **44** $a-2$

45 $-a-3$ **46** $a+5$ **47** $a-1$

48 $4-a$ **49** ③

11 $\sqrt{(2a)^2}+\sqrt{(7a)^2}=2a+7a=9a$

12 $\sqrt{(-4a)^2}+\sqrt{(3a)^2}=4a+3a=7a$

13 $\sqrt{(3a)^2}+\sqrt{(-5a)^2}=3a+5a=8a$

14 $-\sqrt{(6a)^2}+\{-\sqrt{(10a)^2}\}=-6a-10a=-16a$

15 $\sqrt{(9a)^2}+\{-\sqrt{(8a)^2}\}=9a-8a=a$

16 $\sqrt{(-10a)^2}+\sqrt{(11a)^2}=10a+11a=21a$

17 $\sqrt{(-15a)^2}+\sqrt{(-5a)^2}=15a+5a=20a$

18 $\sqrt{(3a)^2}-\sqrt{(2a)^2}=3a-2a=a$

19 $\sqrt{(-4a)^2}-\sqrt{(3a)^2}=4a-3a=a$

20 $\sqrt{(5a)^2}-\sqrt{(-2a)^2}=5a-2a=3a$

21 $\sqrt{(6a)^2}-\{-\sqrt{(6a)^2}\}=6a+6a=12a$

22 $-\sqrt{(10a)^2}-\{-\sqrt{(8a)^2}\}=-10a+8a=-2a$

23 $\sqrt{(-15a)^2}-\sqrt{(12a)^2}=15a-12a=3a$

24 $\sqrt{(-20a)^2}-\sqrt{(-5a)^2}=20a-5a=15a$

25 $\sqrt{(3a)^2}+\sqrt{(6a)^2}=-3a-6a=-9a$

26 $\sqrt{(-3a)^2}+\sqrt{(4a)^2}=-3a-4a=-7a$

27 $\sqrt{(2a)^2}+\sqrt{(-6a)^2}=-2a-6a=-8a$

28 $-\sqrt{(-5a)^2}+\{-\sqrt{(11a)^2}\}=5a+11a=16a$

29 $\sqrt{(8a)^2}+\sqrt{(-9a)^2}=-8a-9a=-17a$

30 $\sqrt{(-9a)^2}+\sqrt{(12a)^2}=-9a-12a=-21a$

31 $\sqrt{(-13a)^2}+\sqrt{(-7a)^2}=-13a-7a=-20a$

32 $\sqrt{(3a)^2}-\sqrt{(4a)^2}=-3a+4a=a$

33 $\sqrt{(-3a)^2}-\sqrt{(5a)^2}=-3a+5a=2a$

34 $\sqrt{(4a)^2}-\sqrt{(-4a)^2}=-4a+4a=0$

35 $\sqrt{(5a)^2}-\{-\sqrt{(8a)^2}\}=-5a-8a=-13a$

36 $-\sqrt{(9a)^2}-\{-\sqrt{(10a)^2}\}=9a-10a=-a$

37 $a>0,\ b<0$일 때,
$$\sqrt{(-3a)^2}+\sqrt{(7a)^2}-\sqrt{(4b)^2}$$
$$=3a+7a+4b$$
$$=10a+4b$$

44 $a>2$일 때, $a-2>0$이므로
$$\sqrt{(a-2)^2}=a-2$$

45 $a<-3$일 때, $a+3<0$이므로
$$\sqrt{(a+3)^2}=-(a+3)=-a-3$$

46 $a>-5$일 때, $a+5>0$이므로
$$\sqrt{(a+5)^2}=a+5$$

47 $a>1$일 때, $1-a<0$이므로
$$\sqrt{(1-a)^2}=-(1-a)=a-1$$

48 $a>4$일 때, $4-a<0$이므로
$$-\sqrt{(4-a)^2}=-\{-(4-a)\}=4-a$$

49 $-1<x<1$일 때, $x-1<0,\ x+1>0$이므로
$$\sqrt{(x-1)^2}+\sqrt{(x+1)^2}=-(x-1)+(x+1)$$
$$=-x+1+x+1=2$$

05
본문 28쪽

제곱수를 이용하여 근호 없애기

1 5	**2** 2	**3** 6	**4** 15
5 14	**6** 35	**7** 35	**8** 3
9 6	**10** 2	**11** 3	**12** 3
13 11	**14** 15	**15** 7	**16** 30
17 6	**18** 5	**19** 15	**20** ④
21 2	**22** 5	**23** 21	**24** 55
25 42	**26** 3	**27** 5	**28** 7
29 11	**30** 3	**31** 14	**32** ④
33 2	**34** 6	**35** 5	**36** 3
37 7	**38** 10	**39** 11	**40** 9
41 1	**42** 9	**43** 1	**44** ③
45 1, 4	**46** 4, 7	**47** 1, 6, 9	
48 5, 10, 13		**49** 4, 11, 16, 19	
50 6, 13, 18, 21		**51** 1, 10, 17, 22, 25	
52 5, 14, 21, 26, 29		**53** 1, 12, 21, 28, 33, 36	
54 6, 17, 26, 33, 38, 41		**55** 8, 19, 28, 35, 40, 43	
56 ④			

1 $\sqrt{2^2\times5\times x}$가 자연수가 되려면 $x=5\times(\text{자연수})^2$의 꼴이어야 한다.
따라서 가장 작은 자연수 x의 값은 5이다.

2 $\sqrt{2\times3^2\times x}$가 자연수가 되려면 $x=2\times(\text{자연수})^2$의 꼴이어야 한다.
따라서 가장 작은 자연수 x의 값은 2이다.

3 $\sqrt{2\times3\times x}$가 자연수가 되려면 $x=2\times3\times(\text{자연수})^2$의 꼴이어야 한다.

4 $\sqrt{3^3\times5\times x}$가 자연수가 되려면 $x=3\times5\times(\text{자연수})^2$의 꼴이어야 한다.
따라서 가장 작은 자연수 x의 값은 $3\times5=15$

5 $\sqrt{2\times7^3\times x}$가 자연수가 되려면 $x=2\times7\times(\text{자연수})^2$의 꼴이어야 한다.
따라서 가장 작은 자연수 x의 값은 $2\times7=14$

6 $\sqrt{5^3\times7^3\times x}$가 자연수가 되려면 $x=5\times7\times(\text{자연수})^2$의 꼴이어야 한다.
따라서 가장 작은 자연수 x의 값은 $5\times7=35$

7 $\sqrt{3^2\times5\times7\times x}$가 자연수가 되려면
$x=5\times7\times(\text{자연수})^2$의 꼴이어야 한다.
따라서 가장 작은 자연수 x의 값은 $5\times7=35$

8 $\sqrt{3x}$가 자연수가 되려면 $x=3\times(\text{자연수})^2$의 꼴이어야 한다.
따라서 가장 작은 자연수 x의 값은 3이다.

9 $\sqrt{6x}=\sqrt{2\times3\times x}$가 자연수가 되려면
$x=2\times3\times(\text{자연수})^2$의 꼴이어야 한다.
따라서 가장 작은 자연수 x의 값은 $2\times3=6$

10 $\sqrt{8x}=\sqrt{2^3\times x}$가 자연수가 되려면 $x=2\times(\text{자연수})^2$의 꼴이어야 한다.
따라서 가장 작은 자연수 x의 값은 2이다.

11 $\sqrt{12x}=\sqrt{2^2\times3\times x}$가 자연수가 되려면
$x=3\times(\text{자연수})^2$의 꼴이어야 한다.
따라서 가장 작은 자연수 x의 값은 3이다.

12 $\sqrt{27x}=\sqrt{3^3\times x}$가 자연수가 되려면 $x=3\times(\text{자연수})^2$의 꼴이어야 한다.
따라서 가장 작은 자연수 x의 값은 3이다.

13 $\sqrt{44x}=\sqrt{2^2\times11\times x}$가 자연수가 되려면
$x=11\times(\text{자연수})^2$의 꼴이어야 한다.
따라서 가장 작은 자연수 x의 값은 11이다.

14 $\sqrt{60x}=\sqrt{2^2\times3\times5\times x}$가 자연수가 되려면
$x=3\times5\times(\text{자연수})^2$의 꼴이어야 한다.
따라서 가장 작은 자연수 x의 값은 $3\times5=15$

15 $\sqrt{63x}=\sqrt{3^2\times7\times x}$가 자연수가 되려면
$x=7\times$(자연수)^{2}의 꼴이어야 한다.
따라서 가장 작은 자연수 x의 값은 7이다.

16 $\sqrt{120x}=\sqrt{2^3\times3\times5\times x}$가 자연수가 되려면
$x=2\times3\times5\times$(자연수)^{2}의 꼴이어야 한다.
따라서 가장 작은 자연수 x의 값은 $2\times3\times5=30$

17 $\sqrt{150x}=\sqrt{2\times3\times5^2\times x}$가 자연수가 되려면
$x=2\times3\times$(자연수)^{2}의 꼴이어야 한다.
따라서 가장 작은 자연수 x의 값은 $2\times3=6$

18 $\sqrt{180x}=\sqrt{2^2\times3^2\times5\times x}$가 자연수가 되려면
$x=5\times$(자연수)^{2}의 꼴이어야 한다.
따라서 가장 작은 자연수 x의 값은 5이다.

19 $\sqrt{240x}=\sqrt{2^4\times3\times5\times x}$가 자연수가 되려면
$x=3\times5\times$(자연수)^{2}의 꼴이어야 한다.
따라서 가장 작은 자연수 x의 값은 $3\times5=15$

20 $\sqrt{540x}=\sqrt{2^2\times3^3\times5\times x}$가 자연수가 되려면
$x=3\times5\times$(자연수)^{2}의 꼴이어야 한다.
따라서 가장 작은 자연수 x의 값은 $3\times5=15$

21 $\sqrt{\dfrac{2\times3^2}{x}}$이 자연수가 되려면 $x=2$, 2×3^2이어야 한다.
따라서 가장 작은 자연수 x의 값은 2이다.

22 $\sqrt{\dfrac{2^2\times5}{x}}$가 자연수가 되려면 $x=5$, 5×2^2이어야 한다.
따라서 가장 작은 자연수 x의 값은 5이다.

23 $\sqrt{\dfrac{2^2\times3\times7}{x}}$이 자연수가 되려면 $x=3\times7$, $3\times7\times2^2$이
어야 한다.
따라서 가장 작은 자연수 x의 값은 $3\times7=21$

24 $\sqrt{\dfrac{3^2\times5\times11}{x}}$이 자연수가 되려면 $x=5\times11$,
$5\times11\times3^2$이어야 한다.
따라서 가장 작은 자연수 x의 값은 $5\times11=55$

25 $\sqrt{\dfrac{2^3\times3\times7^3}{x}}$이 자연수가 되려면 $x=2\times3\times7$,
$2^3\times3\times7$, $2\times3\times7^3$, $2^3\times3\times7^3$이어야 한다.
따라서 가장 작은 자연수 x의 값은 $2\times3\times7=42$

26 $\sqrt{\dfrac{12}{x}}=\sqrt{\dfrac{2^2\times3}{x}}$이 자연수가 되려면 $x=3$, 3×2^2이어
야 한다.
따라서 가장 작은 자연수 x의 값은 3이다.

27 $\sqrt{\dfrac{20}{x}}=\sqrt{\dfrac{2^2\times5}{x}}$가 자연수가 되려면 $x=5$, 5×2^2이어
야 한다.
따라서 가장 작은 자연수 x의 값은 5이다.

28 $\sqrt{\dfrac{28}{x}}=\sqrt{\dfrac{2^2\times7}{x}}$이 자연수가 되려면 $x=7$, 7×2^2이어
야 한다.
따라서 가장 작은 자연수 x의 값은 7이다.

29 $\sqrt{\dfrac{44}{x}}=\sqrt{\dfrac{2^2\times11}{x}}$이 자연수가 되려면 $x=11$, 11×2^2
이어야 한다.
따라서 가장 작은 자연수 x의 값은 11이다.

30 $\sqrt{\dfrac{48}{x}}=\sqrt{\dfrac{2^4\times3}{x}}$이 자연수가 되려면 $x=3$, 3×2^2,
3×2^4이어야 한다.
따라서 가장 작은 자연수 x의 값은 3이다.

31 $\sqrt{\dfrac{56}{x}}=\sqrt{\dfrac{2^3\times7}{x}}$이 자연수가 되려면 $x=2\times7$, $2^3\times7$
이어야 한다.
따라서 가장 작은 자연수 x의 값은 $2\times7=14$

32 $\sqrt{\dfrac{90}{x}}=\sqrt{\dfrac{2\times3^2\times5}{x}}$가 자연수가 되려면 $x=2\times5$,
$2\times3^2\times5$이어야 한다.
따라서 가장 작은 자연수 x의 값은 $2\times5=10$

33 $\sqrt{x+7}$이 자연수가 되려면 $x+7$은 7보다 큰 제곱수이어
야 한다.
즉 $x+7=9$, 16, 25, $\cdots$
이때 x가 가장 작은 자연수이므로
$x+7=9$
따라서 $x=2$

34 $\sqrt{x+10}$이 자연수가 되려면 $x+10$은 10보다 큰 제곱수
이어야 한다.
즉 $x+10=16$, 25, 36, $\cdots$
이때 x가 가장 작은 자연수이므로
$x+10=16$
따라서 $x=6$

35 $\sqrt{11+x}$ 가 자연수가 되려면 $11+x$는 11보다 큰 제곱수
이어야 한다.
즉 $11+x=16,\ 25,\ 36,\ \cdots$
이때 x가 가장 작은 자연수이므로
$11+x=16$
따라서 $x=5$

36 $\sqrt{13+x}$ 가 자연수가 되려면 $13+x$는 13보다 큰 제곱수
이어야 한다.
즉 $13+x=16,\ 25,\ 36,\ \cdots$
이때 x가 가장 작은 자연수이므로
$13+x=16$
따라서 $x=3$

37 $\sqrt{x+18}$ 이 자연수가 되려면 $x+18$은 18보다 큰 제곱수
이어야 한다.
즉 $x+18=25,\ 36,\ 49,\ \cdots$
이때 x가 가장 작은 자연수이므로
$x+18=25$
따라서 $x=7$

38 $\sqrt{26+x}$ 가 자연수가 되려면 $26+x$는 26보다 큰 제곱수
이어야 한다.
즉 $26+x=36,\ 49,\ 64,\ \cdots$
이때 x가 가장 작은 자연수이므로
$26+x=36$
따라서 $x=10$

39 $\sqrt{x+38}$ 이 자연수가 되려면 $x+38$은 38보다 큰 제곱수
이어야 한다.
즉 $x+38=49,\ 64,\ 81,\ \cdots$
이때 x가 가장 작은 자연수이므로
$x+38=49$
따라서 $x=11$

40 $\sqrt{x+40}$ 이 자연수가 되려면 $x+40$은 40보다 큰 제곱수
이어야 한다.
즉 $x+40=49,\ 64,\ 81,\ \cdots$
이때 x가 가장 작은 자연수이므로
$x+40=49$
따라서 $x=9$

41 $\sqrt{x+48}$ 이 자연수가 되려면 $x+48$은 48보다 큰 제곱수
이어야 한다.
즉 $x+48=49,\ 64,\ 81,\ \cdots$

이때 x가 가장 작은 자연수이므로
$x+48=49$
따라서 $x=1$

42 $\sqrt{55+x}$ 가 자연수가 되려면 $55+x$는 55보다 큰 제곱수
이어야 한다.
즉 $55+x=64,\ 81,\ 100,\ \cdots$
이때 x가 가장 작은 자연수이므로
$55+x=64$
따라서 $x=9$

43 $\sqrt{80+x}$ 가 자연수가 되려면 $80+x$는 80보다 큰 제곱수
이어야 한다.
즉 $80+x=81,\ 100,\ 121,\ \cdots$
이때 x가 가장 작은 자연수이므로
$80+x=81$
따라서 $x=1$

44 $\sqrt{109+x}$ 가 자연수가 되려면 $109+x$는 109보다 큰 제
곱수이어야 한다.
즉 $109+x=121,\ 144,\ 169,\ \cdots$
이때 x가 가장 작은 자연수이므로
$109+x=121$
따라서 $x=12$

45 $\sqrt{5-x}$ 가 자연수가 되려면 $5-x$는 5보다 작은 제곱수이
어야 하므로
$5-x=1,\ 4$
따라서 $x=1,\ 4$

46 $\sqrt{8-x}$ 가 자연수가 되려면 $8-x$는 8보다 작은 제곱수이
어야 하므로
$8-x=1,\ 4$
따라서 $x=4,\ 7$

47 $\sqrt{10-x}$ 가 자연수가 되려면 $10-x$는 10보다 작은 제곱
수이어야 하므로
$10-x=1,\ 4,\ 9$
따라서 $x=1,\ 6,\ 9$

48 $\sqrt{14-x}$ 가 자연수가 되려면 $14-x$는 14보다 작은 제곱
수이어야 하므로
$14-x=1,\ 4,\ 9$
따라서 $x=5,\ 10,\ 13$

49 $\sqrt{20-x}$ 가 자연수가 되려면 $20-x$는 20보다 작은 제곱수이어야 하므로
$20-x=1$, 4, 9, 16
따라서 $x=4$, 11, 16, 19

50 $\sqrt{22-x}$ 가 자연수가 되려면 $22-x$는 22보다 작은 제곱수이어야 하므로
$22-x=1$, 4, 9, 16
따라서 $x=6$, 13, 18, 21

51 $\sqrt{26-x}$ 가 자연수가 되려면 $26-x$는 26보다 작은 제곱수이어야 하므로
$26-x=1$, 4, 9, 16, 25
따라서 $x=1$, 10, 17, 22, 25

52 $\sqrt{30-x}$ 가 자연수가 되려면 $30-x$는 30보다 작은 제곱수이어야 하므로
$30-x=1$, 4, 9, 16, 25
따라서 $x=5$, 14, 21, 26, 29

53 $\sqrt{37-x}$ 가 자연수가 되려면 $37-x$는 37보다 작은 제곱수이어야 하므로
$37-x=1$, 4, 9, 16, 25, 36
따라서 $x=1$, 12, 21, 28, 33, 36

54 $\sqrt{42-x}$ 가 자연수가 되려면 $42-x$는 42보다 작은 제곱수이어야 하므로
$42-x=1$, 4, 9, 16, 25, 36
따라서 $x=6$, 17, 26, 33, 38, 41

55 $\sqrt{44-x}$ 가 자연수가 되려면 $44-x$는 44보다 작은 제곱수이어야 하므로
$44-x=1$, 4, 9, 16, 25, 36
따라서 $x=8$, 19, 28, 35, 40, 43

56 $\sqrt{59-x}$ 가 자연수가 되려면 $59-x$는 59보다 작은 제곱수이어야 하므로
$59-x=1$, 4, 9, 16, 25, 36, 49
따라서 자연수 x의 개수는 10, 23, 34, 43, 50, 55, 58 의 7이다.

TEST 1. 제곱근

1 ①, ③	**2** ④	**3** ⑤
4 ③	**5** ③	**6** 38

1 ② $\sqrt{81}=\sqrt{9^2}=9$의 제곱근은 ±3이다.
④ -6은 36의 음의 제곱근이다.
⑤ 0의 제곱근은 0으로 1개이다.
따라서 옳은 것은 ①, ③이다.

2 ④ $-\sqrt{4^2}=-4$

3 ①, ②, ③, ④ 3
⑤ -3
따라서 그 값이 나머지 넷과 다른 하나는 ⑤이다.

4 ① $\sqrt{(-2)^2}+\sqrt{16}=2+4=6$
② $(-\sqrt{5})^2-\sqrt{4^2}=5-4=1$
③ $-\left(\sqrt{\dfrac{1}{3}}\right)^2+\sqrt{\left(-\dfrac{7}{3}\right)^2}=-\dfrac{1}{3}+\dfrac{7}{3}=2$
④ $\sqrt{81}\div(-\sqrt{3})^2=9\div3=3$
⑤ $(-\sqrt{7^2})\times(-\sqrt{6})^2=-7\times6=-42$
따라서 옳은 것은 ③이다.

5 $\sqrt{96x}=\sqrt{2^5\times3\times x}$ 가 자연수가 되려면
$x=2\times3\times(\text{자연수})^2=6\times(\text{자연수})^2$의 꼴이어야 한다.
① $6=6\times1^2$　② $24=6\times2^2$　③ $36=6\times6$
④ $54=6\times3^2$　⑤ $96=6\times4^2$
따라서 x의 값이 아닌 것은 ③이다.

6 $\sqrt{17-x}$ 가 자연수가 되려면 $17-x$는 17보다 작은 제곱수이어야 하므로
$17-x=1$, 4, 9, 16
따라서 $x=1$, 8, 13, 16이므로 구하는 합은
$1+8+13+16=38$

2 제곱근과 실수

01
본문 36쪽

제곱근의 대소 관계

1 <	**2** >	**3** <	**4** >
5 >	**6** <	**7** >	**8** >
9 <	**10** >	**11** <	**12** >
13 >	**14** <	**15** <	**16** >
17 <	**18** >	**19** >	**20** <
21 >	**22** >	**23** ④	

1 $2<5$이므로 $\sqrt{2}<\sqrt{5}$

2 $7>3$이므로 $\sqrt{7}>\sqrt{3}$

3 $\sqrt{5}>\sqrt{3}$이므로 $-\sqrt{5}<-\sqrt{3}$

4 $\sqrt{24}<\sqrt{27}$이므로 $-\sqrt{24}>-\sqrt{27}$

5 $\dfrac{1}{2}>\dfrac{1}{3}$이므로 $\sqrt{\dfrac{1}{2}}>\sqrt{\dfrac{1}{3}}$

6 $\dfrac{1}{6}<\dfrac{1}{4}$이므로 $\sqrt{\dfrac{1}{6}}<\sqrt{\dfrac{1}{4}}$

7 $\dfrac{4}{5}=\dfrac{24}{30}$, $\dfrac{5}{6}=\dfrac{25}{30}$이므로 $\dfrac{4}{5}<\dfrac{5}{6}$, $\sqrt{\dfrac{4}{5}}<\sqrt{\dfrac{5}{6}}$
따라서 $-\sqrt{\dfrac{4}{5}}>-\sqrt{\dfrac{5}{6}}$

8 $0.9>0.7$이므로 $\sqrt{0.9}>\sqrt{0.7}$

9 $0.11<0.24$이므로 $\sqrt{0.11}<\sqrt{0.24}$

10 $0.5<0.6$이므로 $\sqrt{0.5}<\sqrt{0.6}$
따라서 $-\sqrt{0.5}>-\sqrt{0.6}$

11 $2=\sqrt{4}$이고 $\sqrt{4}<\sqrt{5}$이므로 $2<\sqrt{5}$

12 $3=\sqrt{9}$이고 $\sqrt{9}>\sqrt{8}$이므로 $3>\sqrt{8}$

13 $4=\sqrt{16}$이고 $\sqrt{17}>\sqrt{16}$이므로 $\sqrt{17}>4$

14 $5=\sqrt{25}$이고 $\sqrt{25}>\sqrt{20}$이므로 $-5<-\sqrt{20}$

15 $7=\sqrt{49}$이고 $\sqrt{50}>\sqrt{49}$이므로 $-\sqrt{50}<-7$

16 $\dfrac{1}{2}=\sqrt{\dfrac{1}{4}}$이고 $\sqrt{\dfrac{3}{4}}>\sqrt{\dfrac{1}{4}}$이므로 $\sqrt{\dfrac{3}{4}}>\dfrac{1}{2}$

17 $\dfrac{1}{10}=\sqrt{\dfrac{1}{100}}$이고 $\sqrt{\dfrac{1}{100}}<\sqrt{\dfrac{1}{5}}$이므로 $\dfrac{1}{10}<\sqrt{\dfrac{1}{5}}$

18 $\dfrac{1}{3}=\sqrt{\dfrac{1}{9}}$이고 $\sqrt{\dfrac{1}{9}}<\sqrt{\dfrac{1}{3}}$이므로 $-\dfrac{1}{3}>-\sqrt{\dfrac{1}{3}}$

19 $0.1=\sqrt{0.01}$이고 $\sqrt{0.1}>\sqrt{0.01}$이므로 $\sqrt{0.1}>0.1$

20 $0.8=\sqrt{0.64}$이고 $\sqrt{0.64}<\sqrt{6.4}$이므로 $0.8<\sqrt{6.4}$

21 $0.3=\sqrt{0.09}$이고 $\sqrt{0.09}<\sqrt{0.9}$이므로 $-0.3>-\sqrt{0.9}$

22 $0.5=\dfrac{1}{2}=\sqrt{\dfrac{1}{4}}$이고 $\sqrt{\dfrac{1}{2}}>\sqrt{\dfrac{1}{4}}$이므로 $\sqrt{\dfrac{1}{2}}>0.5$

23 ① $3=\sqrt{9}$이고 $\sqrt{3}<\sqrt{9}$이므로 $\sqrt{3}<3$
② $-3=-\sqrt{9}$이고 $-\sqrt{9}<-\sqrt{5}$이므로 $-3<-\sqrt{5}$
③ $\dfrac{1}{7}=\sqrt{\dfrac{1}{49}}$이고 $\sqrt{\dfrac{1}{49}}<\sqrt{\dfrac{1}{7}}$이므로 $\dfrac{1}{7}<\sqrt{\dfrac{1}{7}}$
④ $-4=-\sqrt{16}$이고 $-\sqrt{15}>-\sqrt{16}$이므로
$-\sqrt{15}>-4$
⑤ $6=\sqrt{36}$이고 $\sqrt{35}<\sqrt{36}$이므로 $\sqrt{35}<6$
따라서 두 수의 대소 관계가 옳은 것은 ④이다.

02
본문 38쪽

제곱근을 포함한 부등식

1 1, 2	**2** 1, 2, 3, 4, 5, 6
3 1, 2, 3, 4, 5, 6, 7	**4** 1, 2, 3, 4
5 1, 2, 3, 4, 5, 6, 7, 8	**6** 1, 2, 3
7 1, 2, 3, 4	**8** 1, 2, 3, 4
9 1, 2, 3, 4, 5, 6, 7, 8	
10 1, 2, 3, $\cdots$, 13, 14, 15	

11 3	**12** 6	**13** 4	**14** 7
15 23	**16** 15	**17** 8	**18** 5
19 11	**20** 1	**21** 1	**22** 2
23 ②			

1 $\sqrt{x}<\sqrt{3}$에서 $x<3$
따라서 자연수 x는 1, 2이다.

2 $\sqrt{x}\leq\sqrt{6}$에서 $x\leq6$
따라서 자연수 x는 1, 2, 3, 4, 5, 6이다.

3 $\sqrt{x}<\sqrt{8}$에서 $x<8$
따라서 자연수 x는 1, 2, 3, 4, 5, 6, 7이다.

4 $\sqrt{x}\leq2$에서 $2=\sqrt{4}$이므로 $x\leq4$
따라서 자연수 x는 1, 2, 3, 4이다.

5 $\sqrt{x}<3$에서 $3=\sqrt{9}$이므로 $x<9$
따라서 자연수 x는 1, 2, 3, 4, 5, 6, 7, 8이다.

6 $-\sqrt{x}\geq-\sqrt{3}$에서 $\sqrt{x}\leq\sqrt{3}$이므로 $x\leq3$
따라서 자연수 x는 1, 2, 3이다.

7 $-\sqrt{x}>-\sqrt{5}$에서 $\sqrt{x}<\sqrt{5}$이므로 $x<5$
따라서 자연수 x는 1, 2, 3, 4이다.

8 $-\sqrt{x}\geq-2$에서 $\sqrt{x}\leq2=\sqrt{4}$이므로 $x\leq4$
따라서 자연수 x는 1, 2, 3, 4이다.

9 $-3<-\sqrt{x}$에서 $\sqrt{x}<3=\sqrt{9}$이므로 $x<9$
따라서 자연수 x는 1, 2, 3, 4, 5, 6, 7, 8이다.

10 $-4<-\sqrt{x}$에서 $\sqrt{x}<4=\sqrt{16}$이므로 $x<16$
따라서 자연수 x는 1, 2, 3, $\cdots$, 13, 14, 15이다.

11 $\sqrt{3}<\sqrt{x}<\sqrt{7}$에서 $3<x<7$
따라서 자연수 x의 개수는 4, 5, 6의 3이다.

12 $\sqrt{15}\leq\sqrt{x}\leq\sqrt{20}$에서 $15\leq x\leq20$
따라서 자연수 x의 개수는 15, 16, 17, 18, 19, 20의 6이다.

13 $2<\sqrt{x}<3$에서 $\sqrt{4}<\sqrt{x}<\sqrt{9}$이므로 $4<x<9$
따라서 자연수 x의 개수는 5, 6, 7, 8의 4이다.

14 $3\leq\sqrt{x}<4$에서 $\sqrt{9}\leq\sqrt{x}<\sqrt{16}$이므로 $9\leq x<16$
따라서 자연수 x의 개수는 9, 10, 11, $\cdots$, 14, 15의 7이다.

15 $4<\sqrt{2x}<8$에서 $\sqrt{16}<\sqrt{2x}<\sqrt{64}$이므로
$16<2x<64$
각 변을 2로 나누면 $8<x<32$

따라서 자연수 x의 개수는 9, 10, 11, $\cdots$, 30, 31의 23이다.

16 $1<\sqrt{\dfrac{x}{2}}<3$에서 $\sqrt{1}<\sqrt{\dfrac{x}{2}}<\sqrt{9}$이므로 $1<\dfrac{x}{2}<9$
각 변에 2를 곱하면 $2<x<18$
따라서 자연수 x의 개수는 3, 4, 5, $\cdots$, 16, 17의 15이다.

17 $4<\sqrt{x+1}<5$에서
$\sqrt{16}<\sqrt{x+1}<\sqrt{25}$이므로
$16<x+1<25$, 즉 $15<x<24$
따라서 자연수 x의 개수는 16, 17, 18, $\cdots$, 22, 23의 8이다.

18 $-\sqrt{8}<-\sqrt{x}<-\sqrt{2}$에서
$\sqrt{2}<\sqrt{x}<\sqrt{8}$이므로 $2<x<8$
따라서 자연수 x의 개수는 3, 4, 5, 6, 7의 5이다.

19 $-4<-\sqrt{x}<-2$에서
$2<\sqrt{x}<4$, $\sqrt{4}<\sqrt{x}<\sqrt{16}$
이므로 $4<x<16$
따라서 자연수 x의 개수는 5, 6, 7, $\cdots$, 14, 15의 11이다.

20 $-2<-\sqrt{2x}<0$에서
$0<\sqrt{2x}<2$이고
$\sqrt{0}<\sqrt{2x}<\sqrt{4}$이므로 $0<2x<4$
각 변을 2로 나누면 $0<x<2$
따라서 자연수 x의 개수는 1의 1이다.

21 $\sqrt{2}<x<\sqrt{5}$의 각 변을 제곱하면
$2<x^2<5$이므로
$x^2=4$
따라서 자연수 x의 개수는 2의 1이다.
[다른 풀이]
$1<\sqrt{2}<2$, $2<\sqrt{5}<3$이므로
부등식을 만족시키는 자연수 x의 개수는 2의 1이다.

22 $1<x<\sqrt{10}$의 각 변을 제곱하면
$1<x^2<10$이므로
$x^2=4$, 9
따라서 자연수 x의 개수는 2, 3의 2이다.
[다른 풀이]
$3<\sqrt{10}<4$이므로 부등식을 만족시키는 자연수 x의 개수는 2, 3의 2이다.

23 $\sqrt{2.4}<\sqrt{2x}\leq\sqrt{12}$에서

2.4<2x≤12이므로 각 변을 2로 나누면

1.2<x≤6

따라서 자연수 x의 개수는 2, 3, 4, 5, 6의 5이다.

유리수와 무리수

1 유	**2** 무	**3** 유	**4** 유
5 무	**6** 무	**7** 유	**8** ○
9 ○	**10** ×	**11** ×	**12** ×
13 ○	**14** ○	**15** ×	**16** ×
17 ○	**18** ○		☺ 유리수, 무리수

19 ①

3 $-\sqrt{1}=-\sqrt{1^2}=-1$이므로 유리수이다.

7 $3.\dot{4}5\dot{6}=\dfrac{3453}{999}=\dfrac{1151}{333}$이므로 유리수이다.

10 $\sqrt{25}=\sqrt{5^2}=5$이므로 유리수이다.

11 $9.\dot{6}\dot{3}=\dfrac{954}{99}=\dfrac{106}{11}$이므로 유리수이다.

12 $-\sqrt{\dfrac{1}{4}}=-\sqrt{\left(\dfrac{1}{2}\right)^2}=-\dfrac{1}{2}$이므로 유리수이다.

15 근호 안이 어떤 수의 제곱이면 유리수이다.

16 정수가 아닌 유리수는 모두 유한소수나 순환소수로 나타내어진다.

19 ② 순환하지 않는 무한소수만 무리수이다.
 ③ 무리수는 유리수가 아닌 수이므로 유리수가 되는 무리수는 없다.
 ④ 순환소수는 유리수이다.
 ⑤ $\sqrt{2}$는 무리수이므로 분모($\neq 0$), 분자가 정수인 분수로 나타낼 수 없다.

실수

(위에서부터) 유리수, 무리수, 양의 정수(자연수), 0

1 $\sqrt{(-3)^2}$ **2** $\sqrt{(-3)^2}$, $1-\sqrt{9}$, -10

3 $0.\dot{9}\dot{3}$, 3.14, $\sqrt{(-3)^2}$, $1-\sqrt{9}$, -10

4 π, $\sqrt{5}-2$, $\sqrt{0.1}$

5 $0.\dot{9}\dot{3}$, 3.14, π, $\sqrt{(-3)^2}$, $\sqrt{5}-2$, $\sqrt{0.1}$,
 $1-\sqrt{9}$, -10

6 7   **7** 7, 0

8 7, $0.\dot{3}4\dot{5}$, 2.5, 0, $\sqrt{\dfrac{1}{4}}$ **9** $\sqrt{3}+1$, $-\sqrt{11}$, $\dfrac{\pi}{2}$

10 7, $0.\dot{3}4\dot{5}$, 2.5, $\sqrt{3}+1$, $-\sqrt{11}$, 0, $\sqrt{\dfrac{1}{4}}$, $\dfrac{\pi}{2}$

11 ×	**12** ×	**13** ○	**14** ×
15 ○	**16** ○	**17** ×	

1 $\sqrt{(-3)^2}=3$이므로 자연수이다.

2 $1-\sqrt{9}=1-3=-2$이므로 음의 정수이다.

8 $\sqrt{\dfrac{1}{4}}=\sqrt{\left(\dfrac{1}{2}\right)^2}=\dfrac{1}{2}$이므로 유리수이다.

11 $(-\sqrt{5})^2=5$이므로 유리수이다.

17 $\sqrt{0.81}=\sqrt{(0.9)^2}=0.9$이므로 유리수이다.

무리수를 수직선 위에 나타내기

원리확인

❶ $\sqrt{8}$ **❷** $\sqrt{13}$

1 $\sqrt{5}$	**2** $\sqrt{13}$	**3** $-\sqrt{8}$
4 $-\sqrt{10}$	**5** $2+\sqrt{10}$	**6** $1+\sqrt{10}$
7 $4-\sqrt{13}$	**8** $1-\sqrt{13}$	**9** $3-\sqrt{5}$

10 (✐) $\sqrt{5}$, $-\sqrt{5}$

11 P: $1+\sqrt{5}$, Q: $1-\sqrt{5}$

12 P: $2+\sqrt{10}$, Q: $2-\sqrt{10}$

☺ $+$, $-$

1 $\overline{AC}=\sqrt{2^2+1^2}=\sqrt{5}$이고, 점 P는 기준점 $A(0)$에서 오른쪽으로 $\sqrt{5}$만큼 떨어져 있으므로 점 P에 대응하는 수는 $\sqrt{5}$이다.

2 $\overline{AC}=\sqrt{3^2+2^2}=\sqrt{13}$이고, 점 P는 기준점 $A(0)$에서 오른쪽으로 $\sqrt{13}$만큼 떨어져 있으므로 점 P에 대응하는 수는 $\sqrt{13}$이다.

3 $\overline{AC}=\sqrt{2^2+2^2}=\sqrt{8}$이고, 점 P는 기준점 $A(0)$에서 왼쪽으로 $\sqrt{8}$만큼 떨어져 있으므로 점 P에 대응하는 수는 $-\sqrt{8}$이다.

4 $\overline{AC}=\sqrt{1^2+3^2}=\sqrt{10}$이고, 점 P는 기준점 $A(0)$에서 왼쪽으로 $\sqrt{10}$만큼 떨어져 있으므로 점 P에 대응하는 수는 $-\sqrt{10}$이다.

5 $\overline{AC}=\sqrt{1^2+3^2}=\sqrt{10}$이고, 점 P는 기준점 $A(2)$에서 오른쪽으로 $\sqrt{10}$만큼 떨어져 있으므로 점 P에 대응하는 수는 $2+\sqrt{10}$이다.

6 $\overline{AC}=\sqrt{1^2+3^2}=\sqrt{10}$이고, 점 P는 기준점 $A(1)$에서 오른쪽으로 $\sqrt{10}$만큼 떨어져 있으므로 점 P에 대응하는 수는 $1+\sqrt{10}$이다.

7 $\overline{AC}=\sqrt{3^2+2^2}=\sqrt{13}$이고, 점 P는 기준점 $A(4)$에서 왼쪽으로 $\sqrt{13}$만큼 떨어져 있으므로 점 P에 대응하는 수는 $4-\sqrt{13}$이다.

8 $\overline{AC}=\sqrt{2^2+3^2}=\sqrt{13}$이고, 점 P는 기준점 $A(1)$에서 왼쪽으로 $\sqrt{13}$만큼 떨어져 있으므로 점 P에 대응하는 수는 $1-\sqrt{13}$이다.

9 $\overline{AC}=\sqrt{2^2+1^2}=\sqrt{5}$이고, 점 P는 기준점 $A(3)$에서 왼쪽으로 $\sqrt{5}$만큼 떨어져 있으므로 점 P에 대응하는 수는 $3-\sqrt{5}$이다.

10 □ABCD는 정사각형이므로
$\overline{BC}=\overline{CD}=\sqrt{1^2+2^2}=\sqrt{5}$

점 P는 기준점 $C(0)$에서 오른쪽으로 $\sqrt{5}$만큼 떨어져 있으므로 점 P에 대응하는 수는 $\sqrt{5}$이다.
점 Q는 기준점 $C(0)$에서 왼쪽으로 $\sqrt{5}$만큼 떨어져 있으므로 점 Q에 대응하는 수는 $-\sqrt{5}$이다.

11 □ABCD는 정사각형이므로
$\overline{BC}=\overline{CD}=\sqrt{2^2+1^2}=\sqrt{5}$

점 P는 기준점 $C(1)$에서 오른쪽으로 $\sqrt{5}$만큼 떨어져 있으므로 점 P에 대응하는 수는 $1+\sqrt{5}$이다.
점 Q는 기준점 $C(1)$에서 왼쪽으로 $\sqrt{5}$만큼 떨어져 있으므로 점 Q에 대응하는 수는 $1-\sqrt{5}$이다.

12 □ABCD는 정사각형이므로
$\overline{BC}=\overline{CD}=\sqrt{3^2+1^2}=\sqrt{10}$

점 P는 기준점 $C(2)$에서 오른쪽으로 $\sqrt{10}$만큼 떨어져 있으므로 점 P에 대응하는 수는 $2+\sqrt{10}$이다.
점 Q는 기준점 $C(2)$에서 왼쪽으로 $\sqrt{10}$만큼 떨어져 있으므로 점 Q에 대응하는 수는 $2-\sqrt{10}$이다.

06 수직선

본문 46쪽

| 1 ○ | 2 ○ | 3 × | 4 ○ |
| 5 ○ | 6 × | 7 × | 8 ③ |

3 $\sqrt{4}$와 $\sqrt{6}$ 사이에는 무수히 많은 무리수가 있다.

6 $2-\sqrt{3}$에 대응하는 점은 수직선 위에 나타낼 수 있다.

7 두 무리수 사이에는 무수히 많은 유리수가 있다.

8 ③ 1과 7 사이의 정수는 2, 3, 4, 5, 6이다.

1 ④	**2** ③	**3** ⑤	**4** ㄱ, ㄷ
5 A: $-1-\sqrt{2}$, B: $\sqrt{2}$		**6** ⑤	

1 ① $2=\sqrt{4}<\sqrt{5}$

② $-\sqrt{24}>-5=-\sqrt{25}$

③ $-0.1=-\sqrt{0.01}>-\sqrt{0.1}$

④ $-\sqrt{\dfrac{4}{5}}=-\sqrt{\dfrac{16}{20}}<-\sqrt{\dfrac{3}{4}}=-\sqrt{\dfrac{15}{20}}$

⑤ $\sqrt{\dfrac{1}{3}}>\dfrac{1}{2}=\sqrt{\dfrac{1}{4}}$

따라서 두 수의 대소 관계가 옳은 것은 ④이다.

2 $6<\sqrt{3x}<9$에서

$36<3x<81$이므로 각 변을 3으로 나누면

$12<x<27$

즉 자연수 x는 13, 14, 15, $\cdots$, 25, 26이므로

$a=26$, $b=13$

따라서 $a-b=26-13=13$

3 ⑤ $\sqrt{0.\dot{1}}=\sqrt{\dfrac{1}{9}}=\sqrt{\left(\dfrac{1}{3}\right)^2}=\dfrac{1}{3}$

4 ⑺에 해당하는 수는 무리수이다.

ㄴ. $-\sqrt{25}=-\sqrt{5^2}=-5$

ㄹ. $\sqrt{100}=\sqrt{10^2}=10$

ㅁ. $\sqrt{1.96}=\sqrt{(1.4)^2}=1.4$

ㅂ. $\sqrt{0.\dot{4}}=\sqrt{\dfrac{4}{9}}=\sqrt{\left(\dfrac{2}{3}\right)^2}=\dfrac{2}{3}$

따라서 보기에서 무리수는 ㄱ, ㄷ이다.

5 $\overline{PQ}=\overline{RS}=\sqrt{1^2+1^2}=\sqrt{2}$

점 A는 기준점 $P(-1)$에서 왼쪽으로 $\sqrt{2}$만큼 떨어져 있으므로 점 A에 대응하는 수는 $-1-\sqrt{2}$이다.

점 B는 기준점 $R(0)$에서 오른쪽으로 $\sqrt{2}$만큼 떨어져 있으므로 점 B에 대응하는 수는 $\sqrt{2}$이다.

6 ① 수직선에서 양수는 음수보다 오른쪽에 있다.

② 수직선 위의 한 점에는 하나의 실수가 대응된다.

③ $\sqrt{5}$에 대응하는 점은 수직선 위에 나타낼 수 있다.

④ $\sqrt{2}$와 $\sqrt{3}$ 사이에는 정수가 없다.

따라서 옳은 것은 ⑤이다.

---

3 근호를 포함한 식의 곱셈과 나눗셈

01　　　　　　　　　본문 50쪽

제곱근의 곱셈

원리확인

$\sqrt{3}$, $\sqrt{3}$, 3, 2, 3, 2, 3, 6

1 $\sqrt{15}$	**2** $\sqrt{5}$	**3** $\sqrt{15}$
4 $-\sqrt{10}$	**5** $\sqrt{0.02}$	**6** $-\sqrt{6}$
7 $\sqrt{30}$	**8** $\sqrt{6}$	**9** ($\mathscr{l}$ 2, 6)
10 $8\sqrt{3}$	**11** $2\sqrt{5}$	**12** $-10\sqrt{3}$
13 $12\sqrt{5}$	**14** $8\sqrt{0.3}$	**15** $-2\sqrt{3}$
16 $-4\sqrt{0.5}$	**17** ($\mathscr{l}$ 2, 3, $8\sqrt{15}$)	
18 $-12\sqrt{14}$	**19** $2\sqrt{6}$	**20** $6\sqrt{0.05}$
21 $-10\sqrt{6}$	☺ $\sqrt{ab}$, mn, mn	
22 ②		

1 $\sqrt{5}\times\sqrt{3}=\sqrt{5\times3}=\sqrt{15}$

2 $\sqrt{\dfrac{3}{2}}\sqrt{\dfrac{10}{3}}=\sqrt{\dfrac{3}{2}\times\dfrac{10}{3}}=\sqrt{5}$

3 $\sqrt{6}\sqrt{\dfrac{5}{2}}=\sqrt{6\times\dfrac{5}{2}}=\sqrt{15}$

4 $\sqrt{2}\times(-\sqrt{5})=-\sqrt{2\times5}=-\sqrt{10}$

5 $\sqrt{0.1}\times\sqrt{0.2}=\sqrt{0.1\times0.2}=\sqrt{0.02}$

6 $(-\sqrt{10})\times\sqrt{\dfrac{3}{5}}=-\sqrt{10\times\dfrac{3}{5}}=-\sqrt{6}$

7 $\sqrt{2}\sqrt{3}\sqrt{5}=\sqrt{2\times3\times5}=\sqrt{30}$

8 $\sqrt{5}\times\sqrt{\dfrac{9}{10}}\times\sqrt{\dfrac{4}{3}}=\sqrt{5\times\dfrac{9}{10}\times\dfrac{4}{3}}=\sqrt{6}$

10 $2\times4\sqrt{3}=2\times4\times\sqrt{3}=8\sqrt{3}$

11 $\dfrac{2}{3}\sqrt{5}\times3=\dfrac{2}{3}\times3\times\sqrt{5}=2\sqrt{5}$

12 $2\sqrt{3}\times(-5)=2\times(-5)\times\sqrt{3}=-10\sqrt{3}$

13 $(-4\sqrt{5})\times(-3)=(-4)\times(-3)\times\sqrt{5}=12\sqrt{5}$

14 $4\times2\sqrt{0.3}=4\times2\times\sqrt{0.3}=8\sqrt{0.3}$

15 $\left(-\dfrac{5}{2}\sqrt{3}\right)\times\dfrac{4}{5}=\left(-\dfrac{5}{2}\right)\times\dfrac{4}{5}\times\sqrt{3}=-2\sqrt{3}$

16 $\dfrac{6}{5}\times\left(-\dfrac{10}{3}\sqrt{0.5}\right)=\dfrac{6}{5}\times\left(-\dfrac{10}{3}\right)\times\sqrt{0.5}=-4\sqrt{0.5}$

18 $4\sqrt{2}\times(-3\sqrt{7})=4\times(-3)\times\sqrt{2\times7}=-12\sqrt{14}$

19 $\sqrt{\dfrac{21}{5}}\times2\sqrt{\dfrac{10}{7}}=2\sqrt{\dfrac{21}{5}\times\dfrac{10}{7}}=2\sqrt{6}$

20 $3\sqrt{0.1}\times2\sqrt{0.5}=3\times2\times\sqrt{0.1\times0.5}=6\sqrt{0.05}$

21 $\left(-2\sqrt{\dfrac{14}{3}}\right)\times5\sqrt{\dfrac{9}{7}}=(-2)\times5\times\sqrt{\dfrac{14}{3}\times\dfrac{9}{7}}$
$\qquad\qquad\qquad\qquad=-10\sqrt{6}$

22 $3\sqrt{3}\times(-5\sqrt{2})\times\sqrt{\dfrac{5}{3}}=3\times(-5)\times\sqrt{3\times2\times\dfrac{5}{3}}$
$\qquad\qquad\qquad\qquad\qquad=-15\sqrt{10}$

02

제곱근의 나눗셈

원리확인

$\dfrac{5}{2},\ \dfrac{5}{2},\ \sqrt{\dfrac{5}{2}},\ \sqrt{\dfrac{5}{2}}$

1 ($\diagdown$ 10, $\sqrt{5}$) **2** $\sqrt{5}$ **3** $\sqrt{6}$

4 $\sqrt{5}$　　　**5** $-\sqrt{7}$　**6** $-\sqrt{2}$　**7** $2\sqrt{2}$

8 ($\diagdown$ $\sqrt{2}$, 2, $\sqrt{6}$)　　**9** $\sqrt{5}$　　**10** $-3\sqrt{3}$

11 $-6\sqrt{2}$　**12** $3\sqrt{7}$　**13** $2\sqrt{3}$　**14** $2\sqrt{3}$

15 ($\diagdown$ $\sqrt{15}$, 15, 9, 3)　**16** $\sqrt{110}$　**17** 4

18 $-3\sqrt{3}$　☺ $\sqrt{\dfrac{a}{b}},\ \dfrac{m}{n},\ \sqrt{\dfrac{bc}{ad}}$　**19** ③

2 $\dfrac{\sqrt{15}}{\sqrt{3}}=\sqrt{\dfrac{15}{3}}=\sqrt{5}$

3 $\dfrac{\sqrt{30}}{\sqrt{5}}=\sqrt{\dfrac{30}{5}}=\sqrt{6}$

4 $\dfrac{\sqrt{50}}{\sqrt{10}}=\sqrt{\dfrac{50}{10}}=\sqrt{5}$

5 $\dfrac{\sqrt{14}}{-\sqrt{2}}=-\sqrt{\dfrac{14}{2}}=-\sqrt{7}$

6 $\dfrac{-\sqrt{6}}{\sqrt{3}}=-\sqrt{\dfrac{6}{3}}=-\sqrt{2}$

7 $\dfrac{4\sqrt{10}}{2\sqrt{5}}=\dfrac{4}{2}\sqrt{\dfrac{10}{5}}=2\sqrt{2}$

9 $\sqrt{30}\div\sqrt{6}=\dfrac{\sqrt{30}}{\sqrt{6}}=\sqrt{\dfrac{30}{6}}=\sqrt{5}$

10 $3\sqrt{6}\div(-\sqrt{2})=\dfrac{3\sqrt{6}}{-\sqrt{2}}=\dfrac{3}{-1}\sqrt{\dfrac{6}{2}}=-3\sqrt{3}$

11 $(-6\sqrt{6})\div\sqrt{3}=\dfrac{-6\sqrt{6}}{\sqrt{3}}=\dfrac{-6}{1}\sqrt{\dfrac{6}{3}}=-6\sqrt{2}$

12 $6\sqrt{35}\div2\sqrt{5}=\dfrac{6\sqrt{35}}{2\sqrt{5}}=\dfrac{6}{2}\sqrt{\dfrac{35}{5}}=3\sqrt{7}$

13 $8\sqrt{21}\div4\sqrt{7}=\dfrac{8\sqrt{21}}{4\sqrt{7}}=\dfrac{8}{4}\sqrt{\dfrac{21}{7}}=2\sqrt{3}$

14 $(-6\sqrt{15})\div(-3\sqrt{5})$
$=\dfrac{-6\sqrt{15}}{-3\sqrt{5}}=\dfrac{-6}{-3}\sqrt{\dfrac{15}{5}}=2\sqrt{3}$

16 $\sqrt{60}\div\sqrt{\dfrac{6}{11}}=\sqrt{60\div\dfrac{6}{11}}=\sqrt{60\times\dfrac{11}{6}}=\sqrt{110}$

17 $\left(-\dfrac{8\sqrt{5}}{\sqrt{10}}\right)\div\left(-\dfrac{2}{\sqrt{2}}\right)=\left(-\dfrac{8\sqrt{5}}{\sqrt{10}}\right)\times\left(-\dfrac{\sqrt{2}}{2}\right)=4$

18 $-6\sqrt{\dfrac{51}{5}}\div2\sqrt{\dfrac{17}{5}}=\dfrac{-6}{2}\sqrt{\dfrac{51}{5}\times\dfrac{5}{17}}=-3\sqrt{3}$

19 ③ $3\sqrt{11}\div\dfrac{\sqrt{33}}{\sqrt{6}}=3\sqrt{11}\times\dfrac{\sqrt{6}}{\sqrt{33}}=3\sqrt{11\times\dfrac{6}{33}}=3\sqrt{2}$

03

근호가 있는 식의 변형

원리확인

❶ 2, 2 　　❷ 3, 2 　　❸ 5, 5
❹ 7, 7 　　❺ 4, 20 　　❻ 9, 18
❼ 9, 27 　　❽ 100, 500 　　❾ 25
❿ 49 　　⓫ 36 　　⓬ 2

1 $3\sqrt{2}$ 　　2 $5\sqrt{2}$ 　　3 $4\sqrt{3}$
4 $5\sqrt{5}$ 　　5 $10\sqrt{7}$ 　　6 $-3\sqrt{3}$
7 $-10\sqrt{2}$ 　　8 $\sqrt{12}$ 　　9 $\sqrt{45}$
10 $\sqrt{50}$ 　　11 $\sqrt{147}$ 　　12 $-\sqrt{108}$
13 $-\sqrt{175}$ 　　14 $-\sqrt{1100}$ 　　☺ $a,\ a^2$
15 $\dfrac{\sqrt{3}}{2}$ 　　16 $\dfrac{\sqrt{5}}{4}$ 　　17 $\dfrac{\sqrt{2}}{5}$
18 $\dfrac{\sqrt{11}}{7}$ 　　19 $\dfrac{\sqrt{7}}{10}$ 　　20 $\dfrac{\sqrt{11}}{12}$
21 $-\dfrac{\sqrt{7}}{3}$ 　　22 $-\dfrac{\sqrt{13}}{6}$ 　　23 $-\dfrac{\sqrt{5}}{9}$
24 $-\dfrac{\sqrt{7}}{8}$ 　　25 $-\dfrac{\sqrt{3}}{11}$ 　　26 $-\dfrac{\sqrt{17}}{100}$
27 $\sqrt{\dfrac{5}{4}}$ 　　28 $\sqrt{\dfrac{3}{25}}$ 　　29 $\sqrt{\dfrac{2}{49}}$
30 $\sqrt{\dfrac{7}{81}}$ 　　31 $\sqrt{\dfrac{13}{100}}$ 　　32 $-\sqrt{\dfrac{7}{16}}$
33 $-\sqrt{\dfrac{6}{25}}$ 　　34 $-\sqrt{\dfrac{5}{64}}$ 　　35 $-\sqrt{\dfrac{11}{144}}$
36 $-\sqrt{\dfrac{19}{10000}}$ 　　☺ $a,\ a^2$ 　　37 ②

1 $\sqrt{18}=\sqrt{3^2\times2}=3\sqrt{2}$

2 $\sqrt{50}=\sqrt{5^2\times2}=5\sqrt{2}$

3 $\sqrt{48}=\sqrt{4^2\times3}=4\sqrt{3}$

4 $\sqrt{125}=\sqrt{5^2\times5}=5\sqrt{5}$

5 $\sqrt{700}=\sqrt{10^2\times7}=10\sqrt{7}$

6 $-\sqrt{27}=-\sqrt{3^2\times3}=-3\sqrt{3}$

7 $-\sqrt{200}=-\sqrt{10^2\times2}=-10\sqrt{2}$

8 $2\sqrt{3}=\sqrt{2^2\times3}=\sqrt{12}$

9 $3\sqrt{5}=\sqrt{3^2\times5}=\sqrt{45}$

10 $5\sqrt{2}=\sqrt{5^2\times2}=\sqrt{50}$

11 $7\sqrt{3}=\sqrt{7^2\times3}=\sqrt{147}$

12 $-6\sqrt{3}=-\sqrt{6^2\times3}=-\sqrt{108}$

13 $-5\sqrt{7}=-\sqrt{5^2\times7}=-\sqrt{175}$

14 $-10\sqrt{11}=-\sqrt{10^2\times11}=-\sqrt{1100}$

15 $\sqrt{\dfrac{3}{4}}=\sqrt{\dfrac{3}{2^2}}=\dfrac{\sqrt{3}}{\sqrt{2^2}}=\dfrac{\sqrt{3}}{2}$

16 $\sqrt{\dfrac{5}{16}}=\sqrt{\dfrac{5}{4^2}}=\dfrac{\sqrt{5}}{\sqrt{4^2}}=\dfrac{\sqrt{5}}{4}$

17 $\sqrt{\dfrac{2}{25}}=\sqrt{\dfrac{2}{5^2}}=\dfrac{\sqrt{2}}{\sqrt{5^2}}=\dfrac{\sqrt{2}}{5}$

18 $\sqrt{\dfrac{11}{49}}=\sqrt{\dfrac{11}{7^2}}=\dfrac{\sqrt{11}}{\sqrt{7^2}}=\dfrac{\sqrt{11}}{7}$

19 $\sqrt{\dfrac{7}{100}}=\sqrt{\dfrac{7}{10^2}}=\dfrac{\sqrt{7}}{\sqrt{10^2}}=\dfrac{\sqrt{7}}{10}$

20 $\sqrt{\dfrac{11}{144}}=\sqrt{\dfrac{11}{12^2}}=\dfrac{\sqrt{11}}{\sqrt{12^2}}=\dfrac{\sqrt{11}}{12}$

21 $-\sqrt{\dfrac{7}{9}}=-\sqrt{\dfrac{7}{3^2}}=-\dfrac{\sqrt{7}}{\sqrt{3^2}}=-\dfrac{\sqrt{7}}{3}$

22 $-\sqrt{\dfrac{13}{36}}=-\sqrt{\dfrac{13}{6^2}}=-\dfrac{\sqrt{13}}{\sqrt{6^2}}=-\dfrac{\sqrt{13}}{6}$

23 $-\sqrt{\dfrac{5}{81}}=-\sqrt{\dfrac{5}{9^2}}=-\dfrac{\sqrt{5}}{\sqrt{9^2}}=-\dfrac{\sqrt{5}}{9}$

24 $-\sqrt{\dfrac{7}{64}}=-\sqrt{\dfrac{7}{8^2}}=-\dfrac{\sqrt{7}}{\sqrt{8^2}}=-\dfrac{\sqrt{7}}{8}$

25 $-\sqrt{\dfrac{3}{121}}=-\sqrt{\dfrac{3}{11^2}}=-\dfrac{\sqrt{3}}{\sqrt{11^2}}=-\dfrac{\sqrt{3}}{11}$

26 $-\sqrt{\dfrac{17}{10000}}=-\sqrt{\dfrac{17}{100^2}}=-\dfrac{\sqrt{17}}{\sqrt{100^2}}=-\dfrac{\sqrt{17}}{100}$

27 $\dfrac{\sqrt{5}}{2}=\dfrac{\sqrt{5}}{\sqrt{2^2}}=\sqrt{\dfrac{5}{2^2}}=\sqrt{\dfrac{5}{4}}$

28 $\dfrac{\sqrt{3}}{5}=\dfrac{\sqrt{3}}{\sqrt{5^2}}=\sqrt{\dfrac{3}{5^2}}=\sqrt{\dfrac{3}{25}}$

29 $\dfrac{\sqrt{2}}{7}=\dfrac{\sqrt{2}}{\sqrt{7^2}}=\sqrt{\dfrac{2}{7^2}}=\sqrt{\dfrac{2}{49}}$

30 $\dfrac{\sqrt{7}}{9}=\dfrac{\sqrt{7}}{\sqrt{9^2}}=\sqrt{\dfrac{7}{9^2}}=\sqrt{\dfrac{7}{81}}$

31 $\dfrac{\sqrt{13}}{10}=\dfrac{\sqrt{13}}{\sqrt{10^2}}=\sqrt{\dfrac{13}{10^2}}=\sqrt{\dfrac{13}{100}}$

32 $-\dfrac{\sqrt{7}}{4}=-\dfrac{\sqrt{7}}{\sqrt{4^2}}=-\sqrt{\dfrac{7}{4^2}}=-\sqrt{\dfrac{7}{16}}$

33 $-\dfrac{\sqrt{6}}{5}=-\dfrac{\sqrt{6}}{\sqrt{5^2}}=-\sqrt{\dfrac{6}{5^2}}=-\sqrt{\dfrac{6}{25}}$

34 $-\dfrac{\sqrt{5}}{8}=-\dfrac{\sqrt{5}}{\sqrt{8^2}}=-\sqrt{\dfrac{5}{8^2}}=-\sqrt{\dfrac{5}{64}}$

35 $-\dfrac{\sqrt{11}}{12}=-\dfrac{\sqrt{11}}{\sqrt{12^2}}=-\sqrt{\dfrac{11}{12^2}}=-\sqrt{\dfrac{11}{144}}$

36 $-\dfrac{\sqrt{19}}{100}=-\dfrac{\sqrt{19}}{\sqrt{100^2}}=-\sqrt{\dfrac{19}{100^2}}=-\sqrt{\dfrac{19}{10000}}$

37 ㄱ. $\sqrt{54}=\sqrt{3^3\times2}=3\sqrt{6}$
　　ㄴ. $-4\sqrt{5}=-\sqrt{4^2\times5}=-\sqrt{80}$
　　ㄷ. $\sqrt{0.12}=\sqrt{\dfrac{12}{100}}=\sqrt{\dfrac{3}{25}}=\sqrt{\dfrac{3}{5^2}}=\dfrac{\sqrt{3}}{\sqrt{5^2}}=\dfrac{\sqrt{3}}{5}$
　　ㄹ. $\sqrt{\dfrac{14}{32}}=\sqrt{\dfrac{7}{16}}=\sqrt{\dfrac{7}{4^2}}=\dfrac{\sqrt{7}}{\sqrt{4^2}}=\dfrac{\sqrt{7}}{4}$
　　따라서 옳은 것은 ㄱ, ㄷ이다.

분모의 유리화

원리확인

❶ 3, 3, 3, 3　　　❷ 6, 6, 6, 6

❸ 3, 3, 3, 3　　　❹ 13, 13, 13, 13

❺ 5, 5, 10, 5　　　❻ 10, 10, 70, 10

❼ 2, 2, 2, 2, 2, 2, 2, 3

1 ($\sqrt{5}$, $\sqrt{5}$, $\sqrt{5}$)　　　2 $\dfrac{\sqrt{2}}{2}$

3 $\dfrac{\sqrt{7}}{7}$　　4 $\dfrac{\sqrt{17}}{17}$　　5 $\dfrac{\sqrt{10}}{10}$

6 $\dfrac{\sqrt{15}}{15}$　　7 $\dfrac{\sqrt{13}}{13}$　　8 $\dfrac{\sqrt{22}}{22}$

9 ($\sqrt{2}$, $\sqrt{2}$, $\sqrt{2}$)　　　10 $\dfrac{5\sqrt{3}}{3}$

11 $\dfrac{3\sqrt{5}}{5}$　　12 $4\sqrt{3}$　　13 $\dfrac{2\sqrt{5}}{5}$

14 $\dfrac{\sqrt{6}}{2}$　　15 $\dfrac{\sqrt{10}}{5}$　　16 $\dfrac{\sqrt{15}}{3}$

17 $\dfrac{3\sqrt{21}}{7}$　　　☺ $\sqrt{a}$, $\sqrt{a}$, $\sqrt{a}$, $\sqrt{a}$, $\sqrt{a}$, a

18 ($\sqrt{2}$, $\sqrt{2}$, $\sqrt{6}$)　　　19 $\dfrac{\sqrt{21}}{3}$

20 $\dfrac{\sqrt{15}}{5}$　　21 $\dfrac{\sqrt{30}}{5}$　　22 $\dfrac{\sqrt{14}}{7}$

23 $\dfrac{\sqrt{30}}{10}$　　24 $\dfrac{\sqrt{110}}{11}$　　25 $\dfrac{\sqrt{105}}{15}$

26 ($\sqrt{3}$, $\sqrt{3}$, 9)　　　27 $\dfrac{\sqrt{15}}{10}$

28 $\dfrac{\sqrt{6}}{8}$　　29 $\dfrac{\sqrt{10}}{10}$　　30 $\dfrac{\sqrt{15}}{21}$

31 $\dfrac{\sqrt{14}}{20}$　　32 $\dfrac{\sqrt{110}}{33}$　　33 $\dfrac{\sqrt{65}}{25}$

☺ $\sqrt{a}$, $\sqrt{a}$, $\sqrt{ab}$, $\sqrt{a}$, $\sqrt{a}$, $\sqrt{ab}$　　　34 ④

2 $\dfrac{1}{\sqrt{2}}=\dfrac{\sqrt{2}}{\sqrt{2}\times\sqrt{2}}=\dfrac{\sqrt{2}}{2}$

3 $\dfrac{1}{\sqrt{7}}=\dfrac{\sqrt{7}}{\sqrt{7}\times\sqrt{7}}=\dfrac{\sqrt{7}}{7}$

4 $\dfrac{1}{\sqrt{17}}=\dfrac{\sqrt{17}}{\sqrt{17}\times\sqrt{17}}=\dfrac{\sqrt{17}}{17}$

5 $\dfrac{1}{\sqrt{10}}=\dfrac{\sqrt{10}}{\sqrt{10}\times\sqrt{10}}=\dfrac{\sqrt{10}}{10}$

6 $\dfrac{1}{\sqrt{15}}=\dfrac{\sqrt{15}}{\sqrt{15}\times\sqrt{15}}=\dfrac{\sqrt{15}}{15}$

7 $\dfrac{1}{\sqrt{13}}=\dfrac{\sqrt{13}}{\sqrt{13}\times\sqrt{13}}=\dfrac{\sqrt{13}}{13}$

8 $\dfrac{1}{\sqrt{22}}=\dfrac{\sqrt{22}}{\sqrt{22}\times\sqrt{22}}=\dfrac{\sqrt{22}}{22}$

10 $\dfrac{5}{\sqrt{3}}=\dfrac{5\times\sqrt{3}}{\sqrt{3}\times\sqrt{3}}=\dfrac{5\sqrt{3}}{3}$

11 $\dfrac{3}{\sqrt{5}}=\dfrac{3\times\sqrt{5}}{\sqrt{5}\times\sqrt{5}}=\dfrac{3\sqrt{5}}{5}$

12 $\dfrac{12}{\sqrt{3}}=\dfrac{12\times\sqrt{3}}{\sqrt{3}\times\sqrt{3}}=\dfrac{12\sqrt{3}}{3}=4\sqrt{3}$

13 $\dfrac{2}{\sqrt{5}}=\dfrac{2\times\sqrt{5}}{\sqrt{5}\times\sqrt{5}}=\dfrac{2\sqrt{5}}{5}$

14 $\dfrac{3}{\sqrt{6}}=\dfrac{3\times\sqrt{6}}{\sqrt{6}\times\sqrt{6}}=\dfrac{3\sqrt{6}}{6}=\dfrac{\sqrt{6}}{2}$

15 $\dfrac{2}{\sqrt{10}}=\dfrac{2\times\sqrt{10}}{\sqrt{10}\times\sqrt{10}}=\dfrac{2\sqrt{10}}{10}=\dfrac{\sqrt{10}}{5}$

16 $\dfrac{5}{\sqrt{15}}=\dfrac{5\times\sqrt{15}}{\sqrt{15}\times\sqrt{15}}=\dfrac{5\sqrt{15}}{15}=\dfrac{\sqrt{15}}{3}$

17 $\dfrac{9}{\sqrt{21}}=\dfrac{9\times\sqrt{21}}{\sqrt{21}\times\sqrt{21}}=\dfrac{9\sqrt{21}}{21}=\dfrac{3\sqrt{21}}{7}$

19 $\dfrac{\sqrt{7}}{\sqrt{3}}=\dfrac{\sqrt{7}\times\sqrt{3}}{\sqrt{3}\times\sqrt{3}}=\dfrac{\sqrt{21}}{3}$

20 $\dfrac{\sqrt{3}}{\sqrt{5}}=\dfrac{\sqrt{3}\times\sqrt{5}}{\sqrt{5}\times\sqrt{5}}=\dfrac{\sqrt{15}}{5}$

21 $\dfrac{\sqrt{6}}{\sqrt{5}}=\dfrac{\sqrt{6}\times\sqrt{5}}{\sqrt{5}\times\sqrt{5}}=\dfrac{\sqrt{30}}{5}$

22 $\dfrac{\sqrt{2}}{\sqrt{7}}=\dfrac{\sqrt{2}\times\sqrt{7}}{\sqrt{7}\times\sqrt{7}}=\dfrac{\sqrt{14}}{7}$

23 $\dfrac{\sqrt{3}}{\sqrt{10}}=\dfrac{\sqrt{3}\times\sqrt{10}}{\sqrt{10}\times\sqrt{10}}=\dfrac{\sqrt{30}}{10}$

24 $\dfrac{\sqrt{10}}{\sqrt{11}}=\dfrac{\sqrt{10}\times\sqrt{11}}{\sqrt{11}\times\sqrt{11}}=\dfrac{\sqrt{110}}{11}$

25 $\dfrac{\sqrt{7}}{\sqrt{15}}=\dfrac{\sqrt{7}\times\sqrt{15}}{\sqrt{15}\times\sqrt{15}}=\dfrac{\sqrt{105}}{15}$

27 $\dfrac{\sqrt{3}}{2\sqrt{5}}=\dfrac{\sqrt{3}\times\sqrt{5}}{2\sqrt{5}\times\sqrt{5}}=\dfrac{\sqrt{15}}{10}$

28 $\dfrac{\sqrt{3}}{4\sqrt{2}}=\dfrac{\sqrt{3}\times\sqrt{2}}{4\sqrt{2}\times\sqrt{2}}=\dfrac{\sqrt{6}}{8}$

29 $\dfrac{\sqrt{5}}{5\sqrt{2}}=\dfrac{\sqrt{5}\times\sqrt{2}}{5\sqrt{2}\times\sqrt{2}}=\dfrac{\sqrt{10}}{10}$

30 $\dfrac{\sqrt{5}}{7\sqrt{3}}=\dfrac{\sqrt{5}\times\sqrt{3}}{7\sqrt{3}\times\sqrt{3}}=\dfrac{\sqrt{15}}{21}$

31 $\dfrac{\sqrt{7}}{10\sqrt{2}}=\dfrac{\sqrt{7}\times\sqrt{2}}{10\sqrt{2}\times\sqrt{2}}=\dfrac{\sqrt{14}}{20}$

32 $\dfrac{\sqrt{10}}{3\sqrt{11}}=\dfrac{\sqrt{10}\times\sqrt{11}}{3\sqrt{11}\times\sqrt{11}}=\dfrac{\sqrt{110}}{33}$

33 $\dfrac{\sqrt{13}}{5\sqrt{5}}=\dfrac{\sqrt{13}\times\sqrt{5}}{5\sqrt{5}\times\sqrt{5}}=\dfrac{\sqrt{65}}{25}$

34 ③ $\dfrac{\sqrt{8}}{\sqrt{3}}=\dfrac{2\sqrt{2}}{\sqrt{3}}=\dfrac{2\sqrt{6}}{3}$

　④ $\dfrac{4}{\sqrt{28}}=\dfrac{4}{2\sqrt{7}}=\dfrac{4\sqrt{7}}{14}=\dfrac{2\sqrt{7}}{7}$

　⑤ $\dfrac{3}{\sqrt{12}}=\dfrac{3}{2\sqrt{3}}=\dfrac{3\sqrt{3}}{6}=\dfrac{\sqrt{3}}{2}$

따라서 분모를 유리화한 것으로 옳지 않은 것은 ④이다.

05

제곱근의 곱셈, 나눗셈의 혼합 계산

1 $(\mathbb{\diagdown}\ \sqrt{2},\ 2,\ 3)$ **2** $\sqrt{2}$ **3** 7

4 $6\sqrt{2}$ **5** $2\sqrt{10}$ **6** $4\sqrt{3}$ **7** $2\sqrt{3}$

8 $\dfrac{10\sqrt{3}}{3}$ **9** $\dfrac{4\sqrt{6}}{3}$ **10** $-4\sqrt{3}$ **11** $\dfrac{15\sqrt{2}}{2}$

12 $\dfrac{2\sqrt{6}}{9}$ **13** ① **14** $(\mathbb{\diagdown}\ 2,\ 2,\ 2)$

15 $4\sqrt{15}$ **16** $(\mathbb{\diagdown}\ 2\sqrt{2},\ 32\sqrt{7})$ **17** $24\sqrt{3}$

2 (주어진 식) $=\sqrt{3}\times\sqrt{8}\times\dfrac{1}{\sqrt{12}}=\sqrt{3\times8\times\dfrac{1}{12}}=\sqrt{2}$

3 (주어진 식) $=\sqrt{14}\times\dfrac{1}{\sqrt{2}}\times\sqrt{7}=\sqrt{14\times\dfrac{1}{2}\times7}=7$

4 (주어진 식) $=\sqrt{54}\times\sqrt{8}\times\dfrac{1}{\sqrt{6}}=\sqrt{54\times8\times\dfrac{1}{6}}$

$\qquad\qquad\quad=\sqrt{72}=6\sqrt{2}$

5 (주어진 식) $=\sqrt{20}\times\sqrt{6}\times\dfrac{1}{\sqrt{3}}=\sqrt{20\times6\times\dfrac{1}{3}}$

$\qquad\qquad\quad=\sqrt{40}=2\sqrt{10}$

6 (주어진 식) $=\sqrt{12}\times\sqrt{72}\times\dfrac{1}{\sqrt{18}}=\sqrt{12\times72\times\dfrac{1}{18}}$

$\qquad\qquad\quad=\sqrt{48}=4\sqrt{3}$

7 (주어진 식) $=\sqrt{\dfrac{10}{3}}\times\sqrt{\dfrac{9}{5}}\times\sqrt{2}=\sqrt{\dfrac{10}{3}\times\dfrac{9}{5}\times2}$

$\qquad\qquad\quad=\sqrt{12}=2\sqrt{3}$

8 (주어진 식) $=\dfrac{5}{\sqrt{6}}\times\dfrac{2\sqrt{6}}{3\sqrt{2}}\times\dfrac{3\sqrt{2}}{\sqrt{3}}=\dfrac{10}{\sqrt{3}}=\dfrac{10\sqrt{3}}{3}$

9 (주어진 식) $=\dfrac{2}{\sqrt{3}}\times\dfrac{\sqrt{3}}{\sqrt{5}}\times\dfrac{4\sqrt{5}}{\sqrt{6}}=\dfrac{8}{\sqrt{6}}$

$\qquad\qquad\quad=\dfrac{8\sqrt{6}}{6}=\dfrac{4\sqrt{6}}{3}$

10 (주어진 식) $=12\sqrt{2}\times\left(-\dfrac{\sqrt{3}}{6}\right)\times\sqrt{2}=-4\sqrt{3}$

11 (주어진 식) $=\dfrac{5}{\sqrt{8}}\times\sqrt{40}\times\dfrac{3}{\sqrt{10}}$

$\qquad\qquad\quad=\dfrac{5}{2\sqrt{2}}\times2\sqrt{10}\times\dfrac{3}{\sqrt{10}}$

$\qquad\qquad\quad=\dfrac{15}{\sqrt{2}}=\dfrac{15\sqrt{2}}{2}$

12 (주어진 식) $=\dfrac{12}{\sqrt{10}}\times\dfrac{2\sqrt{6}}{9}\times\dfrac{5}{6\sqrt{10}}=\dfrac{2\sqrt{6}}{9}$

13 (주어진 식) $=\left(-\dfrac{3}{\sqrt{3}}\right)\times\dfrac{2}{\sqrt{7}}\times\dfrac{\sqrt{6}}{12}$

$\qquad\qquad\quad=-\dfrac{\sqrt{2}}{2\sqrt{7}}=-\dfrac{1}{14}\sqrt{14}$

따라서 $a=-\dfrac{1}{14}$

15 (직사각형의 넓이) $=\sqrt{12}\times\sqrt{20}=2\sqrt{3}\times2\sqrt{5}=4\sqrt{15}$

17 (정육면체의 부피) $=2\sqrt{3}\times2\sqrt{3}\times2\sqrt{3}=24\sqrt{3}$

06

제곱근표

1 1.010 **2** 1.187 **3** 1.237 **4** 1.393

5 1.105 **6** 1.304 **7** 1.277 **8** 1.158

9 6.11 **10** 5.63 **11** 5.70 **12** 5.92

13 5.94 **14** 6.30 **15** 6.41 **16** 5.54

17 $100,\ 10,\ 17.32$ **18** $100,\ 10,\ 54.77$

19 $10000,\ 100,\ 173.2$ **20** $100,\ 10,\ 0.5477$

21 $100,\ 10,\ 0.1732$ **22** $10000,\ 100,\ 0.05477$

23 $100,\ 10,\ 14.14$ **24** $100,\ 10,\ 44.72$

25 $10000,\ 100,\ 141.4$ **26** $100,\ 10,\ 0.4472$

27 $100,\ 10,\ 0.1414$ **28** $10000,\ 100,\ 0.04472$

29 22.36 **30** 70.71 **31** 223.6 **32** 0.7071

33 0.2236 **34** 0.07071 **35** ④

29 $\sqrt{500}=\sqrt{100\times5}=10\sqrt{5}=22.36$

30 $\sqrt{5000}=\sqrt{100\times50}=10\sqrt{50}=70.71$

31 $\sqrt{50000}=\sqrt{10000\times5}=100\sqrt{5}=223.6$

32 $\sqrt{0.5}=\sqrt{\dfrac{50}{100}}=\dfrac{\sqrt{50}}{10}=0.7071$

33 $\sqrt{0.05}=\sqrt{\dfrac{5}{100}}=\dfrac{\sqrt{5}}{10}=0.2236$

34 $\sqrt{0.005}=\sqrt{\dfrac{50}{10000}}=\dfrac{\sqrt{50}}{100}=0.07071$

35 ① $\sqrt{6000}=\sqrt{100\times60}=10\sqrt{60}=77.46$

② $\sqrt{600}=\sqrt{100\times6}=10\sqrt{6}=24.49$

③ $\sqrt{0.6}=\sqrt{\dfrac{60}{100}}=\dfrac{\sqrt{60}}{10}=0.7746$

④ $\sqrt{0.06}=\sqrt{\dfrac{6}{100}}=\dfrac{\sqrt{6}}{10}=0.2449$

⑤ $\sqrt{0.006}=\sqrt{\dfrac{60}{10000}}=\dfrac{\sqrt{60}}{100}=0.07746$

따라서 옳은 것은 ④이다.

3 $\sqrt{50}=\sqrt{5^2\times2}=5\sqrt{2}$이므로 $a=5,\ b=2$

$3\sqrt{2}=\sqrt{3^2\times2}=\sqrt{18}$이므로 $c=18$

따라서 $a+b+c=5+2+18=25$

4 $\dfrac{a}{\sqrt{20}}=\dfrac{a}{2\sqrt{5}}=\dfrac{a\times\sqrt{5}}{2\sqrt{5}\times\sqrt{5}}=\dfrac{a\sqrt{5}}{10}$

즉 $\dfrac{a\sqrt{5}}{10}=\dfrac{\sqrt{5}}{2}$이므로 $\dfrac{a}{10}=\dfrac{1}{2}$

$2a=10$

따라서 $a=5$

5 (주어진 식)$=\dfrac{3\sqrt{3}}{4\sqrt{2}}\times\dfrac{2}{3\sqrt{2}}\div\dfrac{2\sqrt{2}}{\sqrt{3}}$

$=\dfrac{3\sqrt{3}}{4\sqrt{2}}\times\dfrac{2}{3\sqrt{2}}\times\dfrac{\sqrt{3}}{2\sqrt{2}}$

$=\dfrac{3}{8\sqrt{2}}=\dfrac{3\sqrt{2}}{16}$

따라서 $a=\dfrac{3}{16}$

6 (직육면체의 부피)$=$(가로의 길이)$\times$(세로의 길이)$\times$(높이)

이므로 밑면의 가로의 길이를 $x\,\mathrm{cm}$라 하면

$48=x\times\sqrt{32}\times\sqrt{12}$

$x=\dfrac{48}{\sqrt{32}\times\sqrt{12}}=\dfrac{48}{4\sqrt{2}\times2\sqrt{3}}$

$=\dfrac{6}{\sqrt{6}}=\dfrac{6\times\sqrt{6}}{\sqrt{6}\times\sqrt{6}}=\sqrt{6}$

따라서 직육면체의 밑면의 가로의 길이는 $\sqrt{6}\,\mathrm{cm}$이다.

TEST 　3. 근호를 포함한 식의 곱셈과 나눗셈　　본문 67쪽

1 ④	**2** ②, ③	**3** 25
4 ⑤	**5** ③	**6** $\sqrt{6}\,$cm

1 (주어진 식)$=6\sqrt{2\times15\times\dfrac{1}{3}}=6\sqrt{10}$

2 ① $\sqrt{0.75}=\sqrt{\dfrac{75}{100}}=\sqrt{\dfrac{3}{4}}=\dfrac{\sqrt{3}}{\sqrt{4}}=\dfrac{\sqrt{3}}{2}$

④ $-\dfrac{\sqrt{8}}{4}=-\dfrac{2\sqrt{2}}{4}=-\dfrac{\sqrt{2}}{2}$

⑤ $-\dfrac{\sqrt{27}}{\sqrt{3}}=-\sqrt{\dfrac{27}{3}}=-\sqrt{9}=-3$

따라서 옳은 것은 ②, ③이다.

4 근호를 포함한 식의 덧셈과 뺄셈

01

본문 70쪽

제곱근의 덧셈과 뺄셈 (1)

원리확인

❶ 2, 6, 3　　❷ 3, 8, 2　　❸ 4, 2, 2

❹ 5, 2, 5

1 $7\sqrt{2}$	**2** $8\sqrt{3}$	**3** $8\sqrt{5}$	**4** $\dfrac{5\sqrt{2}}{3}$
5 $2\sqrt{3}$	**6** $\dfrac{6\sqrt{5}}{5}$	**7** $10\sqrt{3}$	**8** $\sqrt{3}$
9 $3\sqrt{2}$	**10** $2\sqrt{7}$	**11** $6\sqrt{5}$	**12** $\sqrt{2}$
13 $\sqrt{3}$	**14** $\dfrac{4\sqrt{5}}{9}$	**15** $-7\sqrt{7}$	**16** $8\sqrt{3}$
17 $4\sqrt{5}$	**18** $\sqrt{2}$	**19** $7\sqrt{6}$	**20** $\dfrac{4\sqrt{2}}{5}$
☺ n, n, n, l		**21** ④	

1 $\quad 4\sqrt{2}+3\sqrt{2}=(4+3)\sqrt{2}=7\sqrt{2}$

2 $\quad 2\sqrt{3}+6\sqrt{3}=(2+6)\sqrt{3}=8\sqrt{3}$

3 $\quad 7\sqrt{5}+\sqrt{5}=(7+1)\sqrt{5}=8\sqrt{5}$

4 $\quad \dfrac{\sqrt{2}}{3}+\dfrac{4\sqrt{2}}{3}=\left(\dfrac{1}{3}+\dfrac{4}{3}\right)\sqrt{2}=\dfrac{5\sqrt{2}}{3}$

5 $\quad \dfrac{5\sqrt{3}}{4}+\dfrac{3\sqrt{3}}{4}=\left(\dfrac{5}{4}+\dfrac{3}{4}\right)\sqrt{3}=2\sqrt{3}$

6 $\quad \dfrac{4\sqrt{5}}{5}+\dfrac{2\sqrt{5}}{5}=\left(\dfrac{4}{5}+\dfrac{2}{5}\right)\sqrt{5}=\dfrac{6\sqrt{5}}{5}$

7 $\quad 3\sqrt{3}+6\sqrt{3}+\sqrt{3}=(3+6+1)\sqrt{3}=10\sqrt{3}$

8 $\quad 5\sqrt{3}-4\sqrt{3}=(5-4)\sqrt{3}=\sqrt{3}$

9 $\quad 6\sqrt{2}-3\sqrt{2}=(6-3)\sqrt{2}=3\sqrt{2}$

10 $\quad 3\sqrt{7}-\sqrt{7}=(3-1)\sqrt{7}=2\sqrt{7}$

11 $\quad 8\sqrt{5}-2\sqrt{5}=(8-2)\sqrt{5}=6\sqrt{5}$

12 $\quad \dfrac{5\sqrt{2}}{3}-\dfrac{2\sqrt{2}}{3}=\left(\dfrac{5}{3}-\dfrac{2}{3}\right)\sqrt{2}=\sqrt{2}$

13 $\quad \dfrac{7\sqrt{3}}{4}-\dfrac{3\sqrt{3}}{4}=\left(\dfrac{7}{4}-\dfrac{3}{4}\right)\sqrt{3}=\sqrt{3}$

14 $\quad \dfrac{8\sqrt{5}}{9}-\dfrac{4\sqrt{5}}{9}=\left(\dfrac{8}{9}-\dfrac{4}{9}\right)\sqrt{5}=\dfrac{4\sqrt{5}}{9}$

15 $\quad 2\sqrt{7}-6\sqrt{7}-3\sqrt{7}=(2-6-3)\sqrt{7}=-7\sqrt{7}$

16 $\quad 6\sqrt{3}+5\sqrt{3}-3\sqrt{3}=(6+5-3)\sqrt{3}=8\sqrt{3}$

17 $\quad 5\sqrt{5}+6\sqrt{5}-7\sqrt{5}=(5+6-7)\sqrt{5}=4\sqrt{5}$

18 $\quad 3\sqrt{2}-4\sqrt{2}+2\sqrt{2}=(3-4+2)\sqrt{2}=\sqrt{2}$

19 $\quad 9\sqrt{6}-5\sqrt{6}+3\sqrt{6}=(9-5+3)\sqrt{6}=7\sqrt{6}$

20 $\quad \dfrac{2\sqrt{2}}{5}-\dfrac{4\sqrt{2}}{5}+\dfrac{6\sqrt{2}}{5}=\left(\dfrac{2}{5}-\dfrac{4}{5}+\dfrac{6}{5}\right)\sqrt{2}=\dfrac{4\sqrt{2}}{5}$

21 $\quad 7\sqrt{3}-a\sqrt{3}+4\sqrt{3}=8\sqrt{b}$ 에서
$(7-a+4)\sqrt{3}=8\sqrt{b}$, $(11-a)\sqrt{3}=8\sqrt{b}$
즉 $11-a=8$, $3=b$ 이므로 $a=3$, $b=3$
따라서 $a+b=3+3=6$

02

본문 72쪽

제곱근의 덧셈과 뺄셈 (2)

원리확인

❶ 2, 2, 2, 2, 4, 2, 6, 2　　❷ 2, 2, 2, 5, 3, 2, 2, 2

1 $5\sqrt{2}$	**2** $5\sqrt{3}$	**3** $3\sqrt{5}$	**4** $\sqrt{2}$
5 $\sqrt{3}$	**6** $-\sqrt{6}$	**7** $\sqrt{2}$	**8** $-3\sqrt{3}$
9 $-\sqrt{2}+5\sqrt{5}$		**10** $-3\sqrt{3}+3\sqrt{7}$	
11 $2\sqrt{3}+4\sqrt{5}$		**12** $-\sqrt{15}+2\sqrt{6}$	
13 $7\sqrt{5}+2\sqrt{10}$		**14** $3\sqrt{2}+3\sqrt{11}$	
15 $\sqrt{2}+6\sqrt{6}$		**16** $3\sqrt{3}-8\sqrt{2}$	
17 $4\sqrt{5}-5\sqrt{2}$		**18** $-\sqrt{5}-5\sqrt{3}$	
19 $2\sqrt{7}+7\sqrt{3}$		**20** ③	

1 $\sqrt{8}+\sqrt{18}=\sqrt{2^2\times2}+\sqrt{3^2\times2}$
$=2\sqrt{2}+3\sqrt{2}$
$=(2+3)\sqrt{2}=5\sqrt{2}$

2 $\sqrt{3}+\sqrt{48}=\sqrt{1^2\times3}+\sqrt{4^2\times3}$
$=\sqrt{3}+4\sqrt{3}$
$=(1+4)\sqrt{3}=5\sqrt{3}$

3 $\sqrt{20}+\sqrt{5}=\sqrt{2^2\times5}+\sqrt{1^2\times5}$
$=2\sqrt{5}-\sqrt{5}$
$=(2+1)\sqrt{5}=3\sqrt{5}$

4 $\sqrt{32}-\sqrt{18}=\sqrt{4^2\times2}-\sqrt{3^2\times2}$
$=4\sqrt{2}-3\sqrt{2}$
$=(4-3)\sqrt{2}=\sqrt{2}$

5 $\sqrt{27}-\sqrt{12}=\sqrt{3^2\times3}-\sqrt{2^2\times3}$
$=3\sqrt{3}-2\sqrt{3}$
$=(3-2)\sqrt{3}=\sqrt{3}$

6 $\sqrt{6}-\sqrt{24}=\sqrt{1^2\times6}-\sqrt{2^2\times6}$
$=\sqrt{6}-2\sqrt{6}$
$=(1-2)\sqrt{6}=-\sqrt{6}$

7 $\sqrt{32}+\sqrt{8}-\sqrt{50}=\sqrt{4^2\times2}+\sqrt{2^2\times2}-\sqrt{5^2\times2}$
$=4\sqrt{2}+2\sqrt{2}-5\sqrt{2}$
$=(4+2-5)\sqrt{2}=\sqrt{2}$

8 $\sqrt{12}-\sqrt{108}+\sqrt{3}=\sqrt{2^2\times3}-\sqrt{6^2\times3}+\sqrt{1^2\times3}$
$=2\sqrt{3}-6\sqrt{3}+\sqrt{3}$
$=(2-6+1)\sqrt{3}=-3\sqrt{3}$

9 $\sqrt{2}+3\sqrt{5}-2\sqrt{2}+2\sqrt{5}=(1-2)\sqrt{2}+(3+2)\sqrt{5}$
$=-\sqrt{2}+5\sqrt{5}$

10 $\sqrt{3}-2\sqrt{7}-4\sqrt{3}+5\sqrt{7}=(1-4)\sqrt{3}+(-2+5)\sqrt{7}$
$=-3\sqrt{3}+3\sqrt{7}$

11 $3\sqrt{3}+6\sqrt{5}-\sqrt{3}-2\sqrt{5}=(3-1)\sqrt{3}+(6-2)\sqrt{5}$
$=2\sqrt{3}+4\sqrt{5}$

12 $2\sqrt{15}+4\sqrt{6}-2\sqrt{6}-3\sqrt{15}=(2-3)\sqrt{15}+(4-2)\sqrt{6}$
$=-\sqrt{15}+2\sqrt{6}$

13 $5\sqrt{5}-4\sqrt{10}+2\sqrt{5}+6\sqrt{10}$
$=(5+2)\sqrt{5}+(-4+6)\sqrt{10}$
$=7\sqrt{5}+2\sqrt{10}$

14 $6\sqrt{2}+8\sqrt{11}-3\sqrt{2}-5\sqrt{11}$
$=(6-3)\sqrt{2}+(8-5)\sqrt{11}$
$=3\sqrt{2}+3\sqrt{11}$

15 $\sqrt{18}+\sqrt{96}+\sqrt{24}-\sqrt{8}$
$=3\sqrt{2}+4\sqrt{6}+2\sqrt{6}-2\sqrt{2}$
$=(3-2)\sqrt{2}+(4+2)\sqrt{6}$
$=\sqrt{2}+6\sqrt{6}$

16 $\sqrt{12}-\sqrt{18}-\sqrt{50}+\sqrt{3}$
$=2\sqrt{3}-3\sqrt{2}-5\sqrt{2}+\sqrt{3}$
$=(2+1)\sqrt{3}+(-3-5)\sqrt{2}$
$=3\sqrt{3}-8\sqrt{2}$

17 $\sqrt{20}-\sqrt{18}+\sqrt{20}-\sqrt{8}$
$=2\sqrt{5}-3\sqrt{2}+2\sqrt{5}-2\sqrt{2}$
$=(2+2)\sqrt{5}+(-3-2)\sqrt{2}$
$=4\sqrt{5}-5\sqrt{2}$

18 $\sqrt{5}-\sqrt{12}-\sqrt{20}-\sqrt{27}$
$=\sqrt{5}-2\sqrt{3}-2\sqrt{5}-3\sqrt{3}$
$=(1-2)\sqrt{5}+(-2-3)\sqrt{3}$
$=-\sqrt{5}-5\sqrt{3}$

19 $\sqrt{112}+\sqrt{27}+\sqrt{48}-\sqrt{28}$
$=4\sqrt{7}+3\sqrt{3}+4\sqrt{3}-2\sqrt{7}$
$=(4-2)\sqrt{7}+(3+4)\sqrt{3}$
$=2\sqrt{7}+7\sqrt{3}$

20 (주어진 식)$=6\sqrt{2}-2\sqrt{3}+5\sqrt{3}-4\sqrt{2}$
$=(6-4)\sqrt{2}+(-2+5)\sqrt{3}$
$=2\sqrt{2}+3\sqrt{3}$
$=2a+3b$

03

근호를 포함한 식의 계산; 분배법칙

원리확인

❶ $\sqrt{3}$, $\sqrt{3}$, $\sqrt{6}$, $\sqrt{21}$　　❷ $\sqrt{3}$, $\sqrt{3}$, 3, 3, $\sqrt{5}$, $\sqrt{2}$

1 $(\mathbf{2}, \sqrt{6})$　　　　**2** $3\sqrt{10}+\sqrt{35}$

3 $-\sqrt{15}-\sqrt{6}$　　　**4** $-2\sqrt{15}-6\sqrt{2}$

5 $(\sqrt{10}, \sqrt{15})$　　　**6** $\sqrt{30}-\sqrt{15}$

7 $(\sqrt{10}, 2\sqrt{3})$　　　**8** $2\sqrt{6}+\sqrt{21}$

9 $2\sqrt{10}+5\sqrt{2}$　　　**10** $(\sqrt{15}, \sqrt{35})$

11 $4\sqrt{3}-3\sqrt{2}$　　　**12** $10\sqrt{2}-2\sqrt{15}$

13 $(2, 2, \sqrt{5}, \sqrt{3})$　**14** $\sqrt{5}+2$

15 $\sqrt{6}+1$　　　　　　**16** $\sqrt{2}-\sqrt{3}$

17 $2-\sqrt{7}$　　　　　　**18** ③

2 $\quad\sqrt{5}(3\sqrt{2}+\sqrt{7})=\sqrt{5}\times3\sqrt{2}+\sqrt{5}\sqrt{7}$
$\qquad\qquad\qquad=3\sqrt{10}+\sqrt{35}$

3 $\quad-\sqrt{3}(\sqrt{5}+\sqrt{2})=-\sqrt{3}\sqrt{5}-\sqrt{3}\sqrt{2}$
$\qquad\qquad\qquad\quad=-\sqrt{15}-\sqrt{6}$

4 $\quad-2\sqrt{3}(\sqrt{5}+\sqrt{6})=-2\sqrt{3}\sqrt{5}-2\sqrt{3}\sqrt{6}$
$\qquad\qquad\qquad\qquad=-2\sqrt{15}-2\sqrt{18}$
$\qquad\qquad\qquad\qquad=-2\sqrt{15}-6\sqrt{2}$

6 $\quad\sqrt{3}(\sqrt{10}-\sqrt{5})=\sqrt{3}\sqrt{10}-\sqrt{3}\sqrt{5}$
$\qquad\qquad\qquad\quad=\sqrt{30}-\sqrt{15}$

8 $\quad(\sqrt{8}+\sqrt{7})\sqrt{3}=\sqrt{8}\sqrt{3}+\sqrt{7}\sqrt{3}$
$\qquad\qquad\qquad=\sqrt{24}+\sqrt{21}$
$\qquad\qquad\qquad=2\sqrt{6}+\sqrt{21}$

9 $\quad(2\sqrt{2}+\sqrt{10})\sqrt{5}=2\sqrt{2}\sqrt{5}+\sqrt{10}\sqrt{5}$
$\qquad\qquad\qquad\qquad=2\sqrt{10}+\sqrt{50}$
$\qquad\qquad\qquad\qquad=2\sqrt{10}+5\sqrt{2}$

11 $\quad(\sqrt{8}-\sqrt{3})\sqrt{6}=\sqrt{8}\sqrt{6}-\sqrt{3}\sqrt{6}$
$\qquad\qquad\qquad\quad=\sqrt{48}-\sqrt{18}$
$\qquad\qquad\qquad\quad=4\sqrt{3}-3\sqrt{2}$

12 $\quad(2\sqrt{5}-\sqrt{6})\sqrt{10}=2\sqrt{5}\sqrt{10}-\sqrt{6}\sqrt{10}$
$\qquad\qquad\qquad\qquad=2\sqrt{50}-\sqrt{60}$
$\qquad\qquad\qquad\qquad=10\sqrt{2}-2\sqrt{15}$

14 $\quad(\sqrt{15}+\sqrt{12})\div\sqrt{3}=\sqrt{15}\div\sqrt{3}+\sqrt{12}\div\sqrt{3}$
$\qquad\qquad\qquad\qquad\quad=\sqrt{\dfrac{15}{3}}+\sqrt{\dfrac{12}{3}}$
$\qquad\qquad\qquad\qquad\quad=\sqrt{5}+\sqrt{4}=\sqrt{5}+2$

15 $\quad(\sqrt{30}+\sqrt{5})\div\sqrt{5}=\sqrt{30}\div\sqrt{5}+\sqrt{5}\div\sqrt{5}$
$\qquad\qquad\qquad\qquad\quad=\sqrt{\dfrac{30}{5}}+\sqrt{\dfrac{5}{5}}$
$\qquad\qquad\qquad\qquad\quad=\sqrt{6}+\sqrt{1}=\sqrt{6}+1$

16 $\quad(\sqrt{14}-\sqrt{21})\div\sqrt{7}=\sqrt{14}\div\sqrt{7}-\sqrt{21}\div\sqrt{7}$
$\qquad\qquad\qquad\qquad\quad=\sqrt{\dfrac{14}{7}}-\sqrt{\dfrac{21}{7}}$
$\qquad\qquad\qquad\qquad\quad=\sqrt{2}-\sqrt{3}$

17 $\quad(\sqrt{40}-\sqrt{70})\div\sqrt{10}=\sqrt{40}\div\sqrt{10}-\sqrt{70}\div\sqrt{10}$
$\qquad\qquad\qquad\qquad\quad=\sqrt{\dfrac{40}{10}}-\sqrt{\dfrac{70}{10}}$
$\qquad\qquad\qquad\qquad\quad=\sqrt{4}-\sqrt{7}=2-\sqrt{7}$

18 (주어진 식)$=\sqrt{3}\sqrt{6}+\sqrt{3}\sqrt{3}+\sqrt{2}\times4\sqrt{2}-\sqrt{2}\times6$
$\qquad\qquad\quad=\sqrt{18}+\sqrt{9}+4\sqrt{4}-6\sqrt{2}$
$\qquad\qquad\quad=3\sqrt{2}+3+8-6\sqrt{2}$
$\qquad\qquad\quad=11-3\sqrt{2}$
따라서 $a=11$, $b=-3$이므로
$a+b=11+(-3)=8$

04

근호를 포함한 식의 계산; 분모의 유리화

원리확인

❶ 2, 2, 2, 2, 2, 1, 3, 2

❷ 3, 3, 45, 9, 3, 5, 3, 3, 5, 1

1 $1+\dfrac{\sqrt{2}}{2}$ **2** $\dfrac{\sqrt{6}-\sqrt{2}}{2}$ **3** $1+\dfrac{2\sqrt{3}}{3}$

4 $\dfrac{\sqrt{15}-\sqrt{3}}{3}$ **5** $\dfrac{\sqrt{2}}{2}+\dfrac{\sqrt{10}}{5}$ **6** $\dfrac{\sqrt{5}}{5}+\dfrac{\sqrt{15}}{3}$

7 $\dfrac{\sqrt{2}-\sqrt{10}}{2}$ **8** $\dfrac{\sqrt{3}-\sqrt{6}}{3}$ **9** $\sqrt{2}-\dfrac{\sqrt{6}}{2}$

10 $\dfrac{\sqrt{5}-\sqrt{30}}{5}$ **11** $\dfrac{\sqrt{6}}{2}-\dfrac{\sqrt{3}}{3}$ **12** $\dfrac{10\sqrt{11}-\sqrt{22}}{11}$

13 (✏️ $\sqrt{2}$, $\sqrt{2}$, 2, 3, 3, 5)

14 $\dfrac{10\sqrt{6}}{3}$ **15** $\dfrac{3\sqrt{10}}{4}$ **16** $-2\sqrt{21}$

17 $\dfrac{103\sqrt{30}}{30}$ **18** ①

1 $\dfrac{\sqrt{2}+1}{\sqrt{2}}=\dfrac{(\sqrt{2}+1)\sqrt{2}}{\sqrt{2}\sqrt{2}}=\dfrac{2+\sqrt{2}}{2}=1+\dfrac{\sqrt{2}}{2}$

2 $\dfrac{\sqrt{3}-1}{\sqrt{2}}=\dfrac{(\sqrt{3}-1)\sqrt{2}}{\sqrt{2}\sqrt{2}}=\dfrac{\sqrt{6}-\sqrt{2}}{2}$

3 $\dfrac{\sqrt{3}+2}{\sqrt{3}}=\dfrac{(\sqrt{3}+2)\sqrt{3}}{\sqrt{3}\sqrt{3}}=\dfrac{3+2\sqrt{3}}{3}=1+\dfrac{2\sqrt{3}}{3}$

4 $\dfrac{\sqrt{5}-1}{\sqrt{3}}=\dfrac{(\sqrt{5}-1)\sqrt{3}}{\sqrt{3}\sqrt{3}}=\dfrac{\sqrt{15}-\sqrt{3}}{3}$

5 $\dfrac{\sqrt{5}+2}{\sqrt{10}}=\dfrac{(\sqrt{5}+2)\sqrt{10}}{\sqrt{10}\sqrt{10}}=\dfrac{\sqrt{50}+2\sqrt{10}}{10}$
$=\dfrac{5\sqrt{2}+2\sqrt{10}}{10}=\dfrac{\sqrt{2}}{2}+\dfrac{\sqrt{10}}{5}$

6 $\dfrac{\sqrt{3}+5}{\sqrt{15}}=\dfrac{(\sqrt{3}+5)\sqrt{15}}{\sqrt{15}\sqrt{15}}=\dfrac{\sqrt{45}+5\sqrt{15}}{15}$
$=\dfrac{3\sqrt{5}+5\sqrt{15}}{15}=\dfrac{\sqrt{5}}{5}+\dfrac{\sqrt{15}}{3}$

7 $\dfrac{1-\sqrt{5}}{\sqrt{2}}=\dfrac{(1-\sqrt{5})\sqrt{2}}{\sqrt{2}\sqrt{2}}=\dfrac{\sqrt{2}-\sqrt{10}}{2}$

8 $\dfrac{1-\sqrt{2}}{\sqrt{3}}=\dfrac{(1-\sqrt{2})\sqrt{3}}{\sqrt{3}\sqrt{3}}=\dfrac{\sqrt{3}-\sqrt{6}}{3}$

9 $\dfrac{2-\sqrt{3}}{\sqrt{2}}=\dfrac{(2-\sqrt{3})\sqrt{2}}{\sqrt{2}\sqrt{2}}=\dfrac{2\sqrt{2}-\sqrt{6}}{2}=\sqrt{2}-\dfrac{\sqrt{6}}{2}$

10 $\dfrac{1-\sqrt{6}}{\sqrt{5}}=\dfrac{(1-\sqrt{6})\sqrt{5}}{\sqrt{5}\sqrt{5}}=\dfrac{\sqrt{5}-\sqrt{30}}{5}$

11 $\dfrac{3-\sqrt{2}}{\sqrt{6}}=\dfrac{(3-\sqrt{2})\sqrt{6}}{\sqrt{6}\sqrt{6}}=\dfrac{3\sqrt{6}-\sqrt{12}}{6}$
$=\dfrac{3\sqrt{6}-2\sqrt{3}}{6}=\dfrac{\sqrt{6}}{2}-\dfrac{\sqrt{3}}{3}$

12 $\dfrac{10-\sqrt{2}}{\sqrt{11}}=\dfrac{(10-\sqrt{2})\sqrt{11}}{\sqrt{11}\sqrt{11}}=\dfrac{10\sqrt{11}-\sqrt{22}}{11}$

14 $\dfrac{\sqrt{2}}{\sqrt{3}}+3\sqrt{6}=\dfrac{\sqrt{2}\sqrt{3}}{\sqrt{3}\sqrt{3}}+3\sqrt{6}=\dfrac{\sqrt{6}}{3}+3\sqrt{6}=\dfrac{10\sqrt{6}}{3}$

15 $\dfrac{2\sqrt{5}}{\sqrt{2}}-\dfrac{\sqrt{10}}{4}=\dfrac{2\sqrt{5}\sqrt{2}}{\sqrt{2}\sqrt{2}}-\dfrac{\sqrt{10}}{4}=\dfrac{2\sqrt{10}}{2}-\dfrac{\sqrt{10}}{4}$
$=\sqrt{10}-\dfrac{\sqrt{10}}{4}=\dfrac{3\sqrt{10}}{4}$

16 $\dfrac{21}{\sqrt{21}}-\dfrac{9\sqrt{7}}{\sqrt{3}}=\dfrac{21\sqrt{21}}{\sqrt{21}\sqrt{21}}-\dfrac{9\sqrt{7}\sqrt{3}}{\sqrt{3}\sqrt{3}}$
$=\dfrac{21\sqrt{21}}{21}-\dfrac{9\sqrt{21}}{3}$
$=\sqrt{21}-3\sqrt{21}=-2\sqrt{21}$

17 $\dfrac{5\sqrt{2}}{\sqrt{15}}+3\sqrt{30}+\dfrac{\sqrt{3}}{\sqrt{10}}=\dfrac{5\sqrt{2}\sqrt{15}}{\sqrt{15}\sqrt{15}}+3\sqrt{30}+\dfrac{\sqrt{3}\sqrt{10}}{\sqrt{10}\sqrt{10}}$
$=\dfrac{5\sqrt{30}}{15}+3\sqrt{30}+\dfrac{\sqrt{30}}{10}$
$=\dfrac{\sqrt{30}}{3}+3\sqrt{30}+\dfrac{\sqrt{30}}{10}$
$=\dfrac{103\sqrt{30}}{30}$

18 (주어진 식)$=\dfrac{(\sqrt{2}-4\sqrt{3})\sqrt{2}}{\sqrt{2}\sqrt{2}}-\dfrac{(6\sqrt{2}+\sqrt{3})\sqrt{3}}{\sqrt{3}\sqrt{3}}$
$=\dfrac{2-4\sqrt{6}}{2}-\dfrac{6\sqrt{6}+3}{3}$
$=(1-2\sqrt{6})-(2\sqrt{6}+1)$
$=-4\sqrt{6}$

05

근호를 포함한 식의 혼합 계산

1 $5\sqrt{2}$ **2** $2\sqrt{3}$ **3** $\dfrac{2\sqrt{6}}{3}$

4 $-2\sqrt{5}$ **5** $\sqrt{6}+4\sqrt{2}$ **6** $2\sqrt{5}+\sqrt{10}$

7 $2+4\sqrt{15}$ **8** $\sqrt{2}$ **9** $2\sqrt{6}-3\sqrt{2}$

10 $5\sqrt{2}$ **11** ①   **12** ($\diagdown$ -2)

13 -3 **14** -1 **15** 3

16 ($\diagdown$ $3,\ 1$)   **17** 6 **18** -3

19 -9 ☺ b **20** ①

---

1 (주어진 식)$=\sqrt{18}+\sqrt{8}=3\sqrt{2}+2\sqrt{2}=5\sqrt{2}$

2 (주어진 식)$=\sqrt{48}-\sqrt{12}=4\sqrt{3}-2\sqrt{3}=2\sqrt{3}$

3 (주어진 식)$=\sqrt{6}-\dfrac{\sqrt{2}}{\sqrt{3}}=\sqrt{6}-\dfrac{\sqrt{6}}{3}=\dfrac{2\sqrt{6}}{3}$

4 (주어진 식)$=\sqrt{5}-\sqrt{45}=\sqrt{5}-3\sqrt{5}=-2\sqrt{5}$

5 (주어진 식)$=3\sqrt{6}+2\sqrt{8}-\sqrt{24}=3\sqrt{6}+4\sqrt{2}-2\sqrt{6}$
$\qquad\qquad =\sqrt{6}+4\sqrt{2}$

6 (주어진 식)$=5\sqrt{5}-3\sqrt{5}+\sqrt{10}=2\sqrt{5}+\sqrt{10}$

7 (주어진 식)$=\sqrt{4}+2\sqrt{60}=2+4\sqrt{15}$

8 (주어진 식)$=\sqrt{8}-\dfrac{2}{\sqrt{2}}=2\sqrt{2}-\sqrt{2}=\sqrt{2}$

9 (주어진 식)$=4\sqrt{6}-\dfrac{\sqrt{24}}{2}-3\sqrt{2}-\dfrac{\sqrt{24}}{2}$
$\qquad\qquad =4\sqrt{6}-\dfrac{2\sqrt{6}}{2}-3\sqrt{2}-\dfrac{2\sqrt{6}}{2}$
$\qquad\qquad =4\sqrt{6}-\sqrt{6}-3\sqrt{2}-\sqrt{6}$
$\qquad\qquad =2\sqrt{6}-3\sqrt{2}$

10 (주어진 식)$=\sqrt{5}+\dfrac{\sqrt{50}}{5}+4\sqrt{2}-\dfrac{\sqrt{20}}{2}$
$\qquad\qquad =\sqrt{5}+\dfrac{5\sqrt{2}}{5}+4\sqrt{2}-\dfrac{2\sqrt{5}}{2}$
$\qquad\qquad =\sqrt{5}+\sqrt{2}+4\sqrt{2}-\sqrt{5}=5\sqrt{2}$

11 (주어진 식)$=5\sqrt{6}-2\sqrt{2}-\dfrac{4}{\sqrt{2}}-\dfrac{6\sqrt{3}}{\sqrt{2}}+3\sqrt{2}$
$\qquad\qquad =5\sqrt{6}-2\sqrt{2}-\dfrac{4\sqrt{2}}{2}-\dfrac{6\sqrt{6}}{2}+3\sqrt{2}$
$\qquad\qquad =5\sqrt{6}-2\sqrt{2}-2\sqrt{2}-3\sqrt{6}+3\sqrt{2}$
$\qquad\qquad =2\sqrt{6}-\sqrt{2}$
따라서 $a=2,\ b=-1$이므로
$a+b=2+(-1)=1$

13 $3\sqrt{2}-5+a+a\sqrt{2}=(-5+a)+(3+a)\sqrt{2}$
이때 $3+a=0$이어야 하므로 $a=-3$

14 $-4+\sqrt{7}-a+a\sqrt{7}=(-4-a)+(1+a)\sqrt{7}$
이때 $1+a=0$이어야 하므로 $a=-1$

15 $6\sqrt{10}+a-7-2a\sqrt{10}=(a-7)+(6-2a)\sqrt{10}$
이때 $6-2a=0$이어야 하므로 $a=3$

17 $3+\sqrt{32}-a\sqrt{2}+\sqrt{8}=3+4\sqrt{2}-a\sqrt{2}+2\sqrt{2}$
$\qquad\qquad\qquad\qquad =3+(6-a)\sqrt{2}$
이때 $6-a=0$이어야 하므로 $a=6$

18 $\sqrt{20}-a\sqrt{5}-\sqrt{125}-4=2\sqrt{5}-a\sqrt{5}-5\sqrt{5}-4$
$\qquad\qquad\qquad\qquad =(-3-a)\sqrt{5}-4$
이때 $-3-a=0$이어야 하므로 $a=-3$

19 $\sqrt{48}+a\sqrt{3}-7+\sqrt{75}=4\sqrt{3}+a\sqrt{3}-7+5\sqrt{3}$
$\qquad\qquad\qquad\qquad =(9+a)\sqrt{3}-7$
이때 $9+a=0$이어야 하므로 $a=-9$

20 $\sqrt{3}(\sqrt{18}+4\sqrt{3})-3a+a\sqrt{6}=\sqrt{54}+12-3a+a\sqrt{6}$
$\qquad\qquad\qquad\qquad\qquad =3\sqrt{6}+12-3a+a\sqrt{6}$
$\qquad\qquad\qquad\qquad\qquad =(3+a)\sqrt{6}+(12-3a)$
이때 $3+a=0$이어야 하므로 $a=-3$

06

무리수의 정수 부분과 소수 부분

원리확인

❶ 16, 4, 3, 3 　　　❷ 25, 5, 4, 4

❸ 25, 36, 5, 6, 5, 5 　　❹ 3, -3, 3, 4, 3, 3, 3

❺ 4, -4, 3, 4, 3, 3, 4

1　정수 부분 : 2, 소수 부분 : $\sqrt{5}-2$

2　정수 부분 : 1, 소수 부분 : $\sqrt{3}-1$

3　정수 부분 : 3, 소수 부분 : $\sqrt{11}-3$

4　정수 부분 : 6, 소수 부분 : $\sqrt{43}-6$

5　정수 부분 : 9, 소수 부분 : $\sqrt{99}-9$

6　정수 부분 : 10, 소수 부분 : $\sqrt{120}-10$

☺ n, n

7　정수 부분 : 2, 소수 부분 : $\sqrt{3}-1$

8　정수 부분 : 1, 소수 부분 : $\sqrt{5}-2$

9　정수 부분 : 1, 소수 부분 : $2-\sqrt{2}$

10　정수 부분 : 0, 소수 부분 : $3-\sqrt{6}$

11　정수 부분 : 3, 소수 부분 : $3-\sqrt{7}$

12　④

1　$\sqrt{4}<\sqrt{5}<\sqrt{9}$에서 $2<\sqrt{5}<3$이므로
$\sqrt{5}$의 정수 부분은 2이고, 소수 부분은 $\sqrt{5}-2$이다.

2　$\sqrt{1}<\sqrt{3}<\sqrt{4}$에서 $1<\sqrt{3}<2$이므로
$\sqrt{3}$의 정수 부분은 1이고, 소수 부분은 $\sqrt{3}-1$이다.

3　$\sqrt{9}<\sqrt{11}<\sqrt{16}$에서 $3<\sqrt{11}<4$이므로
$\sqrt{11}$의 정수 부분은 3이고, 소수 부분은 $\sqrt{11}-3$이다.

4　$\sqrt{36}<\sqrt{43}<\sqrt{49}$에서 $6<\sqrt{43}<7$이므로
$\sqrt{43}$의 정수 부분은 6이고, 소수 부분은 $\sqrt{43}-6$이다.

5　$\sqrt{81}<\sqrt{99}<\sqrt{100}$에서 $9<\sqrt{99}<10$이므로
$\sqrt{99}$의 정수 부분은 9이고, 소수 부분은 $\sqrt{99}-9$이다.

6　$\sqrt{100}<\sqrt{120}<\sqrt{121}$에서 $10<\sqrt{120}<11$이므로
$\sqrt{120}$의 정수 부분은 10이고, 소수 부분은 $\sqrt{120}-10$이다.

7　$1<\sqrt{3}<2$에서 $2<\sqrt{3}+1<3$이므로
$\sqrt{3}+1$의 정수 부분은 2이고,
소수 부분은 $(\sqrt{3}+1)-2=\sqrt{3}-1$

8　$2<\sqrt{5}<3$에서 $1<\sqrt{5}-1<2$이므로
$\sqrt{5}-1$의 정수 부분은 1이고,
소수 부분은 $(\sqrt{5}-1)-1=\sqrt{5}-2$

9　$1<\sqrt{2}<2$에서 $-2<-\sqrt{2}<-1$,
$1<3-\sqrt{2}<2$이므로
$3-\sqrt{2}$의 정수 부분은 1이고,
소수 부분은 $(3-\sqrt{2})-1=2-\sqrt{2}$

10　$2<\sqrt{6}<3$에서 $-3<-\sqrt{6}<-2$,
$0<3-\sqrt{6}<1$이므로
$3-\sqrt{6}$의 정수 부분은 0이고,
소수 부분은 $(3-\sqrt{6})-0=3-\sqrt{6}$

11　$2<\sqrt{7}<3$에서 $-3<-\sqrt{7}<-2$,
$3<6-\sqrt{7}<4$이므로
$6-\sqrt{7}$의 정수 부분은 3이고,
소수 부분은 $(6-\sqrt{7})-3=3-\sqrt{7}$

12　$\sqrt{4}<\sqrt{8}<\sqrt{9}$에서 $2<\sqrt{8}<3$이므로
$\sqrt{8}$의 정수 부분은 2이고, 소수 부분은 $\sqrt{8}-2$이다.
따라서 $a=2$, $b=\sqrt{8}-2$이므로
$a+2b=2+2(\sqrt{8}-2)=2+2\sqrt{8}-4=4\sqrt{2}-2$

07

실수의 대소 관계

원리확인

$\sqrt{5}$, $\sqrt{5}$, $<$, $<$, $<$

1　$>$ 　　2　$>$ 　　3　$<$ 　　4　$>$

5　$<$ 　　6　$>$ 　　7　$>$ 　　8　$<$

9　③

1 $(\sqrt{3}+2)-3=\sqrt{3}-1>0$

따라서 $\sqrt{3}+2>3$

2 $(3+\sqrt{2})-4=\sqrt{2}-1>0$

따라서 $3+\sqrt{2}>4$

3 $(\sqrt{7}-1)-(\sqrt{8}-1)=\sqrt{7}-1-\sqrt{8}+1=\sqrt{7}-\sqrt{8}<0$

따라서 $\sqrt{7}-1<\sqrt{8}-1$

4 $(5-\sqrt{2})-(4-\sqrt{2})=5-\sqrt{2}-4+\sqrt{2}=1>0$

따라서 $5-\sqrt{2}>4-\sqrt{2}$

5 $(\sqrt{15}+\sqrt{2})-(4+\sqrt{2})=\sqrt{15}+\sqrt{2}-4-\sqrt{2}$
$=\sqrt{15}-4=\sqrt{15}-\sqrt{16}<0$

따라서 $\sqrt{15}+\sqrt{2}<4+\sqrt{2}$

6 $(\sqrt{10}-\sqrt{5})-(3-\sqrt{5})=\sqrt{10}-\sqrt{5}-3+\sqrt{5}$
$=\sqrt{10}-3=\sqrt{10}-\sqrt{9}>0$

따라서 $\sqrt{10}-\sqrt{5}>3-\sqrt{5}$

7 $(\sqrt{7}-2)-(\sqrt{7}-\sqrt{5})=\sqrt{7}-2-\sqrt{7}+\sqrt{5}$
$=-2+\sqrt{5}=-\sqrt{4}+\sqrt{5}>0$

따라서 $\sqrt{7}-2>\sqrt{7}-\sqrt{5}$

8 $(\sqrt{10}-4)-(\sqrt{10}-\sqrt{15})=\sqrt{10}-4-\sqrt{10}+\sqrt{15}$
$=-4+\sqrt{15}$
$=-\sqrt{16}+\sqrt{15}<0$

따라서 $\sqrt{10}-4<\sqrt{10}-\sqrt{15}$

9 $a-b=(2+2\sqrt{5})-4=2\sqrt{5}-2$
$=\sqrt{20}-\sqrt{4}>0$

이므로 $b<a$

$b-c=4-(\sqrt{7}+2)=4-\sqrt{7}-2$
$=2-\sqrt{7}=\sqrt{4}-\sqrt{7}<0$

이므로 $b<c$

$a-c=(2+2\sqrt{5})-(\sqrt{7}+2)=2+2\sqrt{5}-\sqrt{7}-2$
$=2\sqrt{5}-\sqrt{7}=\sqrt{20}-\sqrt{7}>0$

이므로 $c<a$

따라서 $b<c<a$

1 $6\sqrt{3}$	**2** ①	**3** ③
4 -4	**5** $3\sqrt{13}-6$	**6** ③

1 $\sqrt{75}-\sqrt{27}+\sqrt{48}=5\sqrt{3}-3\sqrt{3}+4\sqrt{3}$
$=(5-3+4)\sqrt{3}=6\sqrt{3}$

2 (주어진 식)$=\dfrac{(3\sqrt{5}-\sqrt{6})\sqrt{3}}{\sqrt{3}\sqrt{3}}-4\sqrt{15}$
$=\dfrac{3\sqrt{15}-\sqrt{18}}{3}-4\sqrt{15}$
$=\dfrac{3\sqrt{15}-3\sqrt{2}}{3}-4\sqrt{15}$
$=\sqrt{15}-\sqrt{2}-4\sqrt{15}$
$=-\sqrt{2}-3\sqrt{15}$

3 (주어진 식)$=\dfrac{\sqrt{35}}{\sqrt{5}}-\dfrac{28}{4\sqrt{7}}=\sqrt{7}-\dfrac{7}{\sqrt{7}}$
$=\sqrt{7}-\sqrt{7}=0$

4 $\sqrt{6}(\sqrt{8}+3\sqrt{6})-5a+a\sqrt{3}=\sqrt{48}+18-5a+a\sqrt{3}$
$=4\sqrt{3}+18-5a+a\sqrt{3}$
$=(4+a)\sqrt{3}+(18-5a)$

이때 $4+a=0$이어야 하므로 $a=-4$

5 $\sqrt{9}<\sqrt{13}<\sqrt{16}$에서 $3<\sqrt{13}<4$이므로

$\sqrt{13}$의 정수 부분은 3이고, 소수 부분은 $\sqrt{13}-3$이다.

따라서 $a=3$, $b=\sqrt{13}-3$이므로

$a+3b=3+3(\sqrt{13}-3)=3+3\sqrt{13}-9=3\sqrt{13}-6$

6 ① $3-(\sqrt{5}+1)=2-\sqrt{5}=\sqrt{4}-\sqrt{5}<0$

    이므로 $3<\sqrt{5}+1$

  ② $(\sqrt{3}+4)-6=\sqrt{3}-2=\sqrt{3}-\sqrt{4}<0$

    이므로 $\sqrt{3}+4<6$

  ③ $(\sqrt{7}-2)-(\sqrt{7}-3)=\sqrt{7}-2-\sqrt{7}+3=1>0$

    이므로 $\sqrt{7}-2>\sqrt{7}-3$

  ④ $(7-\sqrt{10})-(\sqrt{50}-\sqrt{10})=7-\sqrt{10}-\sqrt{50}+\sqrt{10}$
$=7-\sqrt{50}$
$=\sqrt{49}-\sqrt{50}<0$

    이므로 $7-\sqrt{10}<\sqrt{50}-\sqrt{10}$

  ⑤ $(\sqrt{13}+5)-(\sqrt{13}+\sqrt{26})=\sqrt{13}+5-\sqrt{13}-\sqrt{26}$
$=5-\sqrt{26}$
$=\sqrt{25}-\sqrt{26}<0$

    이므로 $\sqrt{13}+5<\sqrt{13}+\sqrt{26}$

1 ②	**2** ③	**3** ②
4 ③	**5** ②	**6** ③
7 $2+\sqrt{13}$	**8** ②, ⑤	**9** ④
10 ②	**11** $\sqrt{14}$ cm	**12** ④
13 ⑤	**14** ④	**15** ④

1 ① 4의 제곱근은 ±2이다.

③ 제곱근 9는 3이다.

④ 0의 제곱근은 1개이다.

⑤ $\sqrt{16}=4$의 제곱근은 ±2이다.

2 ㄱ. $\sqrt{a^2}=-a$

ㄹ. $-\sqrt{(2a)^2}=-(-2a)=2a$

3 $\sqrt{126x}=\sqrt{2\times3^2\times7\times x}$가 자연수가 되려면

$x=14\times$ (자연수)^{2}의 꼴이어야 한다.

따라서 가장 작은 자연수 x의 값은 14이다.

4 ③ $-\sqrt{1.6}$은 근호를 사용하지 않고 나타낼 수 없다.

5 $4\leq\sqrt{3x-2}<5$에서

$\sqrt{16}\leq\sqrt{3x-2}<\sqrt{25}$이므로

$16\leq3x-2<25$

$18\leq3x<27$, 즉 $6\leq x<9$

따라서 $4\leq\sqrt{3x-2}<5$를 만족시키는 자연수 x의 합은

$6+7+8=21$

6 ① 순환하는 무한소수는 유리수이다.

② 음의 유리수는 제곱근이 존재하지 않는다.

④ 유리수에는 유한소수와 순환하는 무한소수가 있다.

⑤ $\sqrt{4}=2$는 근호를 사용하여 나타냈지만 유리수이다.

7 $\overline{AC}=\sqrt{2^2+3^2}=\sqrt{13}$이고, 점 P는 기준점 A에서 오른쪽으로 $\sqrt{13}$만큼 떨어져 있으므로 점 P에 대응하는 수는 $2+\sqrt{13}$이다.

8 ② 3과 $\sqrt{10}$ 사이에는 무한개의 유리수가 존재한다.

⑤ 실수에 대응하는 점으로 수직선을 완전히 메울 수 있다.

9 ④ $\dfrac{\sqrt{8}}{\sqrt{2}}=\sqrt{\dfrac{8}{2}}=\sqrt{4}=2$

10 $\sqrt{150}=\sqrt{5^2\times6}=5\sqrt{6}$이므로 $a=5$, $b=6$

$2\sqrt{3}=\sqrt{2^2\times3}=\sqrt{12}$이므로 $c=12$

따라서 $ab-c=5\times6-12=18$

11 (직육면체의 부피)=(가로의 길이)$\times$(세로의 길이)$\times$(높이)

이므로

밑면의 세로의 길이를 x cm라 하면

$84=\sqrt{18}\times x\times\sqrt{28}$

$x=\dfrac{84}{\sqrt{18}\times\sqrt{28}}=\dfrac{84}{3\sqrt{2}\times2\sqrt{7}}=\dfrac{14}{\sqrt{14}}=\sqrt{14}$

따라서 직육면체의 밑면의 세로의 길이는 $\sqrt{14}$ cm이다.

12 $\sqrt{3}(\sqrt{6}+2\sqrt{15}-\sqrt{5})+\sqrt{5}(\sqrt{3}+2\sqrt{10}+\sqrt{15})$

$=3\sqrt{2}+6\sqrt{5}-\sqrt{15}+\sqrt{15}+10\sqrt{2}+5\sqrt{3}$

$=13\sqrt{2}+5\sqrt{3}+6\sqrt{5}$

이므로 $a=13$, $b=5$, $c=6$

따라서 $a+b+c=13+5+6=24$

13 ② $\sqrt{5}=\dfrac{\sqrt{20}}{2}=\dfrac{4.472}{2}=2.236$

④ $\sqrt{18}=3\sqrt{2}=3\times1.414=4.242$

⑤ $\sqrt{20000}=\sqrt{2\times100^2}=100\sqrt{2}=141.4$

14 $1<\sqrt{3}<2$에서 $-2<-\sqrt{3}<-1$

각 변에 6을 더하면 $4<6-\sqrt{3}<5$

따라서 $a=4$, $b=(6-\sqrt{3})-4=2-\sqrt{3}$이므로

$a-2b=4-2(2-\sqrt{3})=4-4+2\sqrt{3}=2\sqrt{3}$

15 ① $(\sqrt{7}-\sqrt{17})-(\sqrt{7}-4)=4-\sqrt{17}=\sqrt{16}-\sqrt{17}<0$

이므로

$\sqrt{7}-\sqrt{17}<\sqrt{7}-4$

② $(\sqrt{3}-\sqrt{2})-(2\sqrt{2}-\sqrt{3})=2\sqrt{3}-3\sqrt{2}$
$=\sqrt{12}-\sqrt{18}<0$

이므로 $\sqrt{3}-\sqrt{2}<2\sqrt{2}-\sqrt{3}$

③ $(3\sqrt{3}-2\sqrt{2})-2\sqrt{3}=\sqrt{3}-2\sqrt{2}=\sqrt{3}-\sqrt{8}<0$

이므로 $3\sqrt{3}-2\sqrt{2}<2\sqrt{3}$

④ $(2+2\sqrt{2})-(2\sqrt{2}+\sqrt{3})=2-\sqrt{3}=\sqrt{4}-\sqrt{3}>0$

이므로

$2+2\sqrt{2}>2\sqrt{2}+\sqrt{3}$

⑤ $(3\sqrt{3}-\sqrt{15})-(\sqrt{15}-\sqrt{3})=4\sqrt{3}-2\sqrt{15}$
$=\sqrt{48}-\sqrt{60}<0$

이므로 $3\sqrt{3}-\sqrt{15}<\sqrt{15}-\sqrt{3}$

따라서 부등호의 방향이 다른 하나는 ④이다.

5 다항식의 곱셈

01

다항식과 다항식의 곱셈

원리확인

① $3x$, 5, 3, 5   ② $3x$, 15

③ -3, 6, -3, 5

---

1 $3x^2-12x$ **2** $-5x^2-2xy$

3 $7x^2+14xy+35x$ **4** $-4a^2-4ab+12ac$

5 $18x^2-3xy+6xz$ **6** $4a^2+5ab-2a$

7 $-3x^2-9xy$ **8** $-a^2-21ab-2b^2+ac$

9 (ℓ $3x$, 12)   **10** $3xy+4x-6y-8$

11 $3ab-12a+b-4$ **12** $3ax-bx+3ay-by$

13 $-8xy+4x+20y-10$ **14** $2ab-5a-12b+30$

15 (ℓ 15, 4, 11)   **16** $3b^2-5b-12$

17 $3x^2-17xy+10y^2$ **18** $-2a^2-9ab+5b^2$

19 $6x^2-23xy+7y^2$ **20** ④

---

6 $(2-4a-5b)\times(-a)=-2a+4a^2+5ab$
$$=4a^2+5ab-2a$$

7 $2x(x-3y)-x(3y+5x)=2x^2-6xy-3xy-5x^2$
$$=-3x^2-9xy$$

8 $(9a+b)\times(-2b)-(a+3b-c)\times a$
$$=-18ab-2b^2-a^2-3ab+ac$$
$$=-a^2-21ab-2b^2+ac$$

16 $(b-3)(3b+4)=3b^2+4b-9b-12$
$$=3b^2-5b-12$$

17 $(3x-2y)(x-5y)=3x^2-15xy-2xy+10y^2$
$$=3x^2-17xy+10y^2$$

18 $(a+5b)(-2a+b)=-2a^2+ab-10ab+5b^2$
$$=-2a^2-9ab+5b^2$$

19 $(-3x+y)(-2x+7y)=6x^2-21xy-2xy+7y^2$
$$=6x^2-23xy+7y^2$$

20 $(x+2y)(Ax+5y)=Ax^2+5xy+2Axy+10y^2$
$$=Ax^2+(5+2A)xy+10y^2$$
따라서 $A=4$, $5+2A=B$이므로 $A=4$, $B=13$

02

곱셈 공식; 합의 제곱, 차의 제곱

원리확인

① $3b$, $6ab$ ② $2x$, $3y$, $12xy$

---

1 x^2+4x+4 **2** $x^2+12x+36$

3 $a^2+14a+49$ **4** $4x^2+12x+9$

5 $9y^2+24y+16$ **6** $16a^2+8a+1$

7 $25b^2+20b+4$ **8** x^2+6x+9

9 $x^2+4xy+4y^2$ **10** $x^2+6xy+9y^2$

11 $16x^2+8xy+y^2$ **12** $4x^2+12xy+9y^2$

13 $9x^2+30xy+25y^2$ **14** $9a^2+24ab+16b^2$

15 $4a^2+28ab+49b^2$ **16** $36x^2+12xy+y^2$

17 $x^2-8x+16$ **18** $x^2-14x+49$

19 $a^2-16a+64$ **20** $9x^2-12x+4$

21 $16y^2-24y+9$ **22** $25a^2-10a+1$

23 $36b^2-60b+25$ **24** $\dfrac{1}{4}x^2-3x+9$

25 $x^2-6xy+9y^2$ **26** $4x^2-24xy+36y^2$

27 $25x^2-30xy+9y^2$ **28** $36a^2-84ab+49b^2$

29 $49a^2-56ab+16b^2$ **30** $\dfrac{1}{9}x^2-\dfrac{4}{3}xy+4y^2$

31 ④   **32** 6   **33** 7   **34** 8, 64

35 2, 4   **36** 4, 16   **37** 6, 36   **38** 2, 4

39 5, 40   **40** 5   **41** 9   **42** 6, 36

43 8, 64   **44** 5, 25   **45** 2, 4   **46** 6, 36

47 4, 24   ☺ $+$, $-$, 2   **48** ②

---

8 $(-x-3)^2=\{-(x+3)\}^2=(x+3)^2$
$\qquad\quad=x^2+6x+9$

16 $(-6x-y)^2=\{-(6x+y)\}^2=(6x+y)^2$
$\qquad\qquad=36x^2+12xy+y^2$

31 ④ $(-a-b)^2=\{-(a+b)\}^2=(a+b)^2$
$\qquad\qquad=a^2+2ab+b^2$

48 $(4x-A)^2=16x^2-8Ax+A^2$이므로
$B=8A,\ A^2=9$
이때 $A>0$이므로 $A=3$
$A=3$이므로 $B=8\times3=24$
따라서 $B-A=24-3=21$

03

곱셈 공식; 합과 차의 곱

원리확인

❶ b^2 ❷ $-a,\ a^2$ ❸ $b,\ b,\ b,\ b^2$

1 a^2-25	**2** $49-a^2$	**3** a^2-9
4 $1-4b^2$	**5** $1-9y^2$	**6** x^2-4y^2
7 a^2-25b^2	**8** $4x^2-y^2$	**9** $49x^2-y^2$
10 $36a^2-4b^2$	**11** y^2-36x^2	**12** $16b^2-49a^2$
13 $9y^2-64x^2$	**14** $4b^2-81a^2$	**15** $x^2-\dfrac{1}{4}y^2$
16 $\dfrac{1}{9}x^2-y^2$	**17** $a^2-\dfrac{1}{16}b^2$	**18** $\dfrac{1}{25}x^2-y^2$
19 $\dfrac{4}{9}x^2-\dfrac{1}{4}y^2$	**20** $-\dfrac{9}{16}a^2+4b^2$	
☺ $-$	**21** ⑤	

1 $(a+5)(a-5)=a^2-5^2=a^2-25$

2 $(a+7)(-a+7)=(7+a)(7-a)$
$\qquad\qquad=7^2-a^2=49-a^2$

3 $(-a+3)(-a-3)=(-a)^2-3^2=a^2-9$

4 $(1+2b)(1-2b)=1^2-(2b)^2=1-4b^2$

5 $(1+3y)(1-3y)=1^2-(3y)^2=1-9y^2$

6 $(x+2y)(x-2y)=x^2-(2y)^2=x^2-4y^2$

7 $(a-5b)(a+5b)=a^2-(5b)^2=a^2-25b^2$

8 $(2x+y)(2x-y)=(2x)^2-y^2=4x^2-y^2$

9 $(7x-y)(7x+y)=(7x)^2-y^2=49x^2-y^2$

10 $(6a+2b)(6a-2b)=(6a)^2-(2b)^2=36a^2-4b^2$

11 $(-6x+y)(6x+y)=(y-6x)(y+6x)$
$\qquad\qquad=y^2-(6x)^2=y^2-36x^2$

12 $(7a+4b)(-7a+4b)=(4b+7a)(4b-7a)$
$\qquad\qquad=(4b)^2-(7a)^2$
$\qquad\qquad=16b^2-49a^2$

13 $(-8x+3y)(8x+3y)=(3y-8x)(3y+8x)$
$\qquad\qquad=(3y)^2-(8x)^2$
$\qquad\qquad=9y^2-64x^2$

14 $(-9a+2b)(9a+2b)=(2b-9a)(2b+9a)$
$\qquad\qquad=(2b)^2-(9a)^2$
$\qquad\qquad=4b^2-81a^2$

15 $\left(x+\dfrac{1}{2}y\right)\left(x-\dfrac{1}{2}y\right)=x^2-\left(\dfrac{1}{2}y\right)^2=x^2-\dfrac{1}{4}y^2$

16 $\left(-y+\dfrac{1}{3}x\right)\left(y+\dfrac{1}{3}x\right)=\left(\dfrac{1}{3}x-y\right)\left(\dfrac{1}{3}x+y\right)$
$\qquad\qquad=\left(\dfrac{1}{3}x\right)^2-y^2=\dfrac{1}{9}x^2-y^2$

17 $\left(-a+\dfrac{1}{4}b\right)\left(-a-\dfrac{1}{4}b\right)=(-a)^2-\left(\dfrac{1}{4}b\right)^2$
$\qquad\qquad=a^2-\dfrac{1}{16}b^2$

18 $\left(\dfrac{1}{5}x+y\right)\left(\dfrac{1}{5}x-y\right)=\left(\dfrac{1}{5}x\right)^2-y^2=\dfrac{1}{25}x^2-y^2$

19 $\left(\dfrac{2}{3}x+\dfrac{1}{2}y\right)\left(\dfrac{2}{3}x-\dfrac{1}{2}y\right)=\left(\dfrac{2}{3}x\right)^2-\left(\dfrac{1}{2}y\right)^2$
$\qquad\qquad=\dfrac{4}{9}x^2-\dfrac{1}{4}y^2$

20 $\left(\dfrac{3}{4}a-2b\right)\left(-\dfrac{3}{4}a-2b\right)$

$\quad=\left(\dfrac{3}{4}a-2b\right)\left\{-\left(\dfrac{3}{4}a+2b\right)\right\}$

$\quad=-\left(\dfrac{3}{4}a-2b\right)\left(\dfrac{3}{4}a+2b\right)$

$\quad=-\left\{\left(\dfrac{3}{4}a\right)^2-(2b)^2\right\}$

$\quad=-\left(\dfrac{9}{16}a^2-4b^2\right)$

$\quad=-\dfrac{9}{16}a^2+4b^2$

21 ⑤ $(-4x+7)(4x+7)=(7-4x)(7+4x)$
$\qquad\qquad\qquad\qquad\quad=49-16x^2$

04

곱셈 공식; x의 계수가 1인 두 일차식의 곱

원리확인

❶ 3, 4 ❷ -2, 3 ❸ -4, 9

1 $x^2+7x+10$ 　　**2** $y^2+9y+20$

3 $x^2+4x-12$ 　　**4** $a^2-3a-54$

5 $x^2-15x+56$ 　　**6** $b^2-12b+20$

7 $x^2+4xy+3y^2$ 　　**8** $a^2+8ab+15b^2$

9 $x^2+5xy-24y^2$ 　　**10** $a^2+5ab-36b^2$

11 $a^2-ab-42b^2$ 　　**12** $x^2-10xy+24y^2$

13 $x^2-15xy+56y^2$ 　　**14** $x^2+2xy+\dfrac{3}{4}y^2$

15 $x^2+\dfrac{1}{12}xy-\dfrac{1}{24}y^2$ 　　**16** $x^2+\dfrac{1}{3}xy-\dfrac{2}{9}y^2$

17 $a^2+\dfrac{1}{6}ab-\dfrac{1}{3}b^2$ 　　**18** $x^2-\dfrac{3}{5}xy+\dfrac{2}{25}y^2$

☺ $a+b$, ab 　　**19** ③

19 가로의 길이는 $x-4$이고, 세로의 길이는 $x+3$이므로 색
칠한 부분의 넓이는
$$(x-4)(x+3)=x^2+(-4+3)x-12$$
$$=x^2-x-12$$

05

곱셈 공식; x의 계수가 1이 아닌 두 일차식의 곱

원리확인

❶ 4, 4, 14, 8 ❷ 4, -3, 2, 15

❸ 5, -2, -8, 54, 16

1 $6x^2+13x+5$ 　　**2** $12x^2+18x-12$

3 $14x^2+27x-20$ 　　**4** $6a^2-23a-18$

5 $18y^2-36y+16$ 　　**6** $8k^2-14k+3$

7 $2x^2+7xy+6y^2$ 　　**8** $8a^2+14ab+3b^2$

9 $6x^2-15xy-9y^2$ 　　**10** $3a^2-17ab-28b^2$

11 $5x^2-26xy+24y^2$ 　　**12** $-12x^2+29xy-14y^2$

13 $-2x^2+xy+15y^2$ 　　**14** $8x^2-28xy+20y^2$

15 $2x^2+11xy+15y^2$ 　　**16** $-6x^2-\dfrac{5}{2}xy+y^2$

17 $12x^2+\dfrac{7}{12}xy-\dfrac{1}{12}y^2$ 　　**18** $8x^2-\dfrac{5}{3}xy+\dfrac{1}{12}y^2$

☺ ad, bc 　　**19** ②

15 $(-x-3y)(-2x-5y)$
$$=\{-(x+3y)\}\{-(2x+5y)\}$$
$$=(x+3y)(2x+5y)$$
$$=2x^2+11xy+15y^2$$

19 가로의 길이는 $6x-2a$이고, 세로의 길이는 $4x-a$이므
로 색칠한 부분의 넓이는
$$(6x-2a)(4x-a)=24x^2-14ax+2a^2$$

06

곱셈 공식에 관한 종합 문제

원리확인

❶ $2ab$ 　　❷ $2ab$ 　　❸ a^2-b^2

❹ $a+b$ 　　❺ $ad+bc$

1 $4x^2-9$ 　　**2** $6x^2+13x+5$

3 $k^2-6k-27$ 　　**4** $6x^2-31x+5$

5 $49x^2+42x+9$ **6** $4x^2-36x+81$

7 $49t^2+70t+25$ **8** $x^2-12x+32$

9 $4-25x^2$ **10** $8x^2+22x-6$

11 $y^2-6xy+9x^2$ **12** $9x^2-6xy+y^2$

13 $-6a^2+14ab+12b^2$ **14** $-8x^2+49xy-6y^2$

15 $9x^2-y^2$ **16** $-15x^2-34xy+16y^2$

17 2, 4   **18** 1, 3   **19** 5, 16   **20** 5, 2

21 3, 12   **22** 7, 5   **23** 3, 9   **24** 2, 12

25 2, 2   **26** 2, 8   **27** 3, 9   **28** 2, 4

29 4, 4   **30** 9, 23   **31** $18x^2-30x+24$

32 $-7x^2+2x-57$ **33** $5x^2+4x-14$

34 $9x^2+6x-15$ **35** $-13x^2-5x+22$

36 ⑤

6 $(-2x+9)^2=\{-(2x-9)\}^2=(2x-9)^2$
$\qquad\qquad\quad =4x^2-36x+81$

7 $(-7t-5)^2=\{-(7t+5)\}^2=(7t+5)^2$
$\qquad\qquad\quad =49t^2+70t+25$

31 $(3x-5)^2+(3x+1)(3x-1)$
$\quad =(9x^2-30x+25)+(9x^2-1)$
$\quad =18x^2-30x+24$

32 $(-3x+2)(2x-4)-(x+7)^2$
$\quad =(-6x^2+16x-8)-(x^2+14x+49)$
$\quad =-6x^2+16x-8-x^2-14x-49$
$\quad =-7x^2+2x-57$

33 $(x+5)(x-1)+(2x+3)(2x-3)$
$\quad =(x^2+4x-5)+(4x^2-9)$
$\quad =5x^2+4x-14$

34 $(5x-1)(2x+3)-(x+3)(x+4)$
$\quad =(10x^2+13x-3)-(x^2+7x+12)$
$\quad =10x^2+13x-3-x^2-7x-12$
$\quad =9x^2+6x-15$

35 $(-x+8)(x+3)-2(3x+1)(2x+1)$
$\quad =(-x^2+5x+24)-2(6x^2+5x+1)$
$\quad =-x^2+5x+24-12x^2-10x-2$
$\quad =-13x^2-5x+22$

36 ① $(2x-3)^2=4x^2-12x+9$이므로 x의 계수는 -12

② $(3x+2)^2=9x^2+12x+4$이므로 x의 계수는 12

③ $(x-4)(2x+1)=2x^2-7x-4$이므로 x의 계수는 -7

④ $(3x+1)(3x-1)=9x^2-1$이므로 x의 계수는 0

⑤ $(4x+2)(2x+3)=8x^2+16x+6$이므로 x의 계수는 16

따라서 x의 계수가 가장 큰 것은 ⑤이다.

TEST   5. 다항식의 곱셈 본문 107쪽

1 ④	**2** ⑤	**3** 13
4 $5x^2+9x+17$ **5** ⑤		**6** ③

1 $(-a+b)(5a+b)=-5a^2+4ab+b^2$

2 $(x+A)^2=x^2+2Ax+A^2$
즉 $B=2A$, $A^2=25$이고,
$A>0$이므로 $A=5$, $B=2\times5=10$
따라서 $B-A=10-5=5$

3 $(x-a)(x-7)=x^2-(7+a)x+7a$
즉 $7+a=-b$, $7a=21$에서
$a=3$, $-b=7+3=10$
이므로 $b=-10$
따라서 $a-b=3-(-10)=13$

4 $(x+3)(x+6)+(2x+1)(2x-1)$
$\quad =(x^2+9x+18)+(4x^2-1)$
$\quad =5x^2+9x+17$

5 ⑤ $(-4x-y)^2=\{-(4x+y)\}^2=(4x+y)^2$
$\qquad\qquad\quad =16x^2+8xy+y^2$

6 새로 만들어지는 직사각형에서 가로의 길이는 $6a-2b$,
세로의 길이는 $5a-b$
따라서 색칠한 부분의 넓이는
$(6a-2b)(5a-b)=30a^2-16ab+2b^2$

6 곱셈 공식을 이용한 식의 계산

01

곱셈 공식을 이용한 수의 계산

원리확인

❶ 3, 3, 10609　　❷ 3, 3, 3, 9991

❸ 90, 2, 90, 2, 8372

1 2601	**2** 11025	**3** 91204	**4** 102.01
5 2401	**6** 9604	**7** 39601	**8** 94.09
9 4899	**10** 896	**11** 8.91	**12** 10302
13 2756	**14** 4692	**15** 408.03	**16** 95.04
17 ③			

1
$$51^2 = (50+1)^2$$
$$= 50^2 + 2 \times 50 \times 1 + 1^2$$
$$= 2500 + 100 + 1$$
$$= 2601$$

2
$$105^2 = (100+5)^2$$
$$= 100^2 + 2 \times 100 \times 5 + 5^2$$
$$= 10000 + 1000 + 25$$
$$= 11025$$

3
$$302^2 = (300+2)^2$$
$$= 300^2 + 2 \times 300 \times 2 + 2^2$$
$$= 90000 + 1200 + 4$$
$$= 91204$$

4
$$10.1^2 = (10+0.1)^2$$
$$= 10^2 + 2 \times 10 \times 0.1 + 0.1^2$$
$$= 100 + 2 + 0.01$$
$$= 102.01$$

5
$$49^2 = (50-1)^2$$
$$= 50^2 - 2 \times 50 \times 1 + 1^2$$
$$= 2500 - 100 + 1$$
$$= 2401$$

6
$$98^2 = (100-2)^2$$
$$= 100^2 - 2 \times 100 \times 2 + 2^2$$
$$= 10000 - 400 + 4$$
$$= 9604$$

7
$$199^2 = (200-1)^2$$
$$= 200^2 - 2 \times 200 \times 1 + 1^2$$
$$= 40000 - 400 + 1$$
$$= 39601$$

8
$$9.7^2 = (10-0.3)^2$$
$$= 10^2 - 2 \times 10 \times 0.3 + 0.3^2$$
$$= 100 - 6 + 0.09$$
$$= 94.09$$

9
$$71 \times 69 = (70+1)(70-1)$$
$$= 70^2 - 1^2$$
$$= 4900 - 1$$
$$= 4899$$

10
$$32 \times 28 = (30+2)(30-2)$$
$$= 30^2 - 2^2$$
$$= 900 - 4$$
$$= 896$$

11
$$2.7 \times 3.3 = (3-0.3)(3+0.3)$$
$$= 3^2 - 0.3^2$$
$$= 9 - 0.09$$
$$= 8.91$$

12
$$101 \times 102 = (100+1)(100+2)$$
$$= 100^2 + 3 \times 100 + 2$$
$$= 10000 + 300 + 2$$
$$= 10302$$

13
$$53 \times 52 = (50+3)(50+2)$$
$$= 50^2 + 5 \times 50 + 6$$
$$= 2500 + 250 + 6$$
$$= 2756$$

14
$$69 \times 68 = (70-1)(70-2)$$
$$= 70^2 + (-3) \times 70 + 2$$
$$= 4900 - 210 + 2$$
$$= 4692$$

15 $20.1 \times 20.3 = (20+0.1)(20+0.3)$
$\qquad = 20^2 + 0.4 \times 20 + 0.03$
$\qquad = 400 + 8 + 0.03$
$\qquad = 408.03$

16 $9.9 \times 9.6 = (10-0.1)(10-0.4)$
$\qquad = 10^2 + (-0.5) \times 10 + 0.04$
$\qquad = 100 - 5 + 0.04$
$\qquad = 95.04$

17 $98 \times 102 - 99^2 = (100-2)(100+2) - (100-1)^2$
$\qquad = 100^2 - 2^2 - (100^2 - 2 \times 100 \times 1 + 1^2)$
$\qquad = 10000 - 4 - (10000 - 200 + 1)$
$\qquad = 195$

02

본문 112쪽

곱셈 공식을 이용한 근호를 포함한 식의 계산

원리확인

❶ 5, 15, 8, 15 ❷ $\sqrt{2}$, 4

1 $13+2\sqrt{30}$	**2** $12+2\sqrt{35}$
3 $7+2\sqrt{6}$	**4** $14+4\sqrt{10}$
5 $21+12\sqrt{3}$	**6** $43+30\sqrt{2}$
7 $8-2\sqrt{15}$	**8** $9-2\sqrt{14}$
9 $28-10\sqrt{3}$	**10** $38-12\sqrt{2}$
11 $76-42\sqrt{3}$	**12** $21-4\sqrt{5}$

13 2	**14** 1	**15** -6
16 -17	**17** 19	**18** ⑤

1 $(\sqrt{3}+\sqrt{10})^2 = (\sqrt{3})^2 + 2\sqrt{3}\sqrt{10} + (\sqrt{10})^2$
$\qquad = 3 + 2\sqrt{30} + 10$
$\qquad = 13 + 2\sqrt{30}$

2 $(\sqrt{7}+\sqrt{5})^2 = (\sqrt{7})^2 + 2\sqrt{7}\sqrt{5} + (\sqrt{5})^2$
$\qquad = 7 + 2\sqrt{35} + 5$
$\qquad = 12 + 2\sqrt{35}$

3 $(\sqrt{6}+1)^2 = (\sqrt{6})^2 + 2 \times \sqrt{6} \times 1 + 1^2$
$\qquad = 6 + 2\sqrt{6} + 1$
$\qquad = 7 + 2\sqrt{6}$

4 $(\sqrt{10}+2)^2 = (\sqrt{10})^2 + 2 \times \sqrt{10} \times 2 + 2^2$
$\qquad = 10 + 4\sqrt{10} + 4$
$\qquad = 14 + 4\sqrt{10}$

5 $(3+2\sqrt{3})^2 = 3^2 + 2 \times 3 \times 2\sqrt{3} + (2\sqrt{3})^2$
$\qquad = 9 + 12\sqrt{3} + 12$
$\qquad = 21 + 12\sqrt{3}$

6 $(3\sqrt{2}+5)^2 = (3\sqrt{2})^2 + 2 \times 3\sqrt{2} \times 5 + 5^2$
$\qquad = 18 + 30\sqrt{2} + 25$
$\qquad = 43 + 30\sqrt{2}$

7 $(\sqrt{5}-\sqrt{3})^2 = (\sqrt{5})^2 - 2\sqrt{5}\sqrt{3} + (\sqrt{3})^2$
$\qquad = 5 - 2\sqrt{15} + 3$
$\qquad = 8 - 2\sqrt{15}$

8 $(\sqrt{7}-\sqrt{2})^2 = (\sqrt{7})^2 - 2\sqrt{7}\sqrt{2} + (\sqrt{2})^2$
$\qquad = 7 - 2\sqrt{14} + 2$
$\qquad = 9 - 2\sqrt{14}$

9 $(\sqrt{3}-5)^2 = (\sqrt{3})^2 - 2 \times \sqrt{3} \times 5 + 5^2$
$\qquad = 3 - 10\sqrt{3} + 25$
$\qquad = 28 - 10\sqrt{3}$

10 $(6-\sqrt{2})^2 = 6^2 - 2 \times 6 \times \sqrt{2} + (\sqrt{2})^2$
$\qquad = 36 - 12\sqrt{2} + 2$
$\qquad = 38 - 12\sqrt{2}$

11 $(7-3\sqrt{3})^2 = 7^2 - 2 \times 7 \times 3\sqrt{3} + (3\sqrt{3})^2$
$\qquad = 49 - 42\sqrt{3} + 27$
$\qquad = 76 - 42\sqrt{3}$

12 $(2\sqrt{5}-1)^2 = (2\sqrt{5})^2 - 2 \times 2\sqrt{5} \times 1 + 1^2$
$\qquad = 20 - 4\sqrt{5} + 1$
$\qquad = 21 - 4\sqrt{5}$

13 $(\sqrt{7}-\sqrt{5})(\sqrt{7}+\sqrt{5}) = (\sqrt{7})^2 - (\sqrt{5})^2$
$\qquad = 7 - 5 = 2$

14 $(\sqrt{10}-3)(\sqrt{10}+3) = (\sqrt{10})^2 - 3^2$
$\qquad = 10 - 9 = 1$

15 $(1+\sqrt{7})(1-\sqrt{7})=1^2-(\sqrt{7})^2$
$\qquad\qquad\qquad\quad =1-7=-6$

16 $(2\sqrt{2}+5)(2\sqrt{2}-5)=(2\sqrt{2})^2-5^2$
$\qquad\qquad\qquad\qquad =8-25=-17$

17 $(-6+\sqrt{17})(-6-\sqrt{17})=(-6)^2-(\sqrt{17})^2$
$\qquad\qquad\qquad\qquad\qquad =36-17=19$

18 $(\sqrt{5}+2)^2-(\sqrt{3}+2)(\sqrt{3}-2)$
$=\{(\sqrt{5})^2+2\times\sqrt{5}\times2+2^2\}-\{(\sqrt{3})^2-2^2\}$
$=(5+4\sqrt{5}+4)-(3-4)$
$=9+4\sqrt{5}+1$
$=10+4\sqrt{5}$

03

본문 114쪽

곱셈 공식을 이용한 분모의 유리화

원리확인

❶ $\sqrt{6}+\sqrt{2},\ \sqrt{6}+\sqrt{2},\ \sqrt{6}+\sqrt{2}$

❷ $1+\sqrt{3},\ 1+\sqrt{3},\ 4+2\sqrt{3},\ -2,\ -2-\sqrt{3}$

1 $\sqrt{2}-1$ **2** $3\sqrt{5}-6$ **3** $\dfrac{\sqrt{15}+3}{6}$

4 $3+2\sqrt{2}$ **5** $-4-3\sqrt{2}$ **6** $\dfrac{\sqrt{7}-\sqrt{5}}{2}$

7 $\sqrt{10}-\sqrt{2}$ **8** $4\sqrt{2}-\sqrt{31}$ **9** $\sqrt{13}-2\sqrt{3}$

10 $\sqrt{5}+\sqrt{3}$ **11** $\sqrt{19}+3\sqrt{2}$ **12** $8+3\sqrt{7}$

13 $31-8\sqrt{15}$ **14** $5+2\sqrt{6}$ **15** $2-\sqrt{3}$

☺ $-,\ +,\ -,\ +$ **16** ⑤

1 $\dfrac{1}{\sqrt{2}+1}=\dfrac{\sqrt{2}-1}{(\sqrt{2}+1)(\sqrt{2}-1)}$
$\qquad\quad =\dfrac{\sqrt{2}-1}{2-1}=\sqrt{2}-1$

2 $\dfrac{3}{\sqrt{5}+2}=\dfrac{3(\sqrt{5}-2)}{(\sqrt{5}+2)(\sqrt{5}-2)}$
$\qquad\quad =\dfrac{3(\sqrt{5}-2)}{5-4}=3\sqrt{5}-6$

3 $\dfrac{1}{\sqrt{15}-3}=\dfrac{\sqrt{15}+3}{(\sqrt{15}-3)(\sqrt{15}+3)}$
$\qquad\quad =\dfrac{\sqrt{15}+3}{15-9}=\dfrac{\sqrt{15}+3}{6}$

4 $\dfrac{1}{3-2\sqrt{2}}=\dfrac{3+2\sqrt{2}}{(3-2\sqrt{2})(3+2\sqrt{2})}$
$\qquad\quad =\dfrac{3+2\sqrt{2}}{9-8}=3+2\sqrt{2}$

5 $\dfrac{2}{4-3\sqrt{2}}=\dfrac{2(4+3\sqrt{2})}{(4-3\sqrt{2})(4+3\sqrt{2})}$
$\qquad\quad =\dfrac{2(4+3\sqrt{2})}{16-18}=-4-3\sqrt{2}$

6 $\dfrac{1}{\sqrt{7}+\sqrt{5}}=\dfrac{\sqrt{7}-\sqrt{5}}{(\sqrt{7}+\sqrt{5})(\sqrt{7}-\sqrt{5})}$
$\qquad\quad =\dfrac{\sqrt{7}-\sqrt{5}}{7-5}=\dfrac{\sqrt{7}-\sqrt{5}}{2}$

7 $\dfrac{8}{\sqrt{10}+\sqrt{2}}=\dfrac{8(\sqrt{10}-\sqrt{2})}{(\sqrt{10}+\sqrt{2})(\sqrt{10}-\sqrt{2})}$
$\qquad\quad =\dfrac{8(\sqrt{10}-\sqrt{2})}{10-2}=\sqrt{10}-\sqrt{2}$

8 $\dfrac{1}{4\sqrt{2}+\sqrt{31}}=\dfrac{4\sqrt{2}-\sqrt{31}}{(4\sqrt{2}+\sqrt{31})(4\sqrt{2}-\sqrt{31})}$
$\qquad\quad =\dfrac{4\sqrt{2}-\sqrt{31}}{32-31}=4\sqrt{2}-\sqrt{31}$

9 $\dfrac{1}{\sqrt{13}+2\sqrt{3}}=\dfrac{\sqrt{13}-2\sqrt{3}}{(\sqrt{13}+2\sqrt{3})(\sqrt{13}-2\sqrt{3})}$
$\qquad\quad =\dfrac{\sqrt{13}-2\sqrt{3}}{13-12}=\sqrt{13}-2\sqrt{3}$

10 $\dfrac{2}{\sqrt{5}-\sqrt{3}}=\dfrac{2(\sqrt{5}+\sqrt{3})}{(\sqrt{5}-\sqrt{3})(\sqrt{5}+\sqrt{3})}$
$\qquad\quad =\dfrac{2(\sqrt{5}+\sqrt{3})}{5-3}=\sqrt{5}+\sqrt{3}$

11 $\dfrac{1}{\sqrt{19}-3\sqrt{2}}=\dfrac{\sqrt{19}+3\sqrt{2}}{(\sqrt{19}-3\sqrt{2})(\sqrt{19}+3\sqrt{2})}$
$\qquad\quad =\dfrac{\sqrt{19}+3\sqrt{2}}{19-18}=\sqrt{19}+3\sqrt{2}$

12 $\dfrac{3+\sqrt{7}}{3-\sqrt{7}}=\dfrac{(3+\sqrt{7})^2}{(3-\sqrt{7})(3+\sqrt{7})}$
$\qquad\quad =\dfrac{9+6\sqrt{7}+7}{9-7}=\dfrac{16+6\sqrt{7}}{2}$
$\qquad\quad =8+3\sqrt{7}$

13 $\dfrac{4-\sqrt{15}}{4+\sqrt{15}}=\dfrac{(4-\sqrt{15})^2}{(4+\sqrt{15})(4-\sqrt{15})}$

$\qquad\qquad =\dfrac{16-8\sqrt{15}+15}{16-15}=31-8\sqrt{15}$

14 $\dfrac{\sqrt{3}+\sqrt{2}}{\sqrt{3}-\sqrt{2}}=\dfrac{(\sqrt{3}+\sqrt{2})^2}{(\sqrt{3}-\sqrt{2})(\sqrt{3}+\sqrt{2})}$

$\qquad\qquad =\dfrac{3+2\sqrt{6}+2}{3-2}=5+2\sqrt{6}$

15 $\dfrac{\sqrt{6}-\sqrt{2}}{\sqrt{6}+\sqrt{2}}=\dfrac{(\sqrt{6}-\sqrt{2})^2}{(\sqrt{6}+\sqrt{2})(\sqrt{6}-\sqrt{2})}$

$\qquad\qquad =\dfrac{6-4\sqrt{3}+2}{6-2}=\dfrac{8-4\sqrt{3}}{4}$

$\qquad\qquad =2-\sqrt{3}$

16 $3+2\sqrt{2}$의 역수는

$\qquad \dfrac{1}{3+2\sqrt{2}}=\dfrac{3-2\sqrt{2}}{(3+2\sqrt{2})(3-2\sqrt{2})}$

$\qquad\qquad =\dfrac{3-2\sqrt{2}}{9-8}=3-2\sqrt{2}$

이므로 $y=3-2\sqrt{2}$

따라서 $x+y=(3+2\sqrt{2})+(3-2\sqrt{2})=6$

04

본문 116쪽

곱셈 공식의 변형

원리확인

❶ $2ab,\ 2ab$ ❷ $2ab,\ 2ab$

❸ $2ab,\ 2ab,\ a+b$ ❹ $2ab,\ 2ab,\ a-b$

❺ $2,\ 2$ ❻ $2,\ 2$

❼ $2,\ 2,\ a+\dfrac{1}{a}$ ❽ $2,\ 2,\ a-\dfrac{1}{a}$

1 $2xy,\ 12,\ 13$ **2** $4xy,\ 24,\ 1$

3 $2xy,\ 6,\ 22$ **4** $4xy,\ 12,\ 28$

☺ $b^2,\ b,\ a^2,\ a$ **5** 10 **6** 6

7 13 **8** 29 **9** 24 **10** 24

11 10 **12** 40 **13** 6 **14** 29

15 1 **16** 4 **17** ②   **18** $2,\ 2,\ 47$

19 $4,\ 4,\ 45$ **20** $2,\ 2,\ 27$ **21** $4,\ 4,\ 29$ **22** 23

23 11 **24** 21 **25** 13 **26** 34

27 6 **28** 32 **29** 8

☺ $x,\ x,\ x,\ 2,\ 2$ **30** ④

5 $x^2+y^2=(x+y)^2-2xy=16-6=10$

6 $x^2+y^2=(x+y)^2-2xy=4-(-2)=6$

7 $x^2+y^2=(x+y)^2-2xy=9-(-4)=13$

8 $(x-y)^2=(x+y)^2-4xy=49-20=29$

9 $(x-y)^2=(x+y)^2-4xy=16-(-8)=24$

10 $(x-y)^2=(x+y)^2-4xy=4-(-20)=24$

11 $x^2+y^2=(x-y)^2+2xy=16+(-6)=10$

12 $x^2+y^2=(x-y)^2+2xy=36+4=40$

13 $x^2+y^2=(x-y)^2+2xy=4+2=6$

14 $(x+y)^2=(x-y)^2+4xy=1+28=29$

15 $(x+y)^2=(x-y)^2+4xy=9+(-8)=1$

16 $(x+y)^2=(x-y)^2+4xy=16+(-12)=4$

17 $\dfrac{y}{x}+\dfrac{x}{y}=\dfrac{x^2+y^2}{xy}=\dfrac{(x+y)^2-2xy}{xy}$

$\qquad\qquad =\dfrac{2^2-2\times(-8)}{-8}=\dfrac{20}{-8}=-\dfrac{5}{2}$

22 $x^2+\dfrac{1}{x^2}=\left(x+\dfrac{1}{x}\right)^2-2=5^2-2=23$

23 $x^2+\dfrac{1}{x^2}=\left(x-\dfrac{1}{x}\right)^2+2=3^2+2=11$

24 $\left(x-\dfrac{1}{x}\right)^2=\left(x+\dfrac{1}{x}\right)^2-4=5^2-4=21$

25 $\left(x+\dfrac{1}{x}\right)^2=\left(x-\dfrac{1}{x}\right)^2+4=3^2+4=13$

26 $\quad a^2+\dfrac{1}{a^2}=\left(a+\dfrac{1}{a}\right)^2-2=6^2-2=34$

27 $\quad a^2+\dfrac{1}{a^2}=\left(a-\dfrac{1}{a}\right)^2+2=2^2+2=6$

28 $\quad \left(a-\dfrac{1}{a}\right)^2=\left(a+\dfrac{1}{a}\right)^2-4=6^2-4=32$

29 $\quad \left(a+\dfrac{1}{a}\right)^2=\left(a-\dfrac{1}{a}\right)^2+4=2^2+4=8$

30 $\quad x^2-4x+\dfrac{4}{x}+\dfrac{1}{x^2}=x^2+\dfrac{1}{x^2}-4\left(x-\dfrac{1}{x}\right)$

$$=\left(x-\dfrac{1}{x}\right)^2+2-4\left(x-\dfrac{1}{x}\right)$$
$$=8^2+2-4\times 8$$
$$=34$$

05

본문 120쪽

복잡한 식의 전개

원리확인

$a+3b,\ 4c^2,\ a+3b,\ a+3b,\ 6ab$

1 $a^2+2ab+b^2-25$　　**2** $x^2-4xy+4y^2-9$

3 $25x^2-10xy+y^2-1$

4 $a^2-2ab+b^2+7a-7b+6$

5 $a^2+2a+1-4b^2$　　**6** ③

1 $\quad a+b=A$로 놓으면

(주어진 식)$=(A+5)(A-5)$
$$=A^2-25$$
$$=(a+b)^2-25$$
$$=a^2+2ab+b^2-25$$

2 $\quad x-2y=A$로 놓으면

(주어진 식)$=(A-3)(A+3)$
$$=A^2-9$$
$$=(x-2y)^2-9$$
$$=x^2-4xy+4y^2-9$$

3 $\quad 5x-y=A$로 놓으면

(주어진 식)$=(A+1)(A-1)$
$$=A^2-1$$
$$=(5x-y)^2-1$$
$$=25x^2-10xy+y^2-1$$

4 $\quad a-b=A$로 놓으면

(주어진 식)$=(A+1)(A+6)$
$$=A^2+7A+6$$
$$=(a-b)^2+7(a-b)+6$$
$$=a^2-2ab+b^2+7a-7b+6$$

5 $\quad (a-2b+1)(a+2b+1)$
$$=(a+1-2b)(a+1+2b)$$

$a+1=A$로 놓으면

(주어진 식)$=(A-2b)(A+2b)=A^2-4b^2$
$$=(a+1)^2-4b^2=a^2+2a+1-4b^2$$

6 $\quad 3x+1=A$로 놓으면

(주어진 식)$=(A+\sqrt{6})(A-\sqrt{6})=A^2-6$
$$=(3x+1)^2-6=9x^2+6x+1-6$$
$$=9x^2+6x-5$$

따라서 x의 계수는 6, 상수항은 -5이므로 합은
$6+(-5)=1$

TEST　6. 곱셈 공식을 이용한 식의 계산

본문 121쪽

1 ㄷ	**2** ⑤	**3** 18
4 ⑤	**5** 45	**6** ④

1 $\quad 103\times97=(100+3)(100-3)$이므로

103×97을 계산할 때 가장 편리한 곱셈 공식은
$(a+b)(a-b)=a^2-b^2$

2 $\quad$① $(1+\sqrt{3})^2=1^2+2\times1\times\sqrt{3}+(\sqrt{3})^2$
$$=1+2\sqrt{3}+3=4+2\sqrt{3}$$

　　② $(2-\sqrt{5})^2=2^2-2\times2\times\sqrt{5}+(\sqrt{5})^2$
$$=4-4\sqrt{5}+5=9-4\sqrt{5}$$

　　③ $(\sqrt{11}+4)(\sqrt{11}-4)=(\sqrt{11})^2-4^2$
$$=11-16=-5$$

④ $(\sqrt{7}+3)(\sqrt{7}-2)=(\sqrt{7})^2+\sqrt{7}-6$
$\qquad\qquad\qquad =7+\sqrt{7}-6=1+\sqrt{7}$

⑤ $(3\sqrt{7}+1)(3\sqrt{7}-2)=(3\sqrt{7})^2-3\sqrt{7}-2$
$\qquad\qquad\qquad =63-3\sqrt{7}-2=61-3\sqrt{7}$

따라서 옳지 않은 것은 ⑤이다.

3
$\dfrac{6}{\sqrt{10}-2\sqrt{2}}-\dfrac{10}{\sqrt{10}+2\sqrt{2}}$

$=\dfrac{6(\sqrt{10}+2\sqrt{2})}{(\sqrt{10}-2\sqrt{2})(\sqrt{10}+2\sqrt{2})}-\dfrac{10(\sqrt{10}-2\sqrt{2})}{(\sqrt{10}+2\sqrt{2})(\sqrt{10}-2\sqrt{2})}$

$=\dfrac{6\sqrt{10}+12\sqrt{2}}{10-8}-\dfrac{10\sqrt{10}-20\sqrt{2}}{10-8}$

$=3\sqrt{10}+6\sqrt{2}-5\sqrt{10}+10\sqrt{2}$

$=16\sqrt{2}-2\sqrt{10}$

따라서 $a=16$, $b=-2$이므로

$a-b=16-(-2)=18$

4 $(x-y)^2=x^2-2xy+y^2$에서

$1^2=13-2xy$, $2xy=12$

이므로 $xy=6$

따라서 $(x+y)^2=(x-y)^2+4xy=1^2+4\times6=25$

5 $x^2-7x+1=0$에서 $x=0$이면 (좌변)$=1$, (우변)$=0$이

므로 등식이 성립하지 않는다.

즉 $x\neq0$이므로 양변을 x로 나누면

$x-7+\dfrac{1}{x}=0$

따라서 $x+\dfrac{1}{x}=7$이므로

$\left(x-\dfrac{1}{x}\right)^2=\left(x+\dfrac{1}{x}\right)^2-4=7^2-4=45$

6 $(x-3y+5)(x+3y+5)$

$=(x+5-3y)(x+5+3y)$

$x+5=A$로 놓으면

(주어진 식)$=(A-3y)(A+3y)$

$\qquad\qquad =A^2-9y^2$

$\qquad\qquad =(x+5)^2-9y^2$

$\qquad\qquad =x^2+10x+25-9y^2$

따라서 x의 계수는 10, y^2의 계수는 -9이므로 합은

$10+(-9)=1$

7 다항식의 인수분해

01   본문 126쪽

인수분해

1 $2a-2b$ **2** $3x^2+3x$

3 a^2+4a+4 **4** $4x^2-4x+1$

5 x^2-4 **6** $16a^2-1$

7 $x^2-3x-10$ **8** $6a^2+a-15$

9 $2x^2+xy-6y^2$ **10** x, $x+3$에 ○

11 $a+1$, $a-1$에 ○

12 x, x^2, $x+3y$, $x(x+3y)$에 ○

13 a, b, ab, $a+2c$, $b(a+2c)$에 ○

14 $x-3$, $(x-3)(x+5)$, $2(x-3)$, $2x+10$에 ○

15 $x-y$, $x+y$, $3(x-y)$, $3x+3y$에 ○

16 ⑤

16 ⑤ $x^2+5xy=x(x+5y)$이므로 $5y$는 인수가 아니다.

02   본문 128쪽

공통인수를 이용한 인수분해

1 ($\diagdown$ x)   **2** $xy(1-z)$

3 $x(y+7z)$ **4** $a(2a+1)$

5 ($\diagdown$ $-3x$)   **6** $x^2(1+x^3)$

7 $4y(x+3y)$ **8** $3ab(5a+b)$

9 $4xy(2x-5y)$ **10** $-5a^2(x-3ay)$

11 ($\diagdown$ xy, 1)   **12** $a(x+yz-z)$

13 $7a(a+3b+2)$ **14** $6x(xy-3y+2)$

15 $2a(a+3b-2c)$ **16** $x(ax+by+cz)$

17 $ab(a^2b+a-b)$ **18** ($\diagdown$ x, 5, $x+5$)

19 $(a+b)(7-b)$ **20** $(a+b)(3x-5)$

21 $(x-1)(x-4)$ **22** ④

21 $x(x-4)+(4-x)$
$=x(x-4)-(x-4)$
$=(x-1)(x-4)$

22 $x^2+3xy=x(x+3y),\ xy+3y^2=y(x+3y)$
따라서 두 다항식의 공통인수는 $x+3y$이다.

03

본문 130쪽

완전제곱식을 이용한 인수분해

원리확인

❶ 3, 3, 3 ❷ $2x$, 1, 1, 1

❸ $3x$, $2y$, $2y$, $3x$, $2y$

1 $(a+2)^2$ **2** $(x+8)^2$ **3** $(a+7)^2$
4 $(x+6)^2$ **5** $(2x+1)^2$ **6** $(3a+1)^2$
7 $(9y+2)^2$ **8** $(x+3y)^2$ **9** $(2a+5b)^2$
10 $(x-4)^2$ **11** $(a-5)^2$ **12** $(x-9)^2$
13 $(b-10)^2$ **14** $(4x-1)^2$ **15** $(5x-1)^2$
16 $(3x-2)^2$ **17** $(x-2y)^2$ **18** $(3x-4y)^2$
☺ x, y, x, y, x, y, $x-y$ **19** ④

19 ④ $4x^2+28xy+49y^2=(2x+7y)^2$

04

본문 132쪽

완전제곱식 만들기

원리확인

❶ 16 ❷ ±10 ❸ 7, 49

❹ $5x$, 2, $\pm20x$, ±20 ❺ $3y$, 9, 9

❻ $9x$, $2y$, $\pm36xy$, ±36

1 4 **2** 64 **3** 36 **4** 25
5 81 **6** 9 **7** 4 **8** ±14
9 $\pm\dfrac{2}{3}$ **10** ±12 **11** ±4 **12** ±40
☺ $2A$, A **13** ②

1 $\square=\left(\dfrac{4}{2}\right)^2=4$

2 $\square=\left(\dfrac{16}{2}\right)^2=64$

3 $\square=\left(\dfrac{-12}{2}\right)^2=36$

4 $\square=\left(\dfrac{-10}{2}\right)^2=25$

5 $\square=\left(\dfrac{18}{2}\right)^2=81$

6 $4x^2-12xy+\square y^2$
$=(2x)^2-2\times2x\times3y+(3y)^2$
이므로 $\square=9$

7 $49x^2+28xy+\square y^2$
$=(7x)^2+2\times7x\times2y+(2y)^2$
이므로 $\square=4$

8 $\square=2\times(\pm\sqrt{49})=2\times(\pm7)=\pm14$

9 $\square=2\times\left(\pm\sqrt{\dfrac{1}{9}}\right)=2\times\left(\pm\dfrac{1}{3}\right)=\pm\dfrac{2}{3}$

10 $\square=2\times(\pm\sqrt{36})=2\times(\pm6)=\pm12$

11 $\square=2\times(\pm\sqrt{4})=2\times(\pm2)=\pm4$

12 $\square=2\times4\times(\pm\sqrt{25})=2\times4\times(\pm5)=\pm40$

13 x^2+6x+a에서 $a=\left(\dfrac{6}{2}\right)^2=3^2=9$

$4x^2-28x+b=(2x)^2-2\times2x\times7+b$에서
$b=7^2=49$
따라서 $a+b=9+49=58$

05

합과 차의 곱을 이용한 인수분해

원리확인

❶ 4, 4, 4 ❷ 2, 3x+2, 2

❸ 11y, x−11y ❹ 9y, 9y, 9y

1 $(x+7)(x-7)$ **2** $(a+5)(a-5)$

3 $(3a+1)(3a-1)$ **4** $(8x+1)(8x-1)$

5 $(x+4y)(x-4y)$ **6** $(7a+2b)(7a-2b)$

7 $(6x+5y)(6x-5y)$ **8** $(9a+10b)(9a-10b)$

9 $5(x+3)(x-3)$ **10** $2(x+4y)(x-4y)$

11 $3(5x+y)(5x-y)$ **12** $3(4+x)(4-x)$

13 $-(2x+5)(2x-5)$ **14** $-5(x+4y)(x-4y)$

15 $\left(x+\dfrac{1}{5}\right)\left(x-\dfrac{1}{5}\right)$ **16** $\left(2a+\dfrac{3}{7}\right)\left(2a-\dfrac{3}{7}\right)$

17 $\left(\dfrac{1}{8}+x\right)\left(\dfrac{1}{8}-x\right)$ **18** $4\left(a+\dfrac{1}{5}\right)\left(a-\dfrac{1}{5}\right)$

☺ x, y, x, y **19** ③

1 $x^2-49=x^2-7^2=(x+7)(x-7)$

2 $a^2-25=a^2-5^2=(a+5)(a-5)$

3 $9a^2-1=(3a)^2-1^2=(3a+1)(3a-1)$

4 $64x^2-1=(8x)^2-1^2=(8x+1)(8x-1)$

5 $x^2-16y^2=x^2-(4y)^2=(x+4y)(x-4y)$

6 $49a^2-4b^2=(7a)^2-(2b)^2=(7a+2b)(7a-2b)$

7 $36x^2-25y^2=(6x)^2-(5y)^2=(6x+5y)(6x-5y)$

8 $81a^2-100b^2=(9a)^2-(10b)^2$
$\qquad\qquad =(9a+10b)(9a-10b)$

9 $5x^2-45=5(x^2-9)=5(x^2-3^2)$
$\qquad\quad =5(x+3)(x-3)$

10 $2x^2-32y^2=2(x^2-16y^2)=2\{x^2-(4y)^2\}$
$\qquad\qquad =2(x+4y)(x-4y)$

11 $75x^2-3y^2=3(25x^2-y^2)=3\{(5x)^2-y^2\}$
$\qquad\qquad =3(5x+y)(5x-y)$

12 $48-3x^2=3(16-x^2)=3(4^2-x^2)$
$\qquad\qquad =3(4+x)(4-x)$

13 $-4x^2+25=-(4x^2-25)=-\{(2x)^2-5^2\}$
$\qquad\qquad =-(2x+5)(2x-5)$

14 $-5x^2+80y^2=-5(x^2-16y^2)=-5\{x^2-(4y)^2\}$
$\qquad\qquad =-5(x+4y)(x-4y)$

15 $x^2-\dfrac{1}{25}=x^2-\left(\dfrac{1}{5}\right)^2=\left(x+\dfrac{1}{5}\right)\left(x-\dfrac{1}{5}\right)$

16 $4a^2-\dfrac{9}{49}=(2a)^2-\left(\dfrac{3}{7}\right)^2=\left(2a+\dfrac{3}{7}\right)\left(2a-\dfrac{3}{7}\right)$

17 $\dfrac{1}{64}-x^2=\left(\dfrac{1}{8}\right)^2-x^2=\left(\dfrac{1}{8}+x\right)\left(\dfrac{1}{8}-x\right)$

18 $4a^2-\dfrac{4}{25}=4\left(a^2-\dfrac{1}{25}\right)=4\left\{a^2-\left(\dfrac{1}{5}\right)^2\right\}$
$\qquad\qquad =4\left(a+\dfrac{1}{5}\right)\left(a-\dfrac{1}{5}\right)$

19 $64x^2-49y^2=(8x)^2-(7y)^2=(8x+7y)(8x-7y)$
이므로 $a=8$, $b=7$
따라서 $ab=8\times7=56$

06

x^2의 계수가 1인 이차식의 인수분해

원리확인

❶ 6, 5, 3, 1, 3, 3

❷ 19, -18, -19, 11, -9, -11, 9, -6, -9, 9, 3, 6, 6

1 2, 4   **2** -2, 3

3 -3, -5 **4** 2, -7

5 4, 5   **6** -1, 4

7 -5, -6 **8** 3, $3x$, 3

9 -7, $-7x$, $-x$, $x-7$

10 -2, $-2x$, $-10x$, $x-2$

11 $-2y$, $-2xy$, $3xy$, $x-2y$

12 $(x+4)(x+8)$ **13** $(x-5)(x+7)$

14 $(x-3)(x-6)$ **15** $(x+2)(x+3)$

16 $(x+2)(x+13)$ **17** $(x-1)(x+12)$

18 $(x-5)(x-7)$ **19** $(x+2)(x-7)$

20 $(x+5)(x+6)$ **21** $(x-3)(x-7)$

22 $(x+3)(x+12)$ **23** $(x+4)(x-10)$

24 $(x-2)(x-10)$ **25** $(x-1)(x-6)$

26 $(x+5)(x-6)$ **27** $(x+5)(x+8)$

28 $(x+7)(x-1)$ **29** $(x+1)(x+13)$

30 $(x-4y)(x+5y)$ **31** $(x-3y)(x-4y)$

32 $(x-2y)(x+10y)$ **33** $(x+y)(x+7y)$

34 $(x-y)(x-2y)$ ☺ a, ab, b

35 ③

35 $x^2+3x-18=(x-3)(x+6)$
따라서 두 일차식의 합은
$(x-3)+(x+6)=2x+3$

07

x^2의 계수가 1이 아닌 이차식의 인수분해

원리확인

❶ 3, $3x$, $-4x$, 3

❷ 1, $3x$, 1, x, $4x$, 1, 1

❸ $3y$, $3xy$, $7xy$, $3y$

❹ $2y$, $6xy$, $-5y$, $-5xy$, xy, $2y$, $3x-5y$

1 1, $2x$, $2x$, 3, $5x$, $(x+1)(2x+3)$

2 3, $6x$, $2x$, -1, $4x$, $(2x+3)(2x-1)$

3 -5, $-15x$, -1, $-x$, $-16x$, $(x-5)(3x-1)$

4 -1, $-3x$, 4, $8x$, $5x$, $(2x-1)(3x+4)$

5 $(11x+1)(x-3)$ **6** $(x+8)(4x-1)$

7 $(2x+1)(5x-7)$ **8** $(3x-1)(5x+2)$

9 $(x+5)(3x+1)$ **10** $(x-3)(2x+5)$

11 $(2x-3)(4x-1)$ **12** $(x-1)(3x-5)$

13 $(2x+1)(4x+1)$ **14** $(x-3)(3x+5)$

15 $(3x-2)(6x-1)$ **16** $(x-1)(5x-2)$

17 $(2x+1)(3x-4)$ **18** $(2x-3)(7x+1)$

19 $-y$, $-xy$, $-7xy$, $(x-3y)(2x-y)$

20 $-7y$, $-7xy$, $5xy$, $(x+4y)(3x-7y)$

21 y, $4xy$, $4x$, y, $2xy$, $6xy$, $(2x+y)(4x+y)$

22 $-2y$, $-8xy$, $4x$, y, $3xy$, $-5xy$, $(3x-2y)(4x+y)$

23 $(x-3y)(2x+5y)$ **24** $(3x-y)(5x-y)$

25 $(3x+2y)(4x-5y)$ **26** $(4x-y)(2x-3y)$

27 $(2x+3y)(5x+2y)$ **28** $(x+8y)(2x+y)$

29 $(x-y)(3x+5y)$ **30** $(5x-y)(7x+3y)$

31 $(2x-7y)(5x+2y)$ **32** $(x+2y)(5x+3y)$

33 $(x-y)(7x-4y)$

☺ ad, bc, bc, ad, ad, bc

34 ①, ⑤

34 $18x^2+9x-5=(3x-1)(6x+5)$
따라서 $18x^2+9x-5$의 인수인 것은
①, ⑤이다.

08

인수분해 공식 종합

1 $(x+8)(x-8)$ **2** $(x+11)^2$

3 $(x+y)(2x-7y)$ **4** $(x+6)(x+8)$

5 $(x+3y)(x-8y)$ **6** $(2x-5)^2$

7 $(9x+y)(9x-y)$ **8** $(3x+2)(5x-1)$

9 $(x-2y)(3x-2y)$ **10** ⑤

---

10 ① $x^2-9=(x+3)(x-3)$

② $x^2-x-6=(x-3)(x+2)$

③ $x^2-6x+9=(x-3)^2$

④ $3x^2-8x-3=(x-3)(3x+1)$

⑤ $5x^2+14x-3=(x+3)(5x-1)$

따라서 $x-3$을 인수로 갖지 않는 것은 ⑤이다.

TEST
7. 다항식의 인수분해

1 ④ **2** $x(x-y+6)$ **3** ⑤

4 ③ **5** $2x-12$ **6** ③

3 ① $A=\left(\dfrac{-4}{2}\right)^2=4$

② $x^2+Ax+49=x^2+Ax+7^2$에서 $A>0$이므로
$A=2\times7=14$

③ $A=\left(\dfrac{10}{2}\right)^2=25$

④ $9x^2+Ax+4=(3x)^2+Ax+2^2$에서 $A>0$이므로
$A=2\times3\times2=12$

⑤ $64x^2-Ax+9=(8x)^2-Ax+3^2$에서 $A>0$이므로
$A=2\times8\times3=48$

따라서 양수 A의 값이 가장 큰 것은 ⑤이다.

4 ③ $4x^2-81y^2=(2x+9y)(2x-9y)$

5 $x^2-12x+27=(x-3)(x-9)$이므로 구하는 두 일차
식의 합은
$(x-3)+(x-9)=2x-12$

6 $6x^2+x-35=(2x+5)(3x-7)$이므로
$a=2$, $b=3$, $c=7$
따라서 $a-b+c=2-3+7=6$

---

8 여러 가지 인수분해

01

복잡한 식의 인수분해 (1)

원리확인

❶ $2x$, $2x$, 3, 1 ❷ 2, $x-1$

1 $5x(x+2)(x-2)$ **2** $4x(2x+1)(x-1)$

3 $y(x-3)^2$ **4** $x(x+2y)(x+5y)$

5 $(x-1)(y-3)$ **6** ④

7 ($\ \ A$, A, 1) **8** $(x+17)(x+1)$

9 $a(a-7)$ **10** $(2x+5)(3x+2)$

11 $3(x+1)(6x-7)$

12 $(2x+y-2)(2x+y+1)$

13 ($\ \ A-B$, $3a+1$, $3a+1$, $4a-1$)

14 $(x-3y+17)(x+y+1)$

15 $(2x+2y-5)(x-10y-8)$

16 $3(3x-y)(7x-2y)$ **17** ②, ③

---

1 $5x^3-20x=5x(x^2-4)$
$\qquad\qquad=5x(x+2)(x-2)$

2 $8x^3-4x^2-4x=4x(2x^2-x-1)$
$\qquad\qquad\quad=4x(2x+1)(x-1)$

3 $x^2y-6xy+9y=y(x^2-6x+9)$
$\qquad\qquad\quad=y(x-3)^2$

4 $x^3+7x^2y+10xy^2=x(x^2+7xy+10y^2)$
$\qquad\qquad\qquad\quad=x(x+2y)(x+5y)$

5 $y(x-1)+3(1-x)=y(x-1)-3(x-1)$
$\qquad\qquad\qquad=(x-1)(y-3)$

6 $(x-2)^2-(3x-5)(x-2)$
$=(x-2)\{(x-2)-(3x-5)\}$
$=(x-2)(-2x+3)$
따라서 $a=-2$, $b=3$이므로 $a+b=1$

8　$x+9=A$로 놓으면
$(x+9)^2-64$
$=A^2-8^2$
$=(A+8)(A-8)$
$=(x+9+8)(x+9-8)$
$=(x+17)(x+1)$

9　$a-2=A$로 놓으면
$(a-2)^2-3(a-2)-10$
$=A^2-3A-10$
$=(A+2)(A-5)$
$=(a-2+2)(a-2-5)$
$=a(a-7)$

10　$x+1=A$로 놓으면
$6(x+1)^2+7(x+1)-3$
$=6A^2+7A-3$
$=(2A+3)(3A-1)$
$=(2x+2+3)(3x+3-1)$
$=(2x+5)(3x+2)$

11　$3x-1=A$로 놓으면
$2(3x-1)^2+3(3x-1)-20$
$=2A^2+3A-20$
$=(A+4)(2A-5)$
$=(3x+3)(6x-7)$
$=3(x+1)(6x-7)$

12　$2x+y=A$로 놓으면
$(2x+y)(2x+y-1)-2$
$=A(A-1)-2$
$=A^2-A-2$
$=(A-2)(A+1)$
$=(2x+y-2)(2x+y+1)$

14　$x+5=A,\ y-4=B$로 놓으면
$(x+5)^2-2(x+5)(y-4)-3(y-4)^2$
$=A^2-2AB-3B^2$
$=(A-3B)(A+B)$
$=(x+5-3y+12)(x+5+y-4)$
$=(x-3y+17)(x+y+1)$

15　$x-3=A,\ 2y+1=B$로 놓으면
$2(x-3)^2-9(x-3)(2y+1)-5(2y+1)^2$
$=2A^2-9AB-5B^2$

$=(2A+B)(A-5B)$
$=(2x-6+2y+1)(x-3-10y-5)$
$=(2x+2y-5)(x-10y-8)$

16　$x+y=A,\ 2x-y=B$로 놓으면
$(x+y)^2+7(x+y)(2x-y)+12(2x-y)^2$
$=A^2+7AB+12B^2$
$=(A+4B)(A+3B)$
$=(x+y+8x-4y)(x+y+6x-3y)$
$=(9x-3y)(7x-2y)$
$=3(3x-y)(7x-2y)$

17　$3x-2y=A$로 놓으면
$(3x-2y)(3x-2y+1)-30$
$=A(A+1)-30$
$=A^2+A-30$
$=(A-5)(A+6)$
$=(3x-2y-5)(3x-2y+6)$
따라서 $(3x-2y)(3x-2y+1)-30$의 인수인 것은
②, ③이다.

02　　본문 150쪽

복잡한 식의 인수분해 (2)

원리확인

❶ 2, 2, 2, 1　　❷ 2, 2, 2, y, y

1　$(a+1)(a+b)$　　**2**　$(a+b)(x+y)$

3　$(x+y)(y-7)$　　**4**　$(xy-1)(x+y)$

5　$(x-y)(x+y-5)$　　**6**　$(x-1)^2(x+1)$

7　$(x-y)(x+1)(x-1)$　　**8**　$(2a+b)(a-2c)$

9　②　　**10**　$(x+y-3)(x-y-3)$

11　$(a+2b+4)(a-2b+4)$

12　$(a+b+2)(a+b-2)$

13　$(x+2y+1)(x+2y-1)$

14　$(7+x-5y)(7-x+5y)$

15　$(4+3x-y)(4-3x+y)$

16　$(x+y+2)(x-y-2)$

17　$(a-b+3c)(a-b-3c)$

18　②, ④

1
$$a^2+a+ab+b$$
$$=(a^2+a)+(ab+b)$$
$$=a(a+1)+b(a+1)$$
$$=(a+1)(a+b)$$

2
$$ax+bx+ay+by$$
$$=(ax+bx)+(ay+by)$$
$$=x(a+b)+y(a+b)$$
$$=(a+b)(x+y)$$

3
$$xy+y^2-7x-7y$$
$$=(xy+y^2)-(7x+7y)$$
$$=y(x+y)-7(x+y)$$
$$=(x+y)(y-7)$$

4
$$x^2y-x+xy^2-y$$
$$=(x^2y-x)+(xy^2-y)$$
$$=x(xy-1)+y(xy-1)$$
$$=(xy-1)(x+y)$$

5
$$x^2-y^2-5x+5y$$
$$=(x^2-y^2)-5(x-y)$$
$$=(x+y)(x-y)-5(x-y)$$
$$=(x-y)(x+y-5)$$

6
$$x^3-x^2-x+1$$
$$=(x^3-x^2)-(x-1)$$
$$=x^2(x-1)-(x-1)$$
$$=(x-1)(x^2-1)$$
$$=(x-1)(x+1)(x-1)$$
$$=(x-1)^2(x+1)$$

7
$$x^3+y-x-x^2y$$
$$=(x^3-x^2y)-(x-y)$$
$$=x^2(x-y)-(x-y)$$
$$=(x-y)(x^2-1)$$
$$=(x-y)(x+1)(x-1)$$

8
$$2a^2+ab-4ac-2bc$$
$$=a(2a+b)-2c(2a+b)$$
$$=(2a+b)(a-2c)$$

9
$$xy-xz-2y+2z$$
$$=x(y-z)-2(y-z)$$
$$=(y-z)(x-2)$$

$$xy-3x-2y+6$$
$$=x(y-3)-2(y-3)$$
$$=(y-3)(x-2)$$
따라서 두 다항식의 공통인수는 $x-2$이다.

10
$$x^2-6x+9-y^2$$
$$=(x-3)^2-y^2$$
$$=(x-3+y)(x-3-y)$$
$$=(x+y-3)(x-y-3)$$

11
$$a^2+8x+16-4b^2$$
$$=(a+4)^2-(2b)^2$$
$$=(a+4+2b)(a+4-2b)$$
$$=(a+2b+4)(a-2b+4)$$

12
$$a^2+2ab+b^2-4$$
$$=(a+b)^2-2^2$$
$$=(a+b+2)(a+b-2)$$

13
$$x^2+4xy+4y^2-1$$
$$=(x+2y)^2-1^2$$
$$=(x+2y+1)(x+2y-1)$$

14
$$49-x^2+10xy-25y^2$$
$$=49-(x^2-10xy+25y^2)$$
$$=7^2-(x-5y)^2$$
$$=(7+x-5y)(7-x+5y)$$

15
$$16-9x^2-y^2+6xy$$
$$=16-(9x^2-6xy+y^2)$$
$$=4^2-(3x-y)^2$$
$$=(4+3x-y)(4-3x+y)$$

16
$$x^2-y^2-4y-4$$
$$=x^2-(y^2+4y+4)$$
$$=x^2-(y+2)^2$$
$$=(x+y+2)(x-y-2)$$

17
$$a^2-2ab^2+b^2-9c^2$$
$$=(a-b)^2-(3c)^2$$
$$=(a-b+3c)(a-b-3c)$$

18
$$16x^2-9y^2+8x+1$$
$$=(16x^2+8x+1)-9y^2$$
$$=(4x+1)^2-(3y)^2$$

$$=(4x+1+3y)(4x+1-3y)$$
$$=(4x+3y+1)(4x-3y+1)$$

따라서 $16x^2-9y^2+8x+1$의 인수는 ②, ④이다.

03

인수분해 공식의 활용

1 ($\diagdown$ 65, 35, 100, 5300) **2** 76

3 314 **4** ($\diagdown$ 35, 35, 1400)

5 3900 **6** 85

7 ($\diagdown$ 4, 100, 10000) **8** 900

9 2500 **10** ($\diagdown$ 3, 90, 8100)

11 3600 **12** 10000

13 ($\diagdown$ 52, 48, 4, 400) **14** 1600

15 135 **16** 1200

17 16 **18** 4

19 ($\diagdown$ 16, 14, 2, 1500) **20** 20000

21 1 **22** 25

23 ① **24** ($\diagdown$ 2, 2, 70, 4900)

25 10000 **26** 340

27 9700 **28** 3

29 1700

30 ($\diagdown$ $x-y$, $\sqrt{3}-\sqrt{2}$, $2\sqrt{2}$, 8)

31 6800 **32** 280

33 1600 **34** 18

35 $-4\sqrt{15}$ **36** ($\diagdown$ y, 2, 5, 2, 21)

37 16 **38** 84

39 3 **40** ④

2
$$76\times0.91+76\times0.09=76\times(0.91+0.09)$$
$$=76\times1$$
$$=76$$

3
$$3.14\times98+3.14\times2=3.14\times(98+2)$$
$$=3.14\times100$$
$$=314$$

5
$$227\times39-127\times39=(227-127)\times39$$
$$=100\times39$$
$$=3900$$

6
$$94\times8.5-84\times8.5=(94-84)\times8.5$$
$$=10\times8.5$$
$$=85$$

8
$$29^2+2\times29+1=29^2+2\times29\times1+1^2$$
$$=(29+1)^2$$
$$=30^2$$
$$=900$$

9
$$48^2+4\times48+4=48^2+2\times48\times2+2^2$$
$$=(48+2)^2$$
$$=50^2$$
$$=2500$$

11
$$62^2-4\times62+4=62^2-2\times62\times2+2^2$$
$$=(62-2)^2$$
$$=60^2$$
$$=3600$$

12
$$105^2-10\times105+25=105^2-2\times105\times5+5^2$$
$$=(105-5)^2$$
$$=100^2$$
$$=10000$$

14
$$85^2-75^2=(85+75)(85-75)$$
$$=160\times10$$
$$=1600$$

15
$$68^2-67^2=(68+67)(68-67)$$
$$=135\times1$$
$$=135$$

16 $103^2 - 97^2$
$= (103+97)(103-97)$
$= 200 \times 6$
$= 1200$

17 $5.8^2 - 4.2^2$
$= (5.8+4.2)(5.8-4.2)$
$= 10 \times 1.6$
$= 16$

18 $2.9^2 - 2.1^2$
$= (2.9+2.1)(2.9-2.1)$
$= 5 \times 0.8$
$= 4$

20 $105^2 \times 10 - 95^2 \times 10$
$= (105^2 - 95^2) \times 10$
$= (105+95)(105-95) \times 10$
$= 200 \times 10 \times 10 = 20000$

21 $\dfrac{998 \times 997 + 998 \times 3}{999^2 - 1^2} = \dfrac{998 \times (997+3)}{(999+1)(999-1)}$
$= \dfrac{998 \times 1000}{1000 \times 998} = 1$

22 $\dfrac{98^2 + 4 \times 98 + 4}{52^2 - 48^2} = \dfrac{98^2 + 2 \times 98 \times 2 + 2^2}{52^2 - 48^2}$
$= \dfrac{(98+2)^2}{(52+48)(52-48)}$
$= \dfrac{100^2}{100 \times 4} = \dfrac{100}{4} = 25$

23 $A = \sqrt{99^2 + 2 \times 99 + 1}$
$= \sqrt{(99+1)^2} = \sqrt{100^2} = 100$
$B = 11.5^2 - 2 \times 11.5 \times 6.5 + 6.5^2$
$= (11.5 - 6.5)^2 = 5^2 = 25$
따라서 $A - B = 100 - 25 = 75$

25 $x^2 - 6x + 9 = (x-3)^2 = (103-3)^2$
$= 100^2 = 10000$

26 $x^2 + 3x = x(x+3)$
$= 17 \times (17+3)$
$= 17 \times 20 = 340$

27 $x^2 - x - 2 = (x-2)(x+1)$
$= (99-2)(99+1)$
$= 97 \times 100 = 9700$

28 $x^2 - 10x + 25 = (x-5)^2$
$= (5+\sqrt{3}-5)^2$
$= (\sqrt{3})^2 = 3$

29 $x^2 - 64 = x^2 - 8^2$
$= (x+8)(x-8)$
$= (42+8)(42-8)$
$= 50 \times 34 = 1700$

31 $x^2 - y^2 = (x+y)(x-y)$
$= (84+16)(84-16)$
$= 100 \times 68 = 6800$

32 $x^2 + xy - 2y^2 = (x+2y)(x-y)$
$= (16+12)(16-6)$
$= 28 \times 10 = 280$

33 $x^2 - 5xy - 6y^2 = (x-6y)(x+y)$
$= (88-72)(88+12)$
$= 16 \times 100 = 1600$

34 $4x^2 - 4xy + y^2 = (2x-y)^2$
$= (6+2\sqrt{2}-6+\sqrt{2})^2$
$= (3\sqrt{2})^2 = 18$

35 $x^2 - y^2$
$= (x+y)(x-y)$
$= (\sqrt{5}-\sqrt{3}+\sqrt{5}+\sqrt{3})(\sqrt{5}-\sqrt{3}-\sqrt{5}-\sqrt{3})$
$= 2\sqrt{5} \times (-2\sqrt{3})$
$= -4\sqrt{15}$

37 $x^2 - y^2 = (x+y)(x-y)$
$= 8 \times 2 = 16$

38 $3xy^2 - 3x^2y = 3xy(y-x)$
$= 3 \times (-7) \times (-4) = 84$

39 $x^2-y^2+4y-4=x^2-(y^2-4y+4)$
$$=x^2-(y-2)^2$$
$$=(x+y-2)(x-y+2)$$
$$=(\sqrt{3}+2-2)(\sqrt{3}-2+2)$$
$$=\sqrt{3}\times\sqrt{3}=3$$

40 x, y의 분모를 각각 유리화하면
$$x=\sqrt{2}-1,\ y=\sqrt{2}+1$$
$$3x^2-6xy+3y^2=3(x^2-2xy+y^2)$$
$$=3(x-y)^2$$
$$=3\times\{(\sqrt{2}-1)-(\sqrt{2}+1)\}^2$$
$$=3\times(-2)^2=12$$

04

본문 156쪽

도형에 활용

1 (1) $(x+6y)^2$ (2) $x+6y$

2 (1) $a=1$, $b=-4$ (2) $x-4$

3 $6750\pi\ \text{m}^2$

2 (1) $x^2+ax-20=(x+5)(x+b)$에서
$$x^2+ax-20=x^2+(5+b)x+5b$$
이므로 $a=5+b$, $-20=5b$
따라서 $b=-4$, $a=1$

3 (잔디를 심을 수 있는 부분의 넓이)
$$=\pi\times82.5^2-\pi\times7.5^2$$
$$=\pi\times(82.5^2-7.5^2)$$
$$=\pi(82.5+7.5)(82.5-7.5)$$
$$=\pi\times90\times75$$
$$=6750\pi\,(\text{m}^2)$$

TEST **8.** 여러 가지 인수분해 본문 157쪽

1 ㄴ, ㄷ **2** ①
3 $(3x+2y-5)(3x-2y+5)$
4 10 **5** ② **6** ②

1 $3x+4=A$, $5x-1=B$로 놓으면
$$(3x+4)^2-(5x-1)^2$$
$$=A^2-B^2$$
$$=(A+B)(A-B)$$
$$=(3x+4+5x-1)(3x+4-5x+1)$$
$$=(8x+3)(-2x+5)$$
$$=-(8x+3)(2x-5)$$
따라서 인수는 ㄴ, ㄷ이다.

2 $x^2-ax-bx+ab=x(x-a)-b(x-a)$
$$=(x-a)(x-b)$$
따라서 구하는 두 일차식의 합은
$$(x-a)+(x-b)=2x-a-b$$

3 $9x^2-4y^2+20y-25=9x^2-(4y^2-20y+25)$
$$=(3x)^2-(2y-5)^2$$
$$=(3x+2y-5)(3x-2y+5)$$

4 $\sqrt{26^2-24^2}=\sqrt{(26+24)(26-24)}$
$$=\sqrt{50\times2}$$
$$=\sqrt{100}=10$$

5 $4x^2+4xy-3y^2$
$$=(2x-y)(2x+3y)$$
$$=(2\sqrt{2}+2-2\sqrt{2}-5)(2\sqrt{2}+2+6\sqrt{2}+15)$$
$$=-3\times(17+8\sqrt{2})$$
$$=-51-24\sqrt{2}$$
따라서 $a=-51$, $b=-24$이므로
$$a-b=-51-(-24)=-27$$

6 도형 ㈎의 넓이는
$$(3x+5)^2-x^2=(3x+5+x)(3x+5-x)$$
$$=(4x+5)(2x+5)$$
도형 ㈏의 넓이는
$$(4x+5)\times(\text{세로의 길이})$$
이때 도형 ㈎, ㈏의 넓이가 같으므로
$$(4x+5)(2x+5)=(4x+5)\times(\text{세로의 길이})$$에서
도형 ㈏의 세로의 길이는 $2x+5$이다.

1 ②	**2** ④	**3** ②
4 ④	**5** ③	**6** ⑤
7 ②	**8** ④	**9** ⑤
10 $4x+3y$	**11** ③	**12** 24
13 ④	**14** ④	**15** ⑤

1 $(2a+3b)(3a-b)=6a^2-2ab+9ab-3b^2$
$\qquad\qquad\qquad\quad=6a^2+7ab-3b^2$

2 ① $(-x+y)^2=x^2-2xy+y^2$
② $(-x-y)^2=x^2+2xy+y^2$
③ $\left(2x-\dfrac{1}{x}\right)^2=4x^2-4+\dfrac{1}{x^2}$
⑤ $(x+y)(x-y)=x^2-y^2$

3 $(3x+4)(2x-3)+2(x-3)(4x-5)$
$=6x^2-x-12+2(4x^2-17x+15)$
$=6x^2-x-12+8x^2-34x+30$
$=14x^2-35x+18$
이므로 $A=14$, $B=-35$, $C=18$
따라서 $3A+B+2C=42-35+36=43$

4 (색칠한 부분의 넓이)$=(4a-b)(3a-2b)+b\times 2b$
$\qquad\qquad\qquad\qquad=12a^2-11ab+2b^2+2b^2$
$\qquad\qquad\qquad\qquad=12a^2-11ab+4b^2$

5 $\dfrac{2000\times 2004+4}{2002}=\dfrac{(2002-2)(2002+2)+4}{2002}$
$\qquad\qquad\qquad\quad=\dfrac{2002^2-2^2+4}{2002}=2002$

6 $y=\dfrac{1}{4+3\sqrt{2}}$
$\quad=\dfrac{4-3\sqrt{2}}{(4+3\sqrt{2})(4-3\sqrt{2})}$
$\quad=\dfrac{4-3\sqrt{2}}{16-18}=\dfrac{3\sqrt{2}-4}{2}$
따라서 $x+2y=(4+3\sqrt{2})+(3\sqrt{2}-4)=6\sqrt{2}$

7 $x-\sqrt{5}=A$로 놓으면
(주어진 식)$=(A+2)(A-2)$
$\qquad\qquad=A^2-4$
$\qquad\qquad=(x-\sqrt{5})^2-4$
$\qquad\qquad=x^2-2\sqrt{5}x+5-4$
$\qquad\qquad=x^2-2\sqrt{5}x+1$
따라서 x의 계수는 $-2\sqrt{5}$, 상수항은 1이므로 구하는
합은 $1-2\sqrt{5}$이다.

8 $5xy^2-10xy+5x=5x(y^2-2y+1)$
$\qquad\qquad\qquad\quad=5x(y-1)^2$
따라서 $5xy^2-10xy+5x$의 인수가 아닌 것은 y^2-1이다.

9 ⑤ $4x^2+15xy+9y^2=(x+3y)(4x+3y)$

10 $4x^2-5xy-6y^2=(x-2y)(4x+3y)$
$4x^2-xy-3y^2=(x-y)(4x+3y)$
따라서 1이 아닌 공통인수는 $4x+3y$이다.

11 ① $x^2+4x+4=(x+2)^2$
② $x^2-4=(x+2)(x-2)$
③ $x^2+x-6=(x-2)(x+3)$
④ $x^2-x-6=(x-3)(x+2)$
⑤ $5x^2+13x+6=(x+2)(5x+3)$
따라서 $x+2$를 인수로 갖지 않는 것은 ③이다.

12 $\sqrt{51^2-45^2}=\sqrt{(51+45)(51-45)}$
$\qquad\qquad\quad=\sqrt{96\times 6}$
$\qquad\qquad\quad=\sqrt{2^6\times 3^2}$
$\qquad\qquad\quad=2^3\times 3=24$

13 $x^2-5x-1=0$에서 $x=0$이면 (좌변)$=-1$, (우변)$=0$
이므로 등식이 성립하지 않는다.
즉 $x\neq 0$이므로 양변을 x로 나누면
$x-5-\dfrac{1}{x}=0$, 즉 $x-\dfrac{1}{x}=5$
따라서
$x^2+2x-\dfrac{2}{x}+\dfrac{1}{x^2}$
$=\left(x^2+\dfrac{1}{x^2}\right)+2\left(x-\dfrac{1}{x}\right)$
$=\left(x-\dfrac{1}{x}\right)^2+2+2\left(x-\dfrac{1}{x}\right)$
$=5^2+2+2\times 5=37$

14 $x^2+5x=A$로 놓으면

$$\begin{aligned}
\text{(주어진 식)} &= \{x(x+5)\}\{(x+2)(x+3)\}+8 \\
&= (x^2+5x)(x^2+5x+6)+8 \\
&= A(A+6)+8 \\
&= A^2+6A+8 \\
&= (A+2)(A+4) \\
&= (x^2+5x+2)(x^2+5x+4) \\
&= (x+1)(x+4)(x^2+5x+2)
\end{aligned}$$

15 $x+1=A$로 놓으면

$$\begin{aligned}
\text{(주어진 식)} &= A^2-A-6 \\
&= (A-3)(A+2) \\
&= (x+1-3)(x+1+2) \\
&= (x-2)(x+3) \\
&= \sqrt{2}(5+\sqrt{2}) \\
&= 2+5\sqrt{2}
\end{aligned}$$

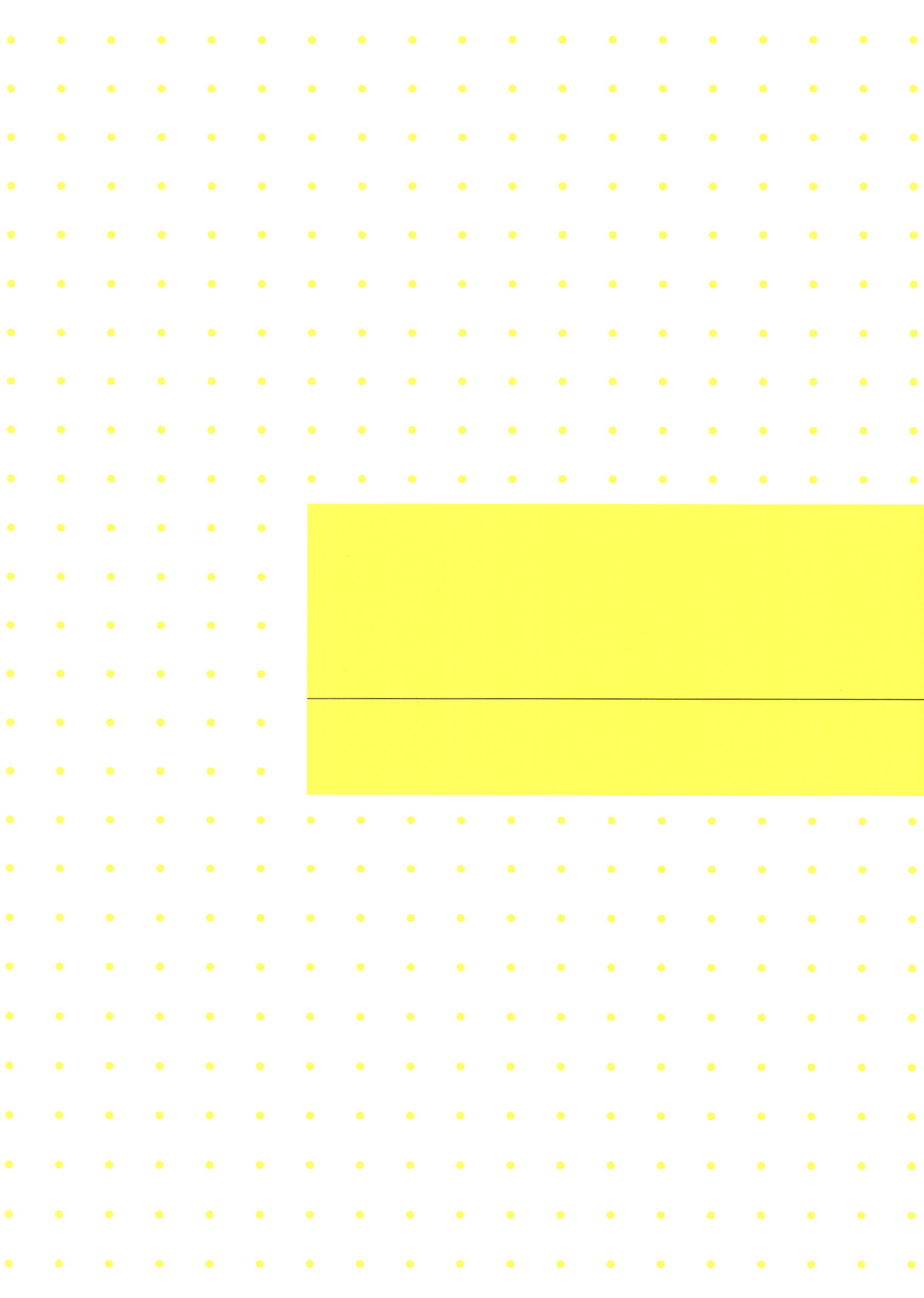